高职高专“十二五”规划教材

炼钢生产操作与控制

李秀娟　主编

北　京
冶金工业出版社
2014

内 容 提 要

本书共分9个情境，每个情境从知识准备、应知训练和技能训练等方面展开介绍。理论知识阐述深入浅出，理实结合；根据转炉炼钢的生产流程，详细介绍了炼钢原材料准备、铁水预处理、装料、供氧、造渣、控温、终点控制、出钢合金化、溅渣及出渣等内容。同时，还介绍了复吹转炉工艺生产操作、耐火材料认知以及安全生产与事故处理等内容。本书可作为冶金技术专业学生的教材，也可作为冶金技术人员、企业员工培训教材及参考书。

图书在版编目(CIP)数据

炼钢生产操作与控制/李秀娟主编．—北京：冶金工业出版社，2014.9

高职高专“十二五”规划教材

ISBN 978-7-5024-6176-8

Ⅰ.①炼…　Ⅱ.①李…　Ⅲ.①炼钢—高等职业教育—教材　Ⅳ.①TF703

中国版本图书馆CIP数据核字(2014)第194063号

出 版 人　谭学余

地　　址　北京市东城区嵩祝院北巷39号　邮编　100009　电话　(010)64027926

网　　址　www.cnmip.com.cn　　电子信箱　yjcbs@cnmip.com.cn

责任编辑　俞跃春　贾怡雯　美术编辑　杨　帆　版式设计　葛新霞

责任校对　禹　蕊　责任印制　李玉山

ISBN 978-7-5024-6176-8

冶金工业出版社出版发行；各地新华书店经销；北京印刷一厂印刷

2014年9月第1版，2014年9月第1次印刷

787mm×1092mm　1/16；12.25印张；291千字；181页

30.00元

冶金工业出版社　投稿电话　(010)64027932　投稿信箱　tougao@cnmip.com.cn

冶金工业出版社营销中心　电话　(010)64044283　传真　(010)64027893

冶金书店　地址　北京市东四西大街46号(100010)　电话　(010)65289081(兼传真)

冶金工业出版社天猫旗舰店　yjgy.tmall.com

(本书如有印装质量问题，本社营销中心负责退换)

天津冶金职业技术学院材料成型与控制技术专业及冶金技术专业“十二五”规划教材编委会

序

2011年，是“十二五”开局年，我院继续深化教学改革，强化内涵建设。以冶金特色专业建设带动专业建设，完成了冶金技术专业作为中央财政支持专业建设的项目申报，形成了冶金特色专业群。在教学改革的同时，教务处试行项目管理，不断完善工作流程，提高工作效率；规范教材管理，细化教材选取程序；多门专业课程，特别是专业核心课程的教材，要求其内容更加贴近企业生产实际，符合职业岗位能力培养的要求，体现职业教育的职业性和实践性。

我院还与天津市教委高职高专处联合召开“天津市高职高专院校经管类专业教学研讨会”，聘请国家高职高专经济类教学指导委员会专家作专题讲座；研讨天津市高职高专院校经管类专业教学工作现状及其深化改革的措施，对天津市高职高专院校经管类专业标准与课程标准设计进行思考与探索；对“十二五”期间天津高职高专院校经管类专业教材建设进行研讨。

依据研讨结果和专家的整改意见，为了推动职业教育冶金技术专业教育改革与建设，促进课程教学水平的提高，我们组织编写了冶炼方向职业教育系列教材。编写前，我院与冶金工业出版社联合举办了“天津冶金职业技术学院‘十二五’冶金类教材选题规划及教材编写会”，并成立了“天津冶金职业技术学院材料成型与控制技术专业及冶金技术专业‘十二五’规划教材编委会”，会上研讨落实了高职高专规划教材及实训教材的选题规划情况，以及编写要点与侧重点，并确定了第一批的8种规划教材，即《钢管生产》、《冶金过程检测技术》、《型钢生产》、《钢丝的防腐与镀层》、《金属塑性变形与轧制技术》、《连铸生产操作与控制》、《炼钢生产操作与控制》和《炼铁生产操作与控制》。第二批规划教材，如《冶炼基础知识》等也陆续开始编写工作。这些教材涵盖了钢铁生产主要岗位的操作知识及技能，所具有的突出特点是：理实结合、注重实践。编写人员是有着丰富教学与实践经验的教师，有部分参编人员来自企业生产一线，他们提供了可靠的数据和与生产实际接轨的新工艺新技术，保证了本系列教材的编写质量。

本系列教材是在培养提高学生就业和创业能力方面的进一步探索和发展，符合职业教育教材“以就业和培养学生职业能力为导向”的编写思想，相信它对贯彻和落实“十二五”时期职业教育发展的目标和任务，以及对学生在未来职业道路中的发展具有重要意义。

天津冶金职业技术学院　教学副院长　孔维军

2014年8月

前　言

为贯彻落实《国家中长期教育改革与发展规划纲要（2010－2020）》，编者围绕“国家教育事业发展第十二个五年规划”，依据教育部《关于全面提高高等职业教育教学质量的若干意见》（教高［2006］16号）和《关于推进高等职业教育改革创新引领职业教育科学发展的若干意见》（教职成［2011］12号）文件精神，以及高职高专冶金技术专业的教学要求，在总结近几年的教学经验，结合对冶金企业的生产实际和岗位的技能要求，同时参照冶金行业职业技能标准和职业技能鉴定规范的基础上编写了本书。

本书在内容组织安排上，以岗位操作技能为主线，按照工艺过程和学生的认知规律安排课程内容的顺序，由易到难，由简单到复杂，层层递进，学生通过完成工作任务的过程来学习相关知识，使学与做融为一体，实现理论与实践的结合。以当前使用的成熟技术为重点，注重新技术的介绍，注重主要岗位之间的技术关联和岗位技能的介绍。

本书由天津冶金职业技术学院李秀娟担任主编，参加本书编写的还有天津冶金职业技术学院林磊、于万松、李碧琳、李勬、裴颖脱，天重江天重工有限公司李少华，河北钢铁股份有限公司唐山公司冯慧霄。

天津冶金职业技术学院张秀芳老师审阅了全书，提出了许多宝贵意见，在此谨致谢意。

由于编者水平有限，书中不足之处，敬请读者批评指正。

编　者

2014年5月

目　录

绪　论

0.1　转炉炼钢发展历程

1856年英国人贝斯麦发明了底吹酸性转炉炼钢法，这种方法是近代炼钢法的开端，为人类生产出了大批廉价钢材，并促进了欧洲的工业革命。但由于此法不能去除硫和磷，因而其发展受到了限制。

1879年托马斯发明了底吹碱性转炉炼钢法，因为其炉衬是碱性的，所以可以造碱性渣来脱磷和脱硫。虽然此方法可以大量生产较好的钢材，但它对生铁成分有着较严格的要求，而且废钢用量受到限制。

随着工业的进一步发展，废钢越来越多，法国人马丁利用蓄热原理，在1864年创立了平炉炼钢法。平炉炼钢法对原料的要求不那么严格，容量大，生产的品种多，所以不到20年它就成为世界上主要的炼钢方法，直到20世纪50年代，在世界钢产量中，约85%的钢材是平炉炼出来的。

1952年在奥地利出现纯氧顶吹转炉，它解决了钢中氮和其他有害杂质的含量问题，使质量接近平炉钢，同时减少了随废气（当用普通空气吹炼时，空气含79%无用的氮）损失的热量，可以吹炼温度较低的铁水，因而节省了高炉的焦炭耗量，且能使用更多的废钢。由于转炉炼钢速度快（炼一炉钢约10min，而平炉则需7h），负能炼钢，节约能源，故转炉炼钢成为当代炼钢的主流。顶吹法的特点决定了它具有渣中含铁高，钢水含氧高，废气铁尘损失大和冶炼超低碳钢困难等缺点，而底吹法则在很大程度上克服了这些缺点。但由于底吹法用碳氢化合物冷却喷嘴，钢水含氢量偏高，需在停吹后喷吹惰性气体进行清洗。

基于以上两种方法在冶金学上显现出的明显差别，国外许多专家在20世纪70年代以后着手研究将两种方法的优点结合的顶底复吹冶炼法。继奥地利人学者Eduard 1973年研究转炉顶底复吹炼钢之后，世界各国普遍开展了转炉复吹的研究工作，出现了各种类型的复吹转炉，到20世纪80年代初开始正式用于生产。由于它比顶吹和底吹法都更优越，加上转炉复吹现场改造比较容易，使之在几年时间就在全世界范围得到普遍应用，有的国家（如日本）已基本上淘汰了单纯的顶吹转炉。

0.2　转炉炼钢的任务

生铁中除了含有较多的碳外，还含有一定量的硅、锰、磷、硫等杂质，它们统称为钢铁中五大元素。炼钢就是用氧化的方法去除生铁中的这些杂质，再根据钢种的要求加入适量的合金元素，使之成为强度高、韧性好或具有其他特殊性能的钢。除五大元素外，钢中还含有氮、氢、氧和非金属夹杂物，它们是在冶炼过程中随原材料、炉气进入钢中的，或是冶炼过程中残留在钢中的化学反应物。这些物质对钢的性能有重大影响，必须尽量降低其含量。

（1）脱碳。含碳量的不同是生铁与钢性能差异的决定因素。根据 Fe－C 相图，含碳量（质量分数）在0.0218%～2.11%之间的铁碳合金为钢；含碳量在2.11%以上的铁碳合金为生铁；含碳量在0.0218%以下的为工业纯铁。在不同钢种中，含碳量也是决定其性能的最主要元素。钢中含碳量增加则硬度、强度、脆性都将提高，延展性下降，反之，含碳量减少则硬度、强度下降而延展性提高。一般铁水中含碳量为3%～5%，所以，炼钢过程必须按钢种规格将碳降至一定范围。

（2）脱磷、脱硫。对绝大多数钢种来说，磷、硫为有害元素。磷将引起钢的冷脆，而硫则引起钢的热脆。因此要求在炼钢过程中尽量除之。

（3）脱氧。因为用氧化法炼钢，氧化去除钢铁中杂质后，钢中必然残留大量氧，会给钢的性能带来危害，应当除去。用人为的方法减少钢中含氧量的操作称为脱氧。一般是向钢流中加入合金来完成，这些合金中含有比铁有更大亲氧力的元素（如 Al、Si、Ca 等元素）。

（4）去除气体和非金属夹杂物。钢中气体主要指溶解在钢中的氢和氮。非金属夹杂物包括氧化物、硫化物、氮化物、磷化物以及它们所形成的复杂化合物。在转炉炼钢方法中，主要靠碳氧反应时生成的 CO 气泡溢出引起的熔池沸腾来降低钢中的气体和非金属夹杂物。

（5）升温与合金化。上述所有冶金过程均须在一定高温下才能完成，同时为保证钢水能浇成合格钢锭，也要求出钢时钢水达到一定的温度。因此，将钢水加热并控制在一定的温度范围内，是炼钢必须完成的任务。为使钢具有良好的性能或某种特殊性能，还必须根据钢种要求加入适量合金元素。

所以炼钢的基本任务包括：脱碳、脱磷、脱硫、脱氧；去除钢中有害气体和夹杂物；提高温度；调整成分；并浇成合格的钢锭或铸坯。炼钢过程通过供氧、造渣、加合金、搅拌、升温等手段完成炼钢基本任务。

0.3 转炉炼钢的特点

氧气转炉炼钢法具有下列特点：

（1）钢中气体、夹杂含量少，具有良好的抗时效性能、冷加工变形性能、焊接性能。

（2）由于炼钢主要原材料为铁水，废钢用量所占比例不大，因此 Ni、Cr、Mo、Cu、Sn 等残余含量低。

（3）原材料消耗少，热效率高，成本低。

（4）原料适应性强，能吹炼中磷和高磷生铁，还可吹炼含钒、钛等特殊成分的生铁。

（5）基建投资少，建设速度快。氧气转炉设备简单，质量轻，所占厂房面积和所需重型设备数量少。

此外，氧气转炉炼钢生产比较均衡，有利于与连铸配合，还有利于开展综合利用，如煤气回收及实现生产过程的自动化。

情境1 炼钢生产原材料认知及选用

1.1 知识准备

原材料是炼钢的物质基础，原材料质量的好坏，直接影响炼钢操作的顺利与否和钢质量的优劣。国内外大量生产实践证明，贯彻“精料”方针是实现冶炼过程自动化和改善各项技术经济指标的重要途径。因此，要实现“高产、优质、低耗、多品种”，对原材料必须提出合理的、严格的要求。既要严格保证有一定的质量和成分的相对稳定性，又要考虑因地制宜和充分利用我国资源。

炼钢所用原材料可分为金属料和非金属料两大类。金属料主要指铁水（或生铁块）、废钢和铁合金；非金属材料主要指造渣材料、氧化剂、冷却剂和增碳剂等。

1.1.1 金属料

炼钢的金属料主要是铁水、废钢和铁合金。

1.1.1.1 铁水

铁水是氧气转炉的基本原料，一般占金属料的70% ~100%。铁水应符合一定要求，铁水的成分和温度是否适当稳定，对简化和稳定转炉操作并获得良好的技术经济指标十分重要。

A 铁水温度

要求铁水温度不小于1250℃。铁水温度的高低，标志着其物理热的多少。较高的铁水温度，不仅能保证转炉吹炼顺利进行，同时还能增加废钢的配加量，降低生产成本。因此，希望铁水的温度尽量高些，一般应保证入炉时仍在1250 ~1300℃以上。

另外，还希望铁水温度相对稳定，以利于冶炼操作和生产调度。

B 铁水成分

要求铁水成分合适而且波动小。转炉炼钢的适应性较强，可将各种成分的铁水吹炼成钢。但是，为了方便转炉操作及降低生产成本，铁水的成分应该合适而稳定。

（1）硅。Si是转炉炼钢的重要发热元素之一，铁水含Si高，转炉热量来源增加。有人根据热平衡计算，认为［Si］每增加0.1%，废钢比可增加1.3% ~1.5%。但铁水含硅过高，则将增大渣量，引起喷溅，使石灰消耗量和吹损增加。同时，渣中Si的增加，会加剧对炉衬的侵蚀，使炉龄下降。

铁水含硅量也不宜过低，这不仅会降低废钢的使用量，而且不易成渣，同时渣量小，对去S、P也不利。所以，为了快速成渣，并能保持适当渣量，要求铁水有适当的含硅量。根据铁水中P含量的不同，一般铁水中的［Si］在0.5% ~1.0%范围内。但近些年因为大力发展炉外脱S、P，必提前脱Si，所以对入转炉的铁水不对Si含量作要求。

（2）锰。Mn是发热元素，每吨钢烧损1%的Mn可产生的热是Si的1/4。Mn是有益元素。如果铁水中含Mn量较高，将促进前期早化渣，减少石灰用量，提高炉衬寿命，并有利于去硫，提高金属收得率以及降低出钢时Fe－Mn合金消耗量。但如果要求铁水有较高的含Mn量则将使高炉焦比显著增加，生产率下降。目前，对转炉用铁水的合理含锰量仍存在不同的观点。我国已发现的锰矿不多，因此我国对氧气顶吹转炉炼钢用铁水含锰量未作规定，采用的多属低锰铁水，一般含锰在0.2%～0.4%左右。

（3）磷。P是发热元素。通常是炼钢过程中要去除的有害元素。因此，希望铁水中含P量低些好。但是，P是高炉中不能去除的元素，故只能要求铁水含P量尽量稳定。对含P量不同的铁水，可采用不同的炼钢方法来处理。目前，很多企业为减少转炉炼钢的任务，铁水在进入转炉之前往往进行铁水预脱磷处理。

（4）硫。S是炼钢要求去除的有害元素之一。由于转炉吹氧操作，很难营造脱硫的气氛，脱硫率很低。因此，希望入炉铁水含$w[S]<0.04\%$。铁水S含量高，可采用炉外脱S。近年来，对$w[S]<0.010\%$的低硫钢需求急剧增多，对吹炼低硫钢的铁水，要求含$w[S]<0.015\%$，甚至更低。因此，必须降低入炉铁水的含硫量。

C　铁水带渣量

高炉渣中含有大量的S、SiO_2，因此希望兑入转炉的铁水尽量少带渣，以减轻脱硫任务和降低渣量，通常要求带渣量不得超过0.5%。

1.1.1.2　废钢

对氧气转炉来说，废钢既是金属料又是冷却剂。氧气转炉采用铁水炼钢时，可加入多达30%的废钢作为调整吹炼温度的冷却剂。采用废钢冷却，可以降低钢铁料、造渣材料和氧气的消耗，而且比用铁矿石冷却效果稳定，喷溅少。

按来源，废钢分为返回废钢、拆旧废钢、加工工业的边角余料及垃圾废钢等。返回废钢属于优质炉料。它是在炼钢、轧钢与锻压或精整过程中产生的，如炼钢车间的短尺、废锭、汤道、注余和轧钢或锻压车间的切头、切尾及其他形式的废品等。返回废钢的加工准备工作量小，并均按元素及其含量的多少分类分组保管，因此可随时随地回炉使用。拆除各种废旧机器、汽车、轮船、报废的钢轨与建筑物的构件、各种废旧武器及工具等所获的废钢称为拆旧废钢。工业越高度发达的国家或地区，拆旧废钢占废钢总量的比例越大，然而它的返回周期较长，往往需要几年，甚至几十年才能回炉使用。在钢铁制品的制造过程中，产生的各种边角余料、车屑及料头等，也是废钢的主要来源之一。除车屑外，加工工业的废钢如果没有混入其他杂质及有害元素，只要经过简单的打包、压块等处理，就可很快回炉使用。垃圾废钢主要是从城市的垃圾中回收罐头筒轻薄料，它们之中含有较高的Sn或Zn，在使用前须将其分离。

废钢按形状、尺寸和对它的成分及密度的要求，可粗略地分为重型废钢、中型废钢、小型废钢、轻型废钢、渣钢和车屑等。

转炉炼钢对废钢的要求有：

（1）废钢的外形尺寸和块度应保证能从炉口顺利加入转炉。废钢单重不能过重，以便减轻对炉衬的冲击，同时在吹炼期必须全部熔化。轻型废钢和重型废钢合理搭配。废钢的长度应小于转炉口直径的1/2，废钢的块度一般不应超过300kg，国标要求废钢的长度不大于1000mm，最大单件质量不大于800kg。

（2）废钢入炉前应仔细检查与挑选，严禁混入封闭器皿、爆炸物和毒品，各种废旧武器及枪炮弹等必须拆除信管、导火索及未爆炸的弹药等，防止在熔化过程中发生爆炸。

（3）废钢中严防混入钢种成分限制的元素和Cu、Pb、Zn、Sn等有色金属。Zn的熔点低，极易挥发，且其氧化产物氧化锌侵蚀耐火材料；Pb的熔点更低，且密度大、易挥发，很难溶于钢中，因此当炉料混有Pb时，不仅会毒化污染空气，也极易毁坏炉底；Cu和Sn会使钢产生热脆。

（4）废钢应清洁干燥、少锈，应尽量避免带入泥土、沙石、油污、耐火材料和炉渣等杂质。否则不能准确地确定金属液的重量，而于冶炼过程中因钢液重量不准而影响化学成分的准确控制；浇注时，因钢液重量不足，容易造成短尺废品。此外，铁锈还能使钢中的氢含量增加。某些重要的特殊废钢，还要经过酸洗，以便去除氧化铁皮及表面杂质。

（5）不同性质的废钢分类存放，以免混杂，如低硫废钢、超低硫废钢、普通类废钢等。另外，应根据废钢外形尺寸将废钢分为轻料型废钢、统料型废钢、小型废钢、中型废钢、重型废钢等。非合金钢、低合金钢废钢可混放在一起，不得混有合金废钢和生铁。合金废钢要单独存放，以免造成冶炼困难，产生熔炼废品或造成贵重合金元素的浪费。

1.1.1.3 铁合金

铁合金是脱氧及合金化材料。用于钢液脱氧的铁合金称为脱氧剂；用于调整钢液成分的铁合金称为合金剂。一般炼钢生产过程中使用的脱氧剂如Al、Fe－Mn、Fe－Si，或者使用复合脱氧剂，如硅锰合金，硅钙合金硅锰铝合金；用于调整钢液成分的合金如Fe－Si、Mn－Fe、Ni－Fe、Cr－Fe、Ti－Fe、V－Fe等。

硅铁。硅铁主要用于脱氧和合金化。硅铁中的杂质为P、Al等，它们含量的多少对硅铁的粉化有很大的影响。

锰铁。锰铁主要用于钢液的脱氧和合金化。锰铁可由高炉或电炉生产，但高炉只能炼制碳素锰铁。此外，还有电硅热法及电解法生产的金属锰。锰铁中的有害杂质是磷，除金属锰外，一般锰铁中磷含量均较高，特别是高炉锰铁中磷含量更高，因此冶炼高锰钢时，要采取一切措施尽量降低钢液中的磷含量。锰铁中碳含量越高，磷含量就越高，价格也就越便宜。因此，在钢种的C、P规格成分允许时，应尽量使用高碳锰铁。

锰硅合金。锰硅合金又称硅锰合金，是炼钢常用的复合脱氧剂，主要用于钢液的直接预脱氧。在脱氧过程中，生成的脱氧产物互相接近，易于集结且熔点低、颗粒大、容易上浮，有利于净化钢液。有时也用于调整锰的成分，使之满足成品钢的规格要求。这种合金的硅含量通常小于28%，且碳含量也较低。

硅钙合金。硅钙合金是强脱氧剂和除气剂，在冶炼不锈钢、优质结构钢及特殊性能合金钢时使用。硅和钙对氧的亲和力都很大，其脱氧产物呈球状，颗粒也较大，容易上浮，而钙在炼钢的温度下易挥发。有利于除气和减少钢中发纹等缺陷，因此用硅钙合金脱氧的钢液比较纯净。

铬铁。根据铬铁中碳含量的不同，铬铁可分为高碳铬铁、中碳铬铁、低碳铬铁、微碳铬铁。此外，还有金属铬及真空法微碳铬。通常铬铁中的铬含量都不小于50%，硫、磷含量波动不大，但硅含量较高，因此在冶炼过程中，应根据实际情况控制硅铁粉的用量，以免硅超格。

钒铁。在冶炼模具钢、低合金工具钢和某些结构钢等，常常使用钒铁。钒铁中的磷含量较高，加入时必须考虑对钢中磷含量的影响。

铝。铝与氧的亲和力很强，在炼钢过程中，主要用于钢液的脱氧和合金化。钢液的脱氧用铝，多是将纯铝预制成铝饼、铝丸后使用，但也有以铝铁［w［Al］=20%～55%］的形式加入。作为钢液合金化用铝，多是直接使用铝锭。

炼钢对铁合金的要求是：

（1）入库的铁合金材料要按种类、批号及成分的不同，分别归堆存放。

（2）对于易潮、易氧化及其他贵重合金材料，必须按有关规定进行特殊的保管与贮存。如稀土合金材料应浸在煤油里或用石蜡灌注，与空气隔离，从而减少元素的氧化损失；铝粉一般应密封保存，以防止表面氧化。

（3）要选用适当牌号的铁合金，以降低钢的成本。因为同一类合金的不同牌号中，合金元素含量越高，C、P等杂质含量越低，价格越高。

（4）铁合金的入炉块度应根据种类、熔点、烧损与加入方法、用量及炉子的容量等因素综合决定。对于熔点高、密度大、不易烧损、人工加入、用量多的铁合金，块度应适当减小，从而减少烧损和保证其全部熔化，使钢的成分均匀。

（5）铁合金使用前均应在合适的温度下经过一定时间的干燥或烘烤，以便去除材料中的气体含量和黏附水分，另外也为材料的快速熔化和不过多地降低熔池温度及保证冶炼顺利进行创造条件。

1.1.2　造渣材料

1.1.2.1　*石灰*

石灰是炼钢主要的造渣材料，主要成分为CaO。它由石灰石煅烧而成。其来源广、价廉、有相当强的脱磷和脱硫能力，不危害炉衬。

炼钢用石灰应满足下列要求：

（1）CaO含量高，SiO_2和S含量尽可能低。SiO_2消耗石灰中的CaO，降低石灰中的有效CaO含量；S能进入钢中，增加炼钢脱硫负担。石灰中杂质越多，石灰的使用效率越低。

（2）应具有合适的块度。转炉石灰的块度以5～40mm为宜。块度过大，石灰熔化缓慢，不能及时成渣并发挥作用；块度过小或粉末过多，容易被炉气带走，还会降低炉口衬砖的使用寿命。

（3）石灰在空气中长期存放易吸收水分成为粉末，而粉末状的石灰又极易吸水形成$Ca(OH)_2$，它在507℃时吸热分解成CaO和H_2O，加入炉中造成炉气中氢的分压增高，使氢在钢液中的溶解度增加而影响钢的质量，所以应使用新烧石灰并限制存放时间。石灰的烧减率应控制在合适的范围内（4%～7%），避免造成炉子热效率降低。

（4）活性度高。活性度能衡量石灰与炉渣的反应能力，是石灰在炉渣中溶解速度的指标。活性度高，则石灰熔化快，成渣迅速，反应能力强。

研究表明，石灰的熔化是一个复杂的多相反应，石灰本身的物理性质对熔化速度有重要影响。煅烧石灰必须选择优质石灰石原料，低硫、低灰分燃料，合适的煅烧温度以及先进的煅烧设备，如回转窑、气烧窑等。

石灰石在煅烧过程中的分解反应为：

$$CaCO_3 \xlongequal{} CaO + CO_2$$

$CaCO_3$ 的分解温度为880～910℃，而煅烧温度应控制在1050～1150℃的范围。根据煅烧温度和时间的不同，石灰可分以下几种：

（1）生烧石灰。煅烧温度过低或煅烧时间过短，含有较多未分解的 $CaCO_3$ 的石灰称为生烧石灰。

（2）过烧石灰。煅烧温度过高或煅烧时间过长而获得的晶粒大、气孔率低以及体积密度大的石灰称为过烧石灰。

（3）软烧石灰。煅烧温度在1100℃左右而获得的晶粒小、气孔率高、体积密度小、反应能力高的石灰称为软烧石灰或活性石灰。

生烧和过烧石灰的反应性差，成渣也慢。活性石灰是优质冶金石灰，它有利于提高炼钢生产能力，减少造渣材料消耗，提高脱磷、脱硫效果并能减少炉内热量消耗。普通冶金用石灰的化学成分和物理性能见表1－1。

表1－1　普通冶金石灰的化学成分和物理性能（YB/T 042—2004）

品 级	w/%					水活性度/mL
	CaO	MgO	SiO_2	S	灼减	
特级	≥92.0	<5.0	≤1.5	≤0.020	≤2	≥360
一级	≥90.0		≤2.0	≤0.030	≤4	≥320
二级	≥88.0		≤2.5	≤0.050	≤5	≥280
三级	≥85.0		≤3.5	≤0.100	≤7	≥250
四级	≥80.0		≤5.0	≤0.100	≤9	≥180

1.1.2.2　白云石

白云石是化学组成为 $CaCO_3 \cdot MgCO_3$ 的矿物。配加部分白云石造渣，增加造渣料中MgO含量，可以减少炉衬中的MgO向炉渣中转移，而且还能加速石灰熔化，促进前期化渣，减少萤石用量和稠化终渣，减轻炉渣对炉衬的侵蚀，延长炉衬寿命。

炼钢用白云石，除应含有一定量的MgO外，要求杂质少，块度合适。

另外，生白云石入炉后要吸收大量的热进行分解，影响废钢加入量。因此，有条件的最好使用轻烧白云石。

1.1.2.3　萤石

萤石是由萤石矿直接开采而得，主要成分为 CaF_2，它的熔点很低（约930℃）。它能使CaO和阻碍石灰溶解的 $2CaO \cdot SiO_2$ 外壳的熔点显著降低，而且作用迅速，是改善碱性熔渣流动性且又不降低碱度的稀释剂，所以又称助熔剂。萤石在造渣初期加入可协助化渣，但这种助熔化渣作用，随着氟的挥发而逐渐消失。萤石还能增强渣钢间的界面反应能力，这对脱磷、脱硫十分有利。但是大量使用萤石会增加转炉喷溅，加剧对炉衬的侵蚀。

近年来，由于萤石供应不足和价格昂贵，寻求代用品的研究相当活跃。我国许多转炉厂，使用铁钒土和氧化铁皮代替萤石，但助熔速度不如萤石。

1.1.2.4 合成造渣材料

将石灰和熔剂预先在炉外制备成低熔点的造渣材料，将其加入炉内，必能加速成渣过程，提高炼钢的经济技术指标。但是由于制备困难，应用还不普遍。

使用高碱度烧结矿，可以显著改善造渣过程。特别是高碱度球团矿，它的块度、强度、化学成分、稳定性都很好，可由高炉的球团车间供应，是有一定前途的合成造渣材料。其缺点是要吸收大量的热，影响废钢用量。

1.1.3 氧化剂

炼钢用的氧化剂主要有氧气、铁矿石、氧化铁皮等。

1.1.3.1 氧气

炼钢过程中，一切元素的氧化都是直接或间接与氧作用的结果，氧气已成为各种炼钢方法中氧的主要来源。转炉吹氧使吹炼时间大大缩短，生产率提高；电炉熔化期使用氧气能加速炉料的熔化；电炉钢返吹法冶炼利用氧气能够回收返回废钢中的贵重合金元素；用氧代替铁矿石作氧化剂，由于氧气泡在钢液中的流动，对排除钢中气体和非金属夹杂物特别有利；用氧作氧化剂能使熔池温度迅速提高以及缩短各种杂质的氧化时间，这对改善炼钢的各项经济技术指标有利。

吹氧炼钢时成品钢中的氮含量与氧气纯度有关，氧气纯度低，会显著增加钢中的氮含量，使钢的质量下降。因此，对氧气的主要要求是氧气纯度应达到或超过99.5%，数量充足，氧压稳定且安全可靠。

1.1.3.2 铁矿石

铁矿石中铁的氧化物存在形式是 Fe_2O_3、Fe_3O_4 和 FeO，其含氧量（质量分数）分别为30.06%、27.64%和22.28%。在炼钢温度下，Fe_3O_4 和 FeO 是稳定的，而 Fe_2O_3 不稳定。铁矿石是电炉炼钢的主要氧化剂，它能创造高氧化性的熔渣，从而有利于脱磷。另外，铁矿石在熔化、分解过程中要吸热，进而引起熔池内温度的降低，起冷却剂的作用，所以在氧化过程中，它有利于各种放热反应的顺利进行，分解出来的铁可以增加金属收得率。

对铁矿石的要求是铁含量要高、密度要大、杂质要少。铁矿石中的杂质是指 S、P、Cu 和 SiO_2，它们影响钢中杂质的去除及钢的热加工性能。如 SiO_2 会降低碱度，改变熔渣的组成，这对脱磷及提高炉衬的使用寿命不利。因此，作为氧化剂的铁矿石，对成分应有严格的要求。

铁矿石应在800℃以上的高温下烘烤4h后使用。这样不仅能够去除矿石表面的吸附水分和内部的结晶水，进而提高铁矿石中铁含量的品位，同时也有助于防止钢液中氢含量的增加，且又不过多地降低熔池温度。

1.1.3.3 氧化铁皮

氧化铁皮又称铁鳞，是钢锭（坯）加热和轧制中产生的。特点是铁含量高、杂质少，密度小、不易下沉，它主要用来调整炉渣的化学成分、提高炉渣的 FeO 含量、降低熔渣的熔点、改善炉渣的流动性。在炉渣碱度合适的情况下，采用氧化铁皮能提高去磷效果。另外，氧化铁皮还有冷却作用。

炼钢要求氧化铁皮不含油污和水分，使用前需在大于 500℃ 的温度下烘烤 4h，保持干燥。

1.1.4 冷却剂

1.1.4.1 废钢

氧气转炉炼钢因热量有富余，可加入多达 30% 的废钢，作为调整吹炼温度的冷却剂。采用废钢冷却，可降低钢铁料、造渣材料和氧气的消耗，而且比用铁矿石冷却的效果稳定，喷溅少。同时因废钢价格较生铁低，多用废钢可降低钢的成本。

1.1.4.2 富铁矿、球团矿、氧化铁皮

这类冷却剂主要是利用它们所含 Fe_xO_y 在熔化分解时，要吸收大量热而起到的冷却作用。这些炼钢原料可以直接炼成钢，而且利用了其中的氧，同时还可作为助熔剂，有利于化渣。但带进的脉石将使石灰消耗量和渣量增大。

1.1.4.3 石灰石

在缺乏废钢和富铁矿等原料的地方，可用石灰石作冷却剂，因 $CaCO_3$ 分解时要大量吸热。

1.1.5 增碳剂

在冶炼过程中，由于配料或装料不当以及脱碳过量等原因，有时造成钢中的碳含量没有达到预想的要求，这时要向钢液中增碳。常用的增碳剂包括：

（1）增碳生铁。增碳生铁要求表面清洁、无锈，且硫、碳含量低，使用前应进行烘烤，避免将表面黏附的水分带入钢中，并防止加入时引起熔渣喷溅伤人。与其他增碳剂比较，生铁的含碳较低，约有 4% 左右，因此利用生铁增碳时，增碳量不宜过大，以避免钢水量增加过多而引起其他元素成分发生波动。另外，生铁远不如钢液纯洁，加入量过大会使钢中夹杂物含量增加而不利于提高钢的质量。因此，用生铁增碳一般不超过 0.05%。利用生铁增碳时，碳在钢液中的收得率为 100%。

（2）电极。电极的碳含量较高，硫含量和灰分较低，用于钢液的增碳时收得率比较稳定，因此是一种比较理想的增碳剂。

（3）石油焦。石油焦中灰分极少，含硫也少，用于钢液的增碳效果也比较理想，但价格较高。

（4）木炭。木炭中的灰分和硫含量虽然很低，但密度小，用于钢液的增碳时收得率低

且价格较贵，目前已很少使用。

(5) 焦炭。焦炭是由冶金焦磨制而成，价格低廉，制取容易，是最常见的增碳剂。但灰分和硫含量较高，增碳作用不如电极粉好。由于粉末状的炭素材料吸水性很强，且含有较高的氮，因此使用前需要在60～100℃的温度下干燥8h以上，并要求残留水分不大于0.5%。

转炉炼钢中有时为了调整冶炼终点的含碳量，需要加入一些炭素增碳剂。

1.1.6 保温剂

随着钢铁技术的不断提高以及高纯净超低碳钢的发展，对炼钢用辅助材料的要求也越来越高。钢水保温剂的功能除了可以保温外，还可以防止大气对钢水的二次氧化、吸附钢水中上浮的夹杂物、不与钢水反应避免污染钢水等。

保温剂的种类包括：

(1) 酸性类。典型的有炭化稻壳，其具有优良的保温绝热性能，且成本低廉，但不利于吸附钢水中上浮的夹杂物，并会导致钢水增碳。

(2) 中性类。典型的有 $Al_2O_3-SiO_2$ 基含碳或低碳保温剂，其最大的特点是成本低廉和钢水增碳较少。

(3) 碱性类。该类保温剂是以MgO或白云石为基的材料，也有高碳与低碳之分，该类保温覆盖剂一般熔点较低，单独使用时容易结壳，但能较好地吸附钢水中上浮的夹杂物。

1.2 应知训练

1-1 转炉冶炼对铁水温度和成分有哪些要求？

1-2 转炉冶炼对废钢的要求有哪些？

1-3 常用脱氧剂是什么？

1-4 冷却剂的种类有哪些？试比较其冷却效果。

1-5 保温剂的作用是什么？

1.3 技能训练

1.3.1 项目一 铁水、废钢及生铁的识别与选用

1.3.1.1 实训目的

(1) 通过实训，能够识别铁水、各种类型废钢及生铁块。

(2) 根据所炼钢种正确选择钢铁原材料。

1.3.1.2 操作步骤或技能实施

A 废钢与生铁识别

钢厂内的返回废钢质量较好，形状规则，一般以锭、坯、棒、管、板、带、丝、压块、铸件、轧辊等形态出现。外来废钢一般质量较差，常混有各种有害元素和非金属夹杂

物，形状尺寸不规则，需专门加工处理。合金废钢可以采用手提光谱仪、砂轮研磨来鉴别钢种，必要时也可以做化学分析来鉴别。

生铁以铁块、铁水、铸件、轧辊等形态出现。铁块大多有凹槽及肉眼可见的砂眼。铁块有两大品种：一是灰口铸铁，也叫灰铸铁，断面呈暗灰色，其硅含量较高，液态时流动性较好，常用于生产铸件；二是白口铁，断面呈亮白色，其硅含量较低，一般作为炼钢用生铁。转炉炼钢很少用大量生铁块做炉料。

液态生铁称为铁水，分为高炉铁水和化铁炉铁水两大类。高炉铁水中硫、磷含量低，而碳、硅含量较高，兑入转炉时会飞扬起一层飞灰，其中还可能夹带有闪亮的细片。目前钢厂大多采用高炉铁水，而化铁炉铁水则浪费能源、污染环境，很少被采用。

B 转炉炼钢中钢铁料的选用

（1）冶炼对硫、磷要求较高的钢种时，宜选用含硫、磷低等级的铁水或铁块。

（2）冶炼对夹杂物有严格要求的钢种时，应选用纯净的（一级或二级）废钢。

（3）对硫、磷含量要求特别严格的钢种应对所用铁水进行预处理。

1.3.1.3 注意事项

（1）废钢（特别是合金废钢）应分类堆放，标明钢种及成分。

（2）要根据炼钢要求，配料时应合理搭配使用各种废钢铁。

（3）必须根据钢种要求正确选用合金返回料。

（4）废钢中不得混有砖块、泥沙、油等杂物，也不得混有有色金属、封闭物等。

1.3.1.4 实训场地

现场原料间、钢铁原料展示实训室、多媒体教室。

1.3.1.5 组织安排

（1）在钢铁原料展示实训室或现场参观各种废钢、铁块原料。

（2）在多媒体教室由实训教师提供铁水、废钢、铁块等各种炉料图片。

（3）教师分析炉料特点及使用范围。

（4）小组讨论并分析炉料，共同完成工作单。

1.3.1.6 检查与评价

（1）学生自评，总结个人实训收获及不足。

（2）根据学生实训情况，小组内部互评打分。

（3）教师出示实物或图片，口头问答，抽查学生对原料识别和选用的正确与否。

（4）教师根据以上评价打出综合分数，列入学生的过程考核。

1.3.2 项目二 常用铁合金及复合脱氧剂的识别与选用

1.3.2.1 实训目的

（1）能认清常用的铁合金及复合脱氧剂。

（2）能够根据钢种要求，正确选用铁合金及复合脱氧剂。

1.3.2.2　操作步骤或技能实施

A　识别

（1）锰铁。表面颜色深，近于黑褐色并呈现出犹如水面油花样的彩虹色。其断面呈灰白色，并有缺口。如果相互碰撞会有火花产生。

（2）硅铁。表面呈青灰色，易破碎，其断面较疏松且有闪亮光泽。

（3）铝铁。手感轻，外观表面呈灰白色（近灰色）。

（4）硅钙合金。表面颜色与硅铁很接近，为青灰色，密度较小，手感比硅铁轻，其断面无气孔，有闪亮点。

（5）硅锰合金。手感较重，质地硬，断面棱角较圆滑，相互碰撞后无火花产生。表面颜色在锰铁与硅铁之间（偏深色）。

B　选用

（1）若炼优质钢需要在炉内沉淀脱氧时，可以选用锰铁或硅锰铁。

（2）冶炼低硅钢种时，几乎不用硅铁来进行脱氧。

（3）硅铁脱氧能力较强，一般在锰铁后加入。

（4）铝脱氧能力最强，一般用于终脱氧。

1.3.2.3　注意事项

（1）铝铁与硅铁在外观特征上有许多相似之处，要特别注意区别，防止混用后产生不良后果。

（2）粉状脱氧剂可包成小包（用硬纸或钢皮）后再使用。使用前须在150～200℃下烘烤4h以上，随用随取以防受潮。

1.3.2.4　实训场地

现场合金料间、钢铁原料展示实训室、多媒体教室。

1.3.2.5　组织安排

（1）在现场合金料间、钢铁原料展示实训室观察比较铁合金及脱氧剂。

（2）在多媒体教室由实训教师提供铁合金、脱氧剂原料图片。

（3）教师分析炉料特点及使用范围。

（4）小组讨论并分析炉料，共同完成工作单。

1.3.2.6　检查与评价

（1）学生自评，总结个人实训收获及不足。

（2）根据学生实训情况，小组内部互评打分。

（3）教师出示实物或图片，口头问答，抽查学生对合金料识别和选用的正确与否。

（4）教师根据以上评价打出综合分数，列入学生的过程考核。

1.3.3 项目三 造渣材料的识别与选用

1.3.3.1 实训目的

（1）能识别石灰、白云石、萤石、氧化铁皮、矿石等造渣材料的类别、等级。
（2）能根据炼钢工艺要求选用造渣材料。

1.3.3.2 操作步骤或实施技能

A 识别

（1）石灰。石灰呈白色，手感较轻，易吸水粉化，粉化后的石灰粉不能再做渣料。

（2）萤石。萤石常以块状供应，质量好的萤石表面呈黄、绿、紫等颜色，透明并具有玻璃光泽；质量较差的则呈白色（类似于石灰颜色）；质量最差的萤石表面带有褐色条斑或黑色斑点，且其硫化物含量较多。

（3）生白云石。灰白色，与石灰相比内部结构疏松，且表面黏有不少粉末，质硬，手感较重。

（4）氧化铁皮。片状物，青黑色来自于轧钢车间。

（5）铁矿石。赤铁矿（红矿）呈钢灰色或铁黑色，有的晶体为片状，有的有金属光泽明亮如镜，手感很重；磁铁矿呈钢灰色和黑灰色，有黑色条痕，且具有强磁性，组织比较致密，质坚硬，一般呈块状；褐铁矿呈黄褐色、暗褐色或黑色，并有黄褐色条痕，结构较松散，手感相对较轻，含水量大。

B 选用

（1）石灰易受潮成粉末，要尽量使用新焙烧的石灰。电炉氧化期和还原期用的石灰要在700℃下烘烤使用，采用喷粉工艺可用钝化石灰造渣，UTP采用泡沫渣冶炼时可用部分小块石灰石造渣。

（2）萤石用量过多会严重侵蚀炉衬，应尽量少用或不用。

（3）尽量选用轻烧白云石（经过900～1200℃焙烧），效果最好。

（4）氧化铁皮和铁矿石既是化渣剂，又是冷却剂和氧化剂。氧化铁皮应在烘烤后（500℃以上高温下烘烤4h以上）使用，否则会带入炉内很多水分，影响钢的质量；铁矿用量不宜过多，否则容易造成喷溅和渣量过多，在吹炼中、高碳钢时可以大部分或全部用铁矿做冷却剂。

1.3.3.3 注意事项

（1）造渣材料不能误用，否则会引起喷溅或返干等严重后果。
（2）吹炼高磷生铁如要回收炉渣制造磷肥，则不允许加入萤石。
（3）石灰在运输和保管过程中要注意防潮。

1.3.3.4 实训场地

现场散状料间、钢铁原料展示实训室、多媒体教室。

1.3.3.5　组织安排

（1）在现场散状料间、钢铁原料展示实训室观察比较铁合金及脱氧剂。
（2）在多媒体教室由实训教师提供铁合金、脱氧剂原料图片。
（3）教师分析炉料特点及使用范围。
（4）小组讨论并分析炉料，共同完成工作单。

1.3.3.6　检查与评价

（1）学生自评，总结个人实训收获及不足。
（2）根据学生实训情况，小组内部互评打分。
（3）教师出示实物或图片，口头问答，抽查学生对散状材料识别和选用的正确与否。
（4）教师根据以上评价打出综合分数，列入学生的过程考核。

情境 2　铁水预处理

2.1　知识准备

铁水预处理是指高炉铁水在进入炼钢炉之前预先脱除某些杂质的预备处理过程。它包括预脱硫、预脱硅、预脱磷。其中铁水预脱硫是最先发展成熟的工艺，而铁水预脱磷则是在喷吹法铁水预脱硫基础上发展起来的。由于脱磷必先脱硅，因而近年来大力发展研究了高炉冶炼低硅生铁技术以及铁水预脱硅技术。

2.1.1　铁水预脱硅处理

铁水作为转炉冶炼的主要原料，其硅、硫、磷含量的降低，将为转炉创造更好的原料条件。特别是高炉铁水的低硅化及铁水硅处理，既减少了转炉炉渣量，又为炉外铁水脱磷创造了有利条件。

高炉铁水中 Si 大约为 0.3% ~0.8%，在转炉冶炼中硅氧化生成二氧化硅，且放出大量热量，因此它既是发热剂，又是化渣剂。但是硅含量过高，又会对冶炼产生不利影响。日本研究表明，为了化渣和保证钢水温度有 0.3% 的 Si 就足够了。铁水中硅高其主要不良后果表现如下：

（1）渣量增大和造渣材料消耗增多，进而引起喷溅增多和炉渣带走的金属损失增加。

（2）影响 P、S 的脱除，并延长了冶炼时间，尤其影响磷的脱除。

（3）加剧对炉衬的侵蚀。

（4）导致高炉焦比提高和生产率下降。

可见，普通铁水脱硅的目的是为了减少转炉炼钢时的石灰消耗量、渣量和铁损，这样可以降低炼钢成本，在进行铁水同时脱磷脱硫处理之前，先进行脱硅处理，可以减少脱磷剂的用量和提高脱磷、脱硫效率。

另外，铁水脱磷脱硫处理时，铁水 [Si] 质量分数高，则会消耗掉脱磷的氧化剂，另外产生的 SiO_2 会使炉渣碱度下降，从而影响脱磷脱硫的效率，因此铁水脱磷、脱硫前一定要先脱硅处理。实验表明，用苏打脱磷很容易形成低熔点的熔渣，故铁水中 [Si] 质量分数最好小于 0.10%；但在用石灰系熔剂脱磷时，为促进石灰的熔解和降低熔渣黏度，铁水含硅量最好控制在 0.10% ~0.15%。

2.1.1.1　脱硅基本原理

铁水中硅与氧的亲和能力很强，因此硅很容易氧化。铁水脱硅用氧化剂可以是气体（氧或空气），也可以是固体（铁磷、烧结矿、精矿铁粉或铁矿石）。硅的氧化反应可用下列各式表示：

$$[Si] + O_2(g) = SiO_2(s) \qquad (2-1)$$

$$[Si] + 2/3Fe_2O_3(s) = SiO_2(s) + 4/3Fe(l) \quad (2-2)$$

$$[Si] + 1/2Fe_3O_4(s) = SiO_2(s) + 3/2Fe(l) \quad (2-3)$$

$$[Si] + 2(FeO) = SiO_2(s) + 2Fe(l) \quad (2-4)$$

可见硅的氧化反应均是放热反应，但实际生产中气体氧化剂脱硅是放热的，可使熔池温度升高。相反，固体氧化剂脱硅要先熔化、再分解，这些反应都是吸热的，能使熔池温度下降。如脱硅量为0.4%，采用氧气作氧化剂时，可使熔池温度升高120℃；相反，采用 Fe_3O_4 作氧化剂时，可使熔池温度下降150℃。

因此，可以通过调节气体氧化剂与固体氧化剂的比例，灵活地控制脱硅处理后的铁水温度，以满足炼钢工序的要求。

选择脱硅剂一要考虑它的活性，二要考虑可用性，三要考虑其运输性，故轧钢铁皮和烧结矿粉被列为主要选择对象。具体成分及粒度举例见表2－1和表2－2。

表2－1 轧钢铁皮和烧结矿成分 (%)

成 分	TFe	CaO	SiO_2	Al_2O_3	MgO	O_2
铁皮	75.86	0.40	0.53	0.22	0.14	24.00
烧结矿	47.5	13.25	6.80	3.20	1.34	20.00

表2－2 轧钢铁皮和烧结矿粒度

粒度/mm	<0.25	0.25～0.5	0.5～1.0	>1.0
铁皮/%	38	52	9	1
烧结矿/%	68	17	14	1

如果只喷吹氧化剂脱硅，产生的熔渣粒流动性不好，伴随铁水硅的降低将会发生脱碳反应，从而形成泡沫渣。此种泡沫渣不仅会影响铁水罐的铁水装入量，而且会增加铁损。故为改善脱硅渣的流动性，减少泡沫渣，往往配加少量石灰和萤石，使渣的碱度 $[w(CaO) + w(CaF_2)]/w(SiO_2)$ 为0.9～1.2。例如：日本钢管福山，脱硅剂的组成为：铁皮70%～100%，石灰0%～20%，萤石0%～10%；日本川崎水岛脱硅剂的组成为烧结矿粉75%，石灰25%；歌山和小仓厂脱硅剂的具体化学成分见表2－3。

表2－3 脱硅剂成分 (%)

厂 名	成 分							
	TFe	FeO	SiO_2	Al_2O_3	CaO	MgO	Mn	P
歌山	56.6	20.37	5.37	1.93	8.82	0.96	0.69	0.042
小仓	57.4	6.94	5.42	1.88	8.89	1.18	0.44	0.052

2.1.1.2 铁水脱硅的方法

铁水脱硅的方法有高炉出铁水沟连续脱硅法和混铁车或铁水包脱硅法。

A 高炉铁水沟连续脱硅法

此种方法优点是脱硅不占用时间，处理能力大，温度下降较少和渣铁分离方便。缺点是氧利用率较低和工作条件较差。

此种方法根据脱硅剂加入方法的不同，又可以分为上置加入法与喷吹法两种。

上置法是将脱硅剂料斗设置在撇渣器后的主沟附近，利用电磁振动给料器，向铁水沟内流动铁水表面给料，利用铁水从主沟和摆动流槽落入铁水罐时的冲击搅拌作用使铁水与脱硅剂混合，产生脱硅反应，这种方法脱硅效率较低，一般50%，要使 $w[Si] \leqslant 0.1\%$ 比较困难。

喷吹法是在上置法基础上，为改善脱硅效率而发展起来的，脱硅剂靠载气从喷粉罐流出，经喷枪靠气体射流作用将粉剂射入铁水内，枪径40～65mm、枪距铁水表面300～600mm，此种方法经过两次铁流冲击混合，脱硅效果比较好，一般为70%～80%，脱硅剂利用率也高。

B 铁水包中脱硅法

这种方法优点是脱硅反应氧的利用率较高，处理能力较大和工作条件较好，缺点为脱硅占用一定的时间和温度降低较多。另外还需增设扒渣设备。

这种方法为了保证脱磷铁水［Si］含量满足要求且稳定，在炼钢车间设置脱硅工序与场所，以便进一步脱硅，补充调整硅含量。

铁水喷粉脱硅与高炉铁水沟脱硅相比，反应条件大大改善，很容易使 $w[Si] \leqslant 0.1\%$。采用固体氧化剂脱硅会使熔池温度降低，影响后续工序，因此常配合气体氧化剂脱硅，可提高铁水温度，因此喷枪吹氧脱硅常配合使用，每氧化0.1%硫可以提高铁水温度30℃左右。

2.1.2 铁水预脱磷处理

磷也是绝大多数钢种（除易切削钢和炮弹钢等外）中的有害元素。它能显著地降低钢的低温冲击韧性，增加钢的强度和硬度，这种现象称为冷脆性。再有，磷在钢中的偏析比较严重，容易使钢板的局部组织异常，造成机械性能的不均匀。因此，随着工业生产和科学技术的迅速发展，对钢中含磷量的要求也日益严格。例如，对于低温用钢、海洋用钢、抗氢致裂纹钢（用作天然气和石油管及石油精炼设备等），除了要求极低硫量外，也要求含磷量小于0.01%或0.005%。

此外，为了降低氧气转炉炼钢的生产成本和实行少渣量炼钢，也要求铁水含磷量小于0.015%。因此，铁水脱磷继铁水脱硫之后，其工艺和技术日益成熟，成为实现冶炼优化工艺流程、降低转炉炼钢成本、提高钢质量、生产优质特殊钢的必要手段。

2.1.2.1 脱磷基本原理

铁水炉外脱磷与转炉内脱磷原理相同，即低温、高碱度和高氧化性炉渣条件下有利于脱磷。与钢水相比，铁水温度低，这是铁水预脱磷的有利条件。此时向铁水中加入具有一定碱度和氧化能力的脱磷剂，可把铁水中的磷量降到很低的水平。

目前，铁水脱磷剂主要有石灰系、苏打系等熔剂。石灰系脱磷剂来源方便，价格便宜，但脱磷能力比苏打系差。苏打系熔剂成本高，而且侵蚀耐火材料，处理过程中大量钠气化损失，环境污染严重，严重腐蚀设备。另外，处理过程铁水温降较大，因此使用较少。而石灰系脱磷的研究成果较多，某些以 CaO 为主的复合脱磷剂的脱磷能力明显提高，完全可以替代苏打系脱磷剂。为此这里只介绍石灰系脱磷剂的原理及工艺。

铁水中的磷来源于铁矿石，在高炉还原气氛下，炉料中的磷全部还原进入铁水，$w[P]=0 \sim 0.3\%$ 的铁水为低磷铁水，$w[P]=0.3\% \sim 1.0\%$ 的铁水为中磷铁水，$w[P]>1.0\%$ 的铁水为高磷铁水。太钢铁水为低磷铁水，处理前 $w[P]=0.07\% \sim 0.09\%$，要求处理后 $w[P] \leqslant 0.020\%$。

在氧化脱磷时，加入氧化铁皮，配合吹氧，加入石灰粉，其化学反应如下：

（1）在渣钢界面上：

$$(FeO) = [Fe] + [O] \tag{2-5}$$

（2）在与渣相相邻的金属层中：

$$2[P] + 5[O] = (P_2O_5) \tag{2-6}$$

在与金属相邻的渣层中：

$$(P_2O_5) + 4(CaO) = (4CaO \cdot P_2O_5) \tag{2-7}$$

总的反应描述为：

$$2[P] + 5(FeO) + 4(CaO) = (4CaO \cdot P_2O_5) + 5[Fe] \tag{2-8}$$

由式（2-8）可见，促进炉渣对金属脱磷的热力学因素有：

（1）加入固体氧化剂（铁矿石、铁皮）或用高枪位向熔池吹氧，以增大 $a_{(FeO)}$。

（2）加入石灰和促进石灰在碱性渣中迅速溶解的物质，以增大 $a_{(CaO)}$，亦即增大自由 CaO 的浓度。

（3）保持适当的低温，因为温度从 1673K 增到 1873K，脱磷反应的平衡常数 K_P 减少到 1/370。

应当指出，上述关于温度对脱磷影响的讨论，仅仅是就热力学角度而言。从动力学角度讲，高温可以迅速生成高碱度、高氧化性炉渣，保证得到均质流动的炉渣使传质过程加速，反应速度加快。

在 1350℃ 用 O_2 吹炼铁水时，在标准状态下优先氧化的是硅、锰、碳、铁，这时的磷实际上不发生氧化，因此铁水中的磷不能直接氧化成 P_2O_5 气体而除去。

为了在铁水氧化精炼过程中能顺利地进行脱磷，必须加入与 P_2O_5 结合能力很强的碱性氧化物使之生成稳定的磷酸盐，才能有效地进行脱磷。因此，铁水氧化脱磷时首先将磷氧化成 P_2O_5，然后与强碱性氧化物结合成稳定的磷酸盐。

采用 CaO 和 Na_2O 脱磷时，硅总比磷优先氧化，因硅与氧的亲和力比磷大，同时有下列成渣反应：

$$2CaO(s) + [Si] + O_2(g) = 2CaO \cdot SiO_2(s)$$

$$Na_2O(l) + [Si] + O_2(g) = Na_2O \cdot SiO_2(l)$$

为了提高脱磷剂的利用率和脱磷效率，在脱磷处理之前必须先进行脱硅处理。

最初的炉外脱磷的氧全部以固体氧化剂（铁皮、铁矿石）的形式供给。铁水在脱磷过程中，不仅损失了全部硅化学热，而且还要引起大量温降。采用如此含低化学热和物理热的铁水炼钢，往往会造成困难，为此采用顶吹氧来代替部分固体氧，借以补偿热量。

2.1.2.2　铁水脱磷的方法

铁水预脱磷的方法有很多，比较常用的是喷吹法。喷吹法是用载气将脱磷剂喷吹到鱼雷罐车或铁水包内，与铁水产生脱磷反应。采用铁水包处理铁水具有较好的动力学条件，而且排渣容易，为了防止喷溅，铁水包可加防溅罩。

A　铁水包喷吹法

铁水包脱磷处理如图2－1所示。用此种方法脱磷时，脱磷剂和铁水混合容易，排渣性好。氧源供给可上部加轧钢铁皮，并配以生石灰、萤石等熔剂，在强搅拌下加速脱磷反应；气体氧可以调节控制铁水温度；处理量与转炉匹配，使转炉可冶炼低磷钢种，减少造渣熔剂，并用锰矿石取代锰铁冶炼高锰钢取得经济效益。

B　鱼雷罐喷吹法

鱼雷罐是目前钢铁企业主要的铁水运输工具，如图2－2所示。但鱼雷罐作为预脱磷设备存在一系列的问题：鱼雷罐中存在死区，反应动力学条件不好，在相同粉剂消耗下，需要载气量大，且效果不如铁水罐；喷吹过程中罐体振动比较严重，改用倾斜喷枪或T形、十字形出口喷枪后有好转；用作脱磷设备后，由于渣量过大，罐口结渣铁严重，其盛铁容积明显降低；每次倒渣都需倒出相当多的残留铁水，否则倒不净罐内熔渣。

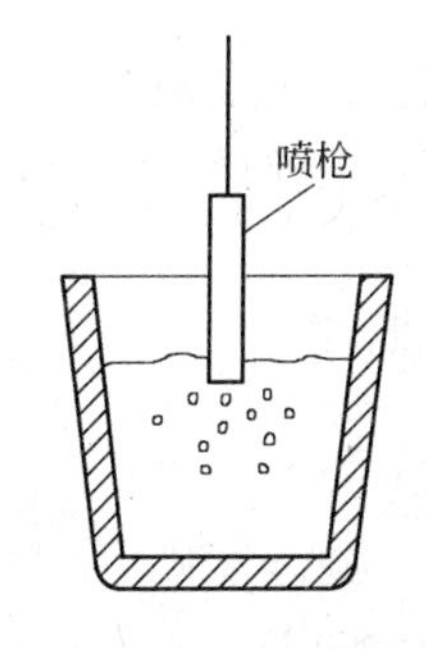

图2－1　铁水包脱磷处理

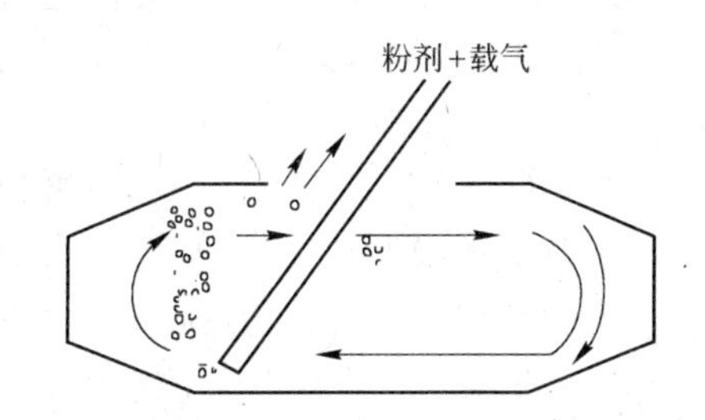

图2－2　鱼雷罐喷吹处理

2.1.2.3　影响脱磷效果的主要因素

脱磷的操作条件因铁水的处理目标和初始条件而异，但主要应控制的操作条件有铁水初始硅含量、温度、氧化剂、渣碱度和脱磷剂用量等因素。

A　铁水初始硅含量的影响

铁水脱磷时铁水中的硅优先氧化成SiO_2，所以硅含量的高低影响到渣的碱度和石灰的消耗。原因是硅的氧化需要多提供氧，生成的SiO_2使炉渣碱度降低。

脱磷前铁水含硅量应控制在0.15%以下，确保以小量脱磷剂实现高效脱磷。根据转炉吹炼经验，硅降至0.2%以下时开始脱碳，为防止脱硅时碳的氧化，脱磷前铁水含硅量也可控制在0.2%左右。由于高炉冶炼低硅生铁已成为可能，许多钢铁企业正在开展同时脱硅、脱磷研究。

B　铁水脱磷温度的影响

从铁水的热力学条件考虑，低温对脱磷有利，但温度太低，保证不了炼钢对铁水温度的要求，所以合适的处理温度为1380～1480℃。

C　脱磷氧化剂的影响

脱磷氧化剂有气体氧气和固体氧（铁矿石或氧化铁皮）两种，其与磷的反应，其效果有很大不同。气体氧使铁水温度升高，而固体氧降低铁水温度，原因是气体氧与铁水中元素的反应为放热反应，而氧化铁与元素的反应是吸热反应，考虑低温对脱磷有利，所以固体氧化剂脱磷效果要比吹氧脱磷效果好。

D　炉渣碱度

炉渣碱度高有利于脱磷，从脱磷用氧量和碱度的关系可知，脱磷用氧量随碱度的升高而降低，碱度大于3时为一定值。因此，为减少脱磷剂和氧化剂而达到高效率脱磷，渣碱度应维持在3左右。

E　脱磷剂用量及加入方式

渣量大有利于脱磷，但成本高，且易引起铁水中碳等元素的氧化损失。

脱磷剂加入方式有单喷吹脱磷剂、喷吹脱磷剂配合面吹氧、顶加脱磷剂配合面吹氧、顶加氧化剂面吹氧和喷吹脱磷剂等方式。其中以喷吹脱磷剂时最好，原因是粉状反应物直接喷入铁水，反应界面积增大，脱磷剂在上浮过程中可充分脱磷。

2.1.3　铁水预脱硫处理

铁水预脱硫处理是铁水预处理中最先发展成熟的工艺。铁水预脱硫对于优化钢铁冶金工艺、提高钢的质量、发展优质钢种、提高钢铁冶金的综合效益起着重要作用。它已成为钢铁冶金中不可缺少的工序。

根据历史使用的特点，铁水预脱硫大致可分为三个时期：

（1）初始试验期（19世纪~20世纪60年代）。

1877年，英伊顿和贝克用苏达在高炉铁水沟铺撒脱硫；

1927年，美拜尔斯公司在化铁炉铁水罐加苏打脱硫；

1947年，瑞典人用石灰粉在卧式回转炉中脱硫；

1959年，瑞典人Eketop和Kaling在3t摇包上用CaC_2脱硫；

1962年，日本神户试验了40t双向摇包；

1965年，日本钢管公司和住友公司用机械搅拌法（KR）脱硫；

1965年，德国蒂森公司用95t吹气搅拌法脱硫；

1968年，日本神户加古川厂用200t大气泡泵法脱硫。

上述种种试验，因效果差、温降大、炉衬寿命低等原因多被淘汰，但是对脱硫剂的选择和使用积累了初步经验。

（2）大发展时期（20世纪70年代~80年代）。20世纪70年代，氧气转炉迅速取代平炉，因平炉炉气中硫对钢水的影响被取消，进入转炉的铁水含硫量直接影响着钢的含硫量。同时喷射冶金技术迅速发展，使铁水喷吹法投入使用。并且建立脱硫站多在高炉和转炉之间的运输线上建立，使用原有的铁水罐和鱼雷罐进行脱硫。

（3）成熟期（20世纪90年代）。80年代后期，由于炼钢工艺技术的发展，要求从铁水带入的化学热减少，允许铁水含硅量降低至0.3%左右，从而减少炼钢渣量。新钢种的开发和纯净钢的需求增加，在原有脱硫工艺的基础上开发了深脱硫工艺，同时也开发了脱硅和同时脱磷硫。

2.1.3.1　铁水预脱硫处理意义

（1）提高钢的质量和品种的需要。硫在钢中以FeS的形式存在，在热轧温度下很容易变形，成为延展性夹杂，引起钢的性能的各向异性，并且在轧制过程中会存在热脆性。

（2）优化钢铁冶炼工艺的需要降低高炉焦比。提高高炉产量；降低高炉碱度，使高炉顺行；解放转炉操作。

2.1.3.2 铁水预处理脱硫剂

A 脱硫原理

硫能溶于液态铁中形成无限溶液。但工业生产中，硫在铁和钢中的含量约为0.001%～0.1%。一般认为硫以元素状态溶解于液态铁中。说明当铁中 $w[S]$ 大于一定值时，一定温度下铁中便会出现液相——热脆。例如，当 $w[S]>0.02\%$，而温度又高于1100℃时，就会出现热脆现象，且硫分布集中在晶界上，晶界就会出现液相。

钢铁冶炼脱硫，就是要形成稳定的硫化物，并能与钢或铁水顺利分离，利用化学反应自由焓变化可以判断出各种脱硫剂的脱硫能力。从单纯热力学角度分析，其脱硫顺序为 Ca、CaC_2、Na_2O、Mg、Mn、MnO、CaO。而生产实际中常用的脱硫剂为石灰（CaO）、电石（CaC_2）、金属镁（Mg）以及由它们组成的各种复合脱硫剂。图2－3为不同脱硫剂的脱硫效率。

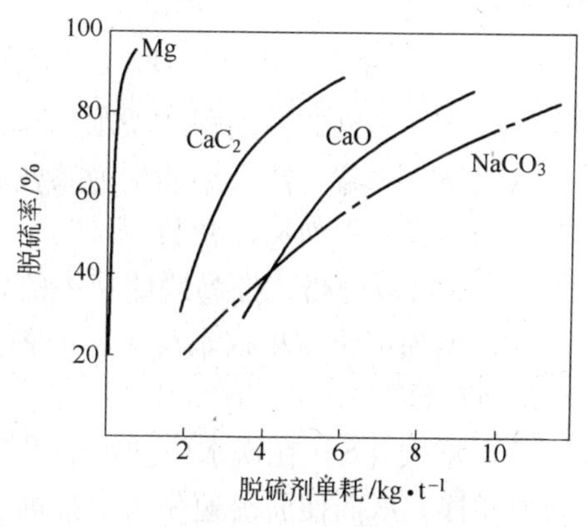

图2－3 脱硫剂脱硫率

各种脱硫剂的脱硫限度，即脱硫反应达到平衡时金属中的平衡［%S］，根据不同的脱硫程度要求，可以经济合理地选用各种脱硫剂，为此假设铁水成分为 $w(C)=4.0\%$、$w(Si)=0.6\%$、$w(Mn)=0.5\%$、$w(P)=0.20\%$ 和 $w(S)=0.04\%$。

以 CaO 脱硫为例，并假定 $w[Si]<0.05\%$，则根据反应式：

$$CaO(s)+[S]+[C]═══CaS(s)+CO(g) \quad (2-9)$$

当 $w[Si]>0.05\%$，则脱硫反应式为：

$$3CaO(s)+3[S]+[Si]═══3CaS(s)+CaSiO_3 \quad (2-10)$$

式（2－9）、式（2－10）充分说明了铁水炉外脱硫具有很好的热力学条件，原因是铁水具有较强的还原气氛，有利于脱硫反应进行。

（1）铁水中会有大量的［Si］、［C］、［Mn］等还原性好的元素，因此，脱硫剂，特别是金属脱硫剂 Mg，不会发生大量烧损，利用率高。

（2）铁水中的［C］、［Si］等大大地提高了［S］在铁水中的活度系数 f_s，使硫能脱到较低水平。

（3）铁水中［C］为饱和状态，［C］直接参加脱硫反应，有的甚至配入少量碳粉（约10%），可以稳定脱硫反应，提高脱硫剂利用率，提高命中率。

B CaC_2 系脱硫剂

CaC_2 具有非常强的脱硫能力，在1350℃时，铁水中的平衡 $w[S]=4.9\times10^{-7}$。但是目前用 CaC_2 脱硫实际上能达到的最低硫量约为0.001%左右。这比理论值高很多，离平衡状态较远，可能是动力学因素在起作用，需要进一步研究提高其脱硫效果。大井浩等实验研究了 CaC_2 脱硫过程的动力学问题，因 CaC_2 的脱硫反应是固－液系反应，可由下列步骤所组成：

（1）铁水中的硫通过铁水侧的边界层向 CaC_2 颗粒表面扩散。

（2）在 CaC_2 颗粒表面上进行化学反应生成 CaS。

（3）硫从 CaC_2 颗粒表面向内部扩散。

在高温下，化学反应速度是很快的，故步骤（2）不是脱硫限制性环节。同时，实验表明 CaC_2 表面反应生成 CaS 是多孔疏松状的，因此，[S] 很容易穿过反应层扩散到 CaC_2 颗粒内部继续反应，故步骤（3）也不是限制性环节，相反硫在铁水侧的边界层中的扩散是很慢的，它是脱硫反应的限制性环节，故脱硫速度可以由 [S] 在铁水边界层的扩散速度表示：

$$\mathrm{d}w[\mathrm{S}]/\mathrm{d}t = -(A/V)(D_s/\delta)w[\mathrm{S}] = -kw[\mathrm{S}] \tag{2-11}$$

式中 A，V——反应界面积和铁水体积；

D_s，δ——硫在铁水中的扩散系数和边界层厚度；

k——表面速度常数。

由上式可以分析，提高脱硫速率的条件有：

（1）增加单位体积铁水反应界面积 A/V，即 CaC_2 颗粒的表面积，故 CaC_2 很细（一般为小于 100 目）。

（2）增大 [S] 在铁水中的扩散系数 D_s，即加强搅拌，提高温度，喷吹法脱硫以载气为动力搅拌。从而使脱硫速率大大提高，为脱硫创造了良好的动力学条件。

（3）提高温度，尽管 CaC_2 脱硫为放热反应，但温度升高促进 [S] 扩散，因此，总体讲提高温度有利于 CaC_2 脱硫，温度高 CaC_2 消耗少。

根据不同的原始含硫量 $w[\mathrm{S}]_i$ 与终点含硫量 $w[\mathrm{S}]_f$，喷吹 CaC_2 用量有所不同。CaC_2 的消耗量又由 CaC_2 的利用率决定。原始含硫量越低，CaC_2 的利用率就越低。一般原始含硫量为 0.04%(质量分数)，脱到终点为 0.005% 时，要消耗约 3kg/t 的电石。

为了提高 CaC_2 的利用率，可加入约 10% 的 $CaCO_3$ 或 $MgCO_3$ 等反应促进剂，因为 $CaCO_3$ 在 $P_{CO_2} = 101.325\mathrm{kPa}$ 和温度为 884℃ 时发生分解反应：

$$CaCO_3(s) = CaO(s) + CO_2(g)$$

这时产生大量的 CO_2 气体，能使运载气体的气泡破裂，将裹在气泡中的脱硫剂释放出来，同时还能强烈地搅拌熔池，促进硫的扩散，因而提高了 CaC_2 的利用率。加入 $CaCO_3$ 后可使 CaC_2 的利用率提高约一倍，其用量可减少一半，这就可以有效地降低脱硫费用。此外 $CaCO_3$ 分解形成的细小而多孔的活性 CaO，也有很强的脱硫能力。

总之，CaC_2 是很强的脱硫剂，它的脱硫能力非常强，脱硫效率为 80% ~90%，而且效果稳定，最低含硫量降到 0.001% 以下，脱硫速度也较大，此外对容器耐火材料的侵蚀也很少。但是，CaC_2 价格较贵（为石灰粉的 10 倍），而且运输和贮存时容易吸收空气中的水分，生成乙炔气而发生爆炸：

$$CaC_2(S) + 2H_2O = C_2H_2(g) + Ca(OH)_2$$

故须要特别注意密封。此外，其脱硫渣对环境污染严重，因此，进入 80 年代以来，逐渐减少其使用。

C 石灰系脱硫剂

由于碳化钙与脱硫剂存在上述的缺点，80 年代以来发展研究的石灰粉脱硫，目前是应用最广泛的一种。其主要优点是石灰资源丰富，价格低，减少运输和储存的危险性以及环境污染等。但缺点是脱硫效率低，速度慢，效果不稳定，难以达到低硫（硫的质量分数不超过0.005%）铁水，另外石灰的吸水性很强，也存在防止水化问题。

根据前面的理论计算，CaO 具有相当大的脱硫能力，在1350℃时铁水中的平衡含硫量（质量分数）可达3.7×10^{-3}。因此只要创造较好的热力学和动力学条件，还是能够满足一般脱硫要求的。前面讲到当铁水中w[Si] <0.05%时，CaO 脱硫反应为：

$$CaO(s) + [S] + [C] = CaS(s) + CO(g)$$

当铁水中 [Si] 的质量分数较高时，则 [Si] 参加反应：

$$2CaO(s) + [S] + 1/2[Si] = CaS(s) + Ca_2SiO_4(s)$$

由此可知，脱硫产物中有高熔点的$2CaO \cdot SiO_2$，它在石灰粒表面形成很薄而致密的一层，阻碍了脱硫反应的继续进行，从而降低了 CaO 的脱硫效率和脱硫速度。

CaO 脱硫与CaC_2脱硫一样是固-液反应，与CaC_2反应步骤相同。厄特斯认为铁水含硫低（w[S] <0.04%，1300℃）时，石灰粒在铁水中形成的反应层较薄，此时，[S] 通过铁水边界层向石灰颗粒表面扩散是反应的限制性环节。

铁水含硫高（w[S] >0.08%，1300℃）时石灰粒在铁水中反应生成的反应层（CaS、$2CaO \cdot SiO_2$）较厚，因此 [S] 通过它的扩散速度很慢，是脱硫反应的限制性环节。

从上面的分析可知，为了提高 CaO 的脱硫效率和脱硫速度，除了可以采取增加反应界面，加强搅拌，加入反应促进剂和炭粉等措施外，还应该采取破坏或防止形成$2CaO \cdot SiO_2$反应层的措施。

CaF_2可使$2CaO \cdot SiO_2$反应层熔点降低，破坏该反应层，使 [S] 能继续扩散到石灰粒内部去，从而使脱硫反应速度提高。

例如，某钢厂采用由95%石灰和5%萤石粉组成的复合脱硫剂，以空气作载气对铁水进行喷粉脱硫，脱硫率达70%以上。还有的钢厂采用90%石灰、5%萤石和5%焦粉，以N_2作载气喷吹，也取得了较好的效果。

另外石灰粉粒微细化，可以提高粒子反应表面积，也可以提高其利用率和反应速率。对石灰来讲，粒度大小及分布对脱硫效果的影响比较大。表2-4给出天津某钢厂石灰粉粒度分布，其粒度组成中小于200目的占90%以上，因此目前多趋向于采用比较细的石灰粉剂。

但细化石灰粉粒，除造成磨粉成本提高，还会恶化其流动性，影响喷吹的顺利进行，因此要有一定的设备条件保证。

表2-4 天津某钢厂石灰粉粒度分布

粒度/%			密度/$g \cdot cm^{-3}$	
>100目	100~200目	<200目	堆密度	真密度
0.35	5.9	93.75	—	—
0	13.5	86.5	1.09	2.86
1.0	9.0	90.0	—	—

D 镁系脱硫剂

镁与硫的亲和能力很强，它是一种很有效的脱硫剂，根据计算，在1350℃时，用镁脱

硫的平衡含硫量为 1.6×10^{-5}。

镁系脱硫剂的优点是脱硫能力强，反应速度快，适用于大量处理铁水，能达到 $w[S]\leqslant0.005\%$，而且渣量少，渣中带走的铁损和热量损失少，对环境污染亦小，可以不进行预先除渣；采用包盐镁粒在贮藏和运输期间都比较安全。

镁系脱硫剂的缺点是价格较贵，而且镁的熔点（615℃）和沸点（1070℃）都比较低，在钢铁冶金温度下是蒸汽，镁的蒸汽压与温度的关系式为：

$$\lg p = -6820/T + 4.993$$

在1350℃时，镁的蒸汽压可达 6.34×10^{5}Pa，如果镁大量地加入铁水中会发生爆炸性反应，造成喷溅事故和降低镁的利用率，因此必须控制合适的蒸发速度。

由于镁具有易挥发特性，历史上曾出现镁-焦、镁-铝、镁-白云石等块状加入法，用气体将粉状石灰-镁吹入铁水中，镁锭、盐镁粒分批加入并用空气搅拌等方法。事实证明，乌克兰研制的采用天然气喷吹颗粒镁工艺，镁的利用率最高，镁消耗最低——每脱去1kg硫消耗镁1.1kg，因此下面重点介绍颗粒镁脱硫工艺原理。

镁与脱硫反应存在两种机理：

(1) $Mg(g) + [S] \longrightarrow MgS(s)$；

(2) $[Mg] + [S] \longrightarrow MgS(s)$。

按照第二种机理，保证了镁与硫的反应不仅仅局限在镁剂导入区域或喷枪区域内进行，而且是在整包铁水范围内进行，这是非常有利的。

镁在铁水中的溶解度［Mg］直接关系到第二种反应的进行程度。而溶解在铁水中的Mg含量［Mg］与投放深度和铁水温度有关，投放深度愈深，铁水温度愈低则［Mg］愈大。图2-4为Mg在铁水中饱和［Mg］与铁水温度 t 的关系曲线，曲线旁的数字为导入区的压力，单位为MPa。

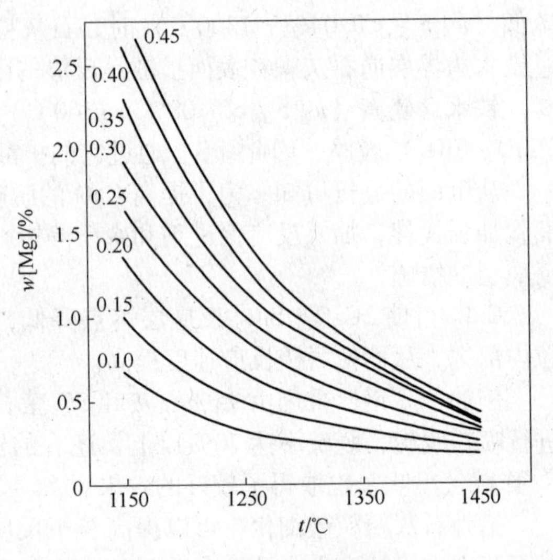

图2-4　Mg在铁水中饱和溶解度 $w[Mg]$ 与铁水温度 t 的关系曲线

镁的化学活性大，它可以与气相中的一些组成发生反应：

$$Mg + \frac{1}{2}O_2 \longrightarrow MgO(s)$$

$$Mg + \frac{1}{3}N_2 \longrightarrow \frac{1}{3}Mg_3N_2(s)$$

$$Mg + \frac{1}{2}CO_2 \longrightarrow MgO(s) + \frac{1}{2}C(s)$$

$$Mg + H_2O \longrightarrow MgO + H_2(g)$$

上述情况均造成镁的损失，因此喷吹气体中不应有 O_2、N_2、CO_2、H_2O。因此含氧气、氮气的气体不能作为载体。喷吹气体采用天然气最为合理，它对镁呈中性，在铁水中受热分解时，可使局部温降150~200℃，这有利于提高镁的吸收率。

颗粒镁中不掺加任何添加剂（石灰、白云石等），Mg 的质量分数为 92% ~95%，其余为涂层盐壳（NaCl、KCl、$MgCl_2$、$CaCl_2$ 等），盐壳的物化性能保证了其爆炸安全性自燃点在 700 ~1000℃之间。纯镁粒的采用，也提高了镁的利用率。如果镁颗粒中混有石灰等粉剂，必然会消耗部分镁，其反应如下：

$$Mg + \frac{1}{2}CaCO_3 \longrightarrow MgO + \frac{1}{2}CaO + \frac{1}{2}C$$

$$Mg + Ca(OH)_2 \longrightarrow MgO + CaO + H_2$$

2.1.3.3 铁水预脱硫方法

迄今为止，人们已开发出多种铁水脱硫的方法，其中主要方法有：投入法、铁水容器转动搅拌法、搅拌器转动搅拌脱硫法和喷吹法等。

A 投入法

投入法不需要特殊设备，操作简单，但脱硫效果不明显，动力学条件不足，产生的烟尘对环境污染大。

B 铁水容器搅拌脱硫法

铁水容器搅拌脱硫法主要包括转鼓法和摇包法，均有好的脱硫效果，但此方法因铁水容器转动，运行笨重，耗能大。且包衬寿命也低，所以使用不够广泛。

C 搅拌器转动的搅拌脱硫法

KR 法是搅拌器转动的搅拌脱硫法中最基本的方法，搅拌法是日本新日铁广畑制铁所于 1965 年用于工业生产的铁水炉外脱硫技术。这种脱硫方法是以一种外衬耐火材料的搅拌器浸入铁水罐内搅拌铁水，使铁水产生漩涡，同时加入脱硫剂使其卷入铁水内部进行充分反应，从而达到铁水脱硫的目的。它具有脱硫效率高、脱硫剂消耗量少、金属损耗低的特点。

1976 年武钢引进硅钢生产线时，根据硅钢质量要求，从日本引进了 KR 铁水脱硫装置。1979 年在武钢二炼钢厂投产。新投产时，采用 CaC_2 进行脱硫，自 1986 年后，自行开发采用含碳 CaO 基脱硫剂，1988 年 8 月后，使用无碳 CaO 基脱硫剂进行生产。

a KR 机械搅拌法脱硫机理

搅拌法脱硫工艺是依靠搅拌头在铁水中旋转产生的剪切力，将漂浮在铁水表面的脱硫粉剂搅入铁水中，实现固-液相间接触，从而达到脱硫目的。目前国内机械搅拌法脱硫工艺主要使用石灰作为脱硫剂，主要反应如下：

$$CaO(s) + [S] + \frac{1}{2}[Si] = CaS + \frac{1}{2}(2CaO \cdot SiO_2)$$

KR 法具有极好的脱硫动力学条件，脱硫率可达到 90% 以上，采用的脱硫剂是采用小于 3mm 的石灰颗粒及大于 5mm 的萤石粒，不但价格便宜而且贮存方便，所以仍为许多厂所采纳。

b KR 机械搅拌法主要设备

KR 机械搅拌法设备复杂，一次性投资比较大，其主体设备主要有：

(1) 升降装置。该装置由一台提升电机，通过减速机带动两套钢丝绳卷扬机经滑轮组提升机械搅拌装置。此外还配有一台作应急处理的气动马达，断电时，启动气动马达将搅拌桨从铁水罐中提起。

搅拌桨插入铁水深度有一定要求，所以必须有一套测铁水液面装置或铁水称重车，以控制升降车行程。

(2) 机械搅拌装置。机械搅拌装置主要由搅拌器及其旋转机构、升降车以及升降车夹紧机构组成。

(3) 搅拌桨更换车。搅拌桨更换车的作用，是将重达6~8t的旧桨卸下运走，然后将新桨运来装上。搅拌桨更换车主要由行走部分和升降部分组成。

c KR机械搅拌法特点

其优点有：

(1) 可以实现极深度脱硫。

(2) 脱硫剂成本低。

(3) 脱硫剂资源广泛、价格低。

(4) 所有设备可以国内供货。

(5) 搅拌头寿命高。

其缺点有：

(1) 一次性投资成本高。

(2) 脱硫周期长。

(3) 生成渣量大。

(4) 铁损大。

(5) 设备结构复杂，维护量大。

d 脱硫工艺操作过程

脱硫工艺操作过程可由如图2-5所示流程图表示。

e 铁水条件和脱硫工艺参数

铁水条件和脱硫工艺参数示例见表2-5。

表2-5 某厂KR脱硫工艺参数

项目		条件参数	项目		条件参数
铁水条件	铁水温度/℃	1300	脱硫工艺参数	处理时间/min	10~15
	w[S]/%	≤0.060		搅拌器旋转速度/r·min^{-1}	90~120
	渣层厚度/mm	<50		搅拌器浸入铁水温度/℃	1300
	每次每罐处理质量/t	75~85		处理后w[S]/%	≤0.005
				总工序时间/min	35~50（平均42）
				过程温降/℃	约45

f 影响脱硫合格率的因素

脱硫合格率是指经KR法脱硫处理后［S］的质量分数小于0.005%的罐次比率。

脱硫不合格主要因素是由于铁水温度低、铁水含硫量高以及脱硫剂加入量少所致，与脱硫剂的种类无关。

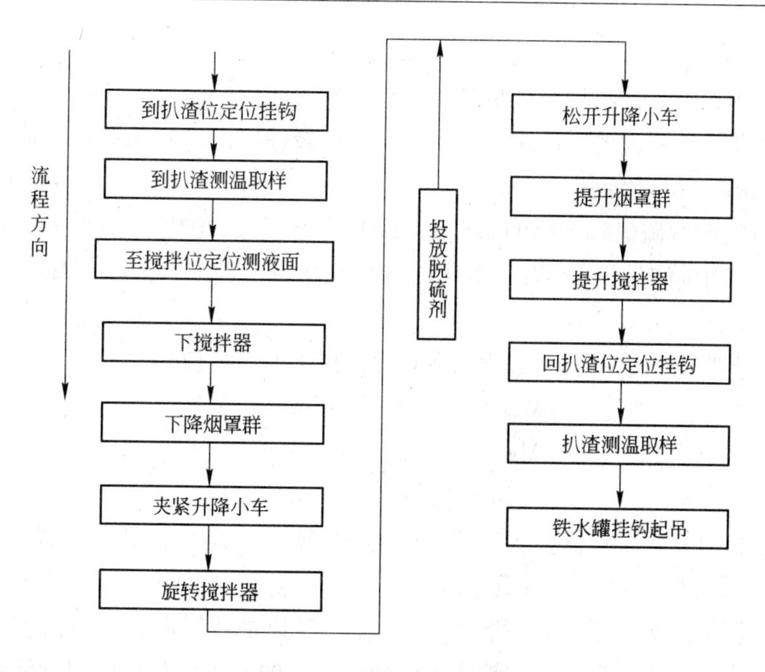

图2-5　脱硫工艺流程

D　喷吹法

喷吹法是将脱硫剂用载气经喷枪吹入铁水深部，使粉剂与铁水充分接触，在上浮过程中将硫去除。所以要求从喷粉罐送出的气粉比均匀稳定、喷枪出口不发生堵塞、脱硫剂有足够的速度进入铁水、在反应过程中不发生喷溅，最终取得高的脱硫率，使处理后的铁水含硫量能满足低硫钢生产的需要。

喷吹法主要有两种方式，一种为复合喷吹，一种为单吹颗粒镁喷吹。

a　复合喷吹

复合喷吹工艺流程如图2-6所示。

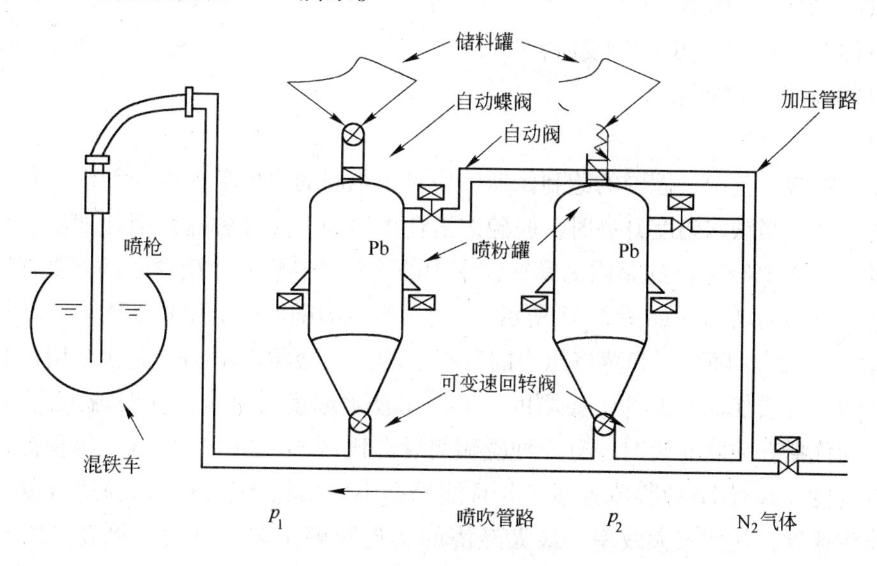

图2-6　复合喷吹工艺流程

（1）复合喷吹脱硫工艺。复合喷吹脱硫工艺是指由镁粉加上石灰粉或电石粉及其他添加剂组成的粉剂，喷入铁水后脱硫反应主要由镁粉来完成的脱硫工艺。目前复合喷吹工艺国内使用的主要有加拿大的霍高文，美国伊思曼以及德国的鲍利休斯等，使用的厂家有本钢、鞍钢、包钢、马钢等钢厂。

（2）复合喷吹脱硫机理。镁的熔点为651℃，沸点为1107℃，远低于铁水温度，因此金属镁进入铁水中将有以下行为：熔化、汽化、溶解，即 $Mg(s) \rightarrow Mg(l) \rightarrow Mg(g) \rightarrow [Mg]$。

金属镁粉喷吹到铁水中，经汽化和溶解而有以下三个反应：

$$Mg(g) + [O] = MgO(s) \tag{2-12}$$

$$Mg(g) + [S] = MgS(s) \tag{2-13}$$

$$[Mg] + [S] = MgS(s) \tag{2-14}$$

由于铁水自由氧含量较低，所以式（2-12）所示反应很快结束。式（2-13）和式（2-14）所示反应同时进行。有资料表明气态镁只能脱去铁水中硫的3%～8%，因此，主要脱硫反应还是以式（2-14）所示反应为主。所以加快镁向铁水中溶解速度是提高镁脱硫的效率的主要环节。为此，在铁水中配加一定量的石灰粉，可以起到镁粉的分散剂作用，避免大量气泡的镁瞬间汽化造成喷溅，加入的石灰粉还可以成为大量气泡的形成中心，从而减小镁气泡的直径，降低镁气泡的上浮速度，加快镁向铁水中的溶解，提高镁的利用率。复合喷吹工艺需添加一定量的石灰粉或电石粉，不可避免地含有 $CaCO_3$ 和 $Ca(OH)_2$ 等组分，将产生下列反应，导致镁的氧化损失，降低了脱硫效率。

$$Mg + \frac{1}{2}CaCO_3 = MgO + \frac{1}{2}CaO + \frac{1}{2}C$$

$$Mg + Ca(OH)_2 = MgO + CaO + H_2$$

铁水脱硫镁损失的主要原因如下：

1）镁在铁水包表面的蒸发；

2）镁和铁渣或大气中的氧反应；

3）镁溶解于生铁中；

4）镁和氮反应。

在复合喷吹工艺中，德国的鲍利休斯认为对于相同的脱硫量，脱硫剂消耗与铁水温度有一定的关系，当铁水温度升高时，脱硫剂消耗也增加，并且脱硫剂消耗随温度升高的线性增加量约为0.2%/℃。这是因为镁在铁水中的溶解度随铁水中硫含量的降低而降低，随铁水温度的升高而增加（如图2-7所示），镁蒸汽压力随温度的增加而明显地增加（如图2-8所示）。这样，随温度和蒸汽压力的升高镁的溶损会相应增加，这就是用镁脱硫时脱硫剂消耗随温度增加而增加的主要原因。考虑了铁水温度对复合喷吹脱硫工艺的影响后，德国的鲍利休斯在喷吹脱硫时，有三种脱硫剂混合比例3∶1，4∶1，5∶1，每种混比可选用四种喷吹速度，共有12种脱硫方案，并且能根据不同的铁水温度，选择适合复合喷吹的混比、喷吹速度，从而最大效率、最大经济的实现脱硫工艺，也大大提高了终点硫的命中率。

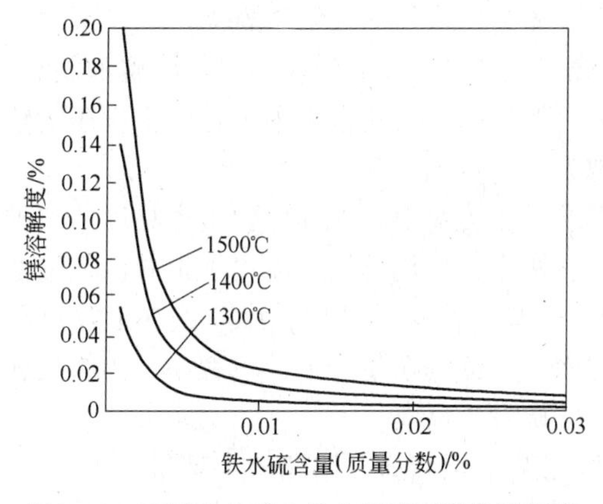

图2－7 不同硫含量和铁水温度下镁的溶解度

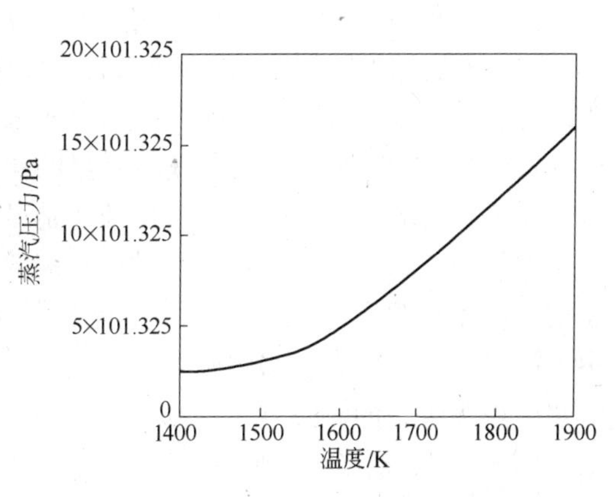

图2－8 镁蒸汽压力与铁水温度的关系

（3）复合喷吹工艺主要喷吹设备

复合喷吹工艺采用高压、浓相、复合喷粉工艺，脱硫剂目前国内使用的多为氧化钙粉和钝化金属镁粉。两种脱硫剂分贮在各自的喷粉罐中，喷粉时在输送管线中在线混合喷入铁水脱硫。

主要喷吹设备有：氧化钙粉贮粉罐、钝化金属镁粉贮料罐、氧化钙粉喷粉罐、钝化金属镁粉喷粉罐、喷吹管路及控制系统、单孔（或双孔倒“T”形）喷枪。

复合喷吹工艺每一个喷吹罐及贮料罐都带有自身独特的流化装置，速度控制采用在线可调喉口开度形式，在喷吹过程中可以自动调节喷粉速度。操作系统全部采用 PLC 自动和 PLC 手动控制，操作简单。复合喷吹的特点见表2－6。

表2－6 复合喷吹特点

优 点	缺 点	优 点	缺 点
脱硫效率高	脱硫成本高	喷枪寿命较高	部分设备需要进口
反应快	实现深度脱硫困难	扒渣容易	成渣量大，金属损失多
处理时间短	设备复杂，一次性投入较大	不易回硫	对氧化钙粉剂流动性要求比较严格

b 单吹颗粒镁法

（1）单吹颗粒镁脱硫工艺。单吹颗粒镁工艺是指乌克兰开发的，用无须任何添加剂的氯化盐涂层颗粒镁粉剂，将颗粒镁粉剂喷入铁水中，脱硫反应主要由镁粉来完成的脱硫工艺。目前单吹颗粒镁工艺主要有乌克兰和北京钢铁设计研究总院，而国内使用该工艺的厂家有武钢、太钢、首钢、南京钢厂等钢厂。

（2）单吹颗粒镁脱硫机理。金属镁粉喷吹到铁水中，经汽化和溶解，主要有以下反应：

$$Mg(g) + [S] = MgS(s)$$

$$Mg(g) = [Mg]$$

$$[Mg] + [S] = MgS(s)$$

镁进入铁水以后，脱硫反应分两步：

1）镁在铁水中的溶解。进入铁水的颗粒在上浮的同时被加热、熔化、汽化和溶解。

为提高镁的利用率，应使颗粒在完成上浮以前实现加热、熔化、汽化和溶解。

2）脱硫的化学反应。喷吹的最初，脱硫曲线有一平台，此时的镁消耗与溶解和脱氧，随即为脱硫反应，该反应不仅在镁的导入区发生，而且在整个铁水罐中进行，反应速度较快，随硫含量的降低，溶解的镁占镁量的比例越大。

在脱硫反应中，实现第二种机理才是最合理的，在实践中，大部分脱硫也是以第二种机理进行的。为了减少镁在上浮过程中镁的加热、熔化、汽化时间，使用了带有汽化室的喷枪，使镁颗粒在喷枪汽化室内实现镁的加热、熔化、汽化，这样，镁蒸汽在上浮过程中，镁蒸汽一方面和铁水中硫发生反应，另一方面，镁蒸汽在整个上浮过程中，始终处在溶解于铁水中，同时溶解于铁水中的镁和铁水中的硫发生反应。

（3）单吹颗粒镁主要喷吹设备。单吹颗粒镁工艺采用高压、浓相、小剂量、小流量、单吹粉剂喷吹工艺，脱硫剂为氯化盐涂层颗粒镁粉剂，利用特殊的转子给料系统，将涂层颗粒镁送到特殊构造的喷枪进行喷吹的工艺。

主要喷吹设备有贮料罐、喷吹罐、喷吹管路及控制系统和汽化室（直筒型）喷枪。

单吹颗粒镁工艺喷吹设备简单，由于工艺要求小剂量喷吹，其设备的核心部分为转子给料系统，传统的喉口给料方式难以达到小剂量精确控制。另一方面，由于镁的熔点只有651℃，在铁水温度下，镁剂熔化经常堵喷枪，所以设计了有三层套管的喷枪，可以使输送粉剂的内芯管远远低于镁熔化温度，从而实现稳定喷吹。

（4）单吹颗粒镁工艺特点。其优点有：

1）脱硫效率高。

2）反应快。

3）处理时间短。

4）渣量少，金属损失少。

5）设备简单，维修量小。

6）颗粒镁运输保管方便。

其缺点有：

1）实现极深脱硫困难。

2）脱硫运行成本高。

3）部分设备需要进口。

4）扒渣困难。

5）容易回硫。

E　不同铁水预处理的比较

从投资的角度比较：KR 可以实现全国产化，但设备较重，投资较大；复合喷吹和单吹颗粒镁法引进投资大，但可以实行国外设计，国内供货的方式降低投资。

从脱硫剂的角度比较：KR 法脱硫剂来源广泛，成本低；复合喷吹和单吹颗粒镁法脱硫剂成本高，尤其复合喷吹对要求使用钝化石灰粉，并且要求流动性良好。

从运行成本的角度比较：武钢经验 KR 法较喷吹法低 10 元/t，但考虑铁损（约 9kg/t）和温损（约 28℃），成本相差不会太大（成本增加约 8 元左右）。

从处理能力的角度比较：KR 法处理搅拌时间长（10 ~ 15min），需要前后扒渣，处理量小于喷吹法。而喷吹法处理时间短（3 ~ 10mim），不需要扒前期渣，处理量范围比较大。

从处理效果的角度比较：KR 法对铁水原始硫含量无任何要求，可以实现极深度脱硫，使用于极低硫品种钢冶炼。而铁水硫含量较高（$w[S] \geqslant 0.040\%$），终点硫含量需脱到 0.005% 以下时，喷吹法则相对比较困难，并且操作不稳定。表 2－7 所示为三种预处理脱硫方式的综合比较。

通过对三种预处理脱硫机理、工艺、设备及其特点的比较可知，三种工艺方式各有利弊，采取何种方式，要根据资金、原料来源、所要达到的工艺目的综合考虑采取脱硫方式。

表 2－7 三种铁水预处理脱硫比较

序　号	项　目	复 合 喷 吹	单吹颗粒镁	KR 法
1	适宜铁水温度/℃	<1300 ± 20	<1300 ± 20	<1300 ~ 1400
2	适宜铁水深度/mm	>2500	>2500	700 ~ 1500
3	铁水原始 $w[S]$ /%	0.040	0.040	0.040
4	铁水终 $w[S]$ /%	0.005	0.005	0.005
5	石灰消耗/$kg \cdot t^{-1}$	2	—	5
6	镁粉消耗/$kg \cdot t^{-1}$	0.5	—	—
7	颗粒镁消耗/$kg \cdot t^{-1}$	—	0.5	0
8	温降/℃	20	15	25
9	喷吹（或搅拌）时间/min	8	7	10 ~ 15
10	新生渣量/$kg \cdot t^{-1}$	~5	~1	~10
11	铁损/%	2	0.5	5
12	脱硫效果	90% 以上	90% 以上	90% 以上
13	运行成本	基本一致	基本一致	基本一致
14	设　备	较多、较简单	最少、简单	多、复杂
15	投　资	较多	少	多

2.2 应知训练

2－1 铁水预处理的作用是什么？

2－2 铁水预脱硅的方法有哪些？

2－3 通常使用的脱硫剂有哪几种，其特点是什么？

2－4 预脱硅的意义是什么？

2－5 脱磷剂的种类有哪些？

情境 3　气体射流与熔池相互作用认知

3.1　知识准备

3.1.1　顶吹氧气射流

氧气转炉中的顶吹供氧，是使用拉瓦尔喷头的水冷氧枪将纯氧以 500m/s 左右的超音速射流从上而下吹入熔池，供氧的同时还搅动熔池，加快钢液的传质和传热。

本节主要介绍超音速射流概述、转炉中的氧气射流及其与熔池的相互作用等问题。

3.1.1.1　超音速射流概述

A　音速及超音速

a　音速

音速是指声音（波）的传播速度，可用下式计算：

$$a = (KgRT)^{\frac{1}{2}} \tag{3-1}$$

式中　a——音速，m/s；

K——气体的热容比，对于空气和氧气来说为 1.4；

g——重力加速度，9.8m/s^2；

R——气体常数，26.49m/K；

T——温度，K。

对于氧气来说，其音速值 $a = (1.4 \times 9.8 \times 26.49T)^{\frac{1}{2}} = 19.07T^{\frac{1}{2}}$。

氧枪喷头出口处的温度一般为 200K，所以该处的音速值为：

$$a = 19.07 \times (200)^{\frac{1}{2}} \approx 270\text{m/s}$$

b　超音速

流体的速度大于音速的状况称超音速，常用马赫数 M 来表示：$M = v/a$，即流体速度是音速的倍数。

目前转炉所用氧枪的马赫数在 1.5 ~ 2.2 之间，则氧气流股的速度为：

$$v = 270 \times (1.5 \sim 2.2) = 405 \sim 594(500\text{左右})\text{m/s}$$

B　获得超音速射流的条件

获得超音速射流必须具备两个基本条件：

（1）采用拉瓦尔管喷头：收缩段→喉口→扩张段。氧气流股在收缩段得以加速，至喉口处达音速；进入扩张段后，流股减压膨胀而再次加速，至喷头出口处氧气压力与外压相等时达超音速。

（2）出口处与进口处的压强比小于 0.5283，即 $p_{出}/p_{进} < 0.5283$。就是说，在 $p_{出}/p_0 <$

0.5283 的条件下，气体流经拉瓦尔管后变为超音速射流。

C 超音速射流的结构

超音速射流在向前流动的过程中，会与周围的介质之间发生物质交换和能量传递，而呈三段结构：

（1）超音速区：从出口到一定长度内。

（2）音速区：由于与周围介质间的动能传递和物质交换，使射流的速度渐慢，减速的过程有由边沿向轴心扩展，到某一距离减至音速。

（3）亚音速区：音速边界线以下区域。

D 射流在拉瓦尔管出口附近的流动情况

射流出喷管后的流动情况，取决于出口压力 $p_{出}$ 与周围环境压力 $p_{周}$ 的相对大小。

（1）$p_{出}=p_{周}$：此为理想状态，射流出喷管后既不膨胀又不被压缩，截面积保持不变，介质对射流的扰动也极小。

（2）$p_{出}<p_{周}$：射流出喷管后将被压缩，使之脱离管壁，形成负压区，会把钢、渣吸入而使喷头黏钢、烧坏。

（3）$p_{出}>p_{周}$：射流出喷管后将发生膨胀，截面积增大，流速明显减慢。

E 射流的衰减规律

射流出口后受环境介质的影响必将衰减，其衰减快慢的标志是超音速区的长短。一般希望射流衰减得慢些，超音速区长些。射流衰减的一般规律是：

（1）马赫数 $M_{出}$ 一定时，射流的衰减速度按 $p_{出}<p_{周}\rightarrow p_{出}=p_{周}\rightarrow p_{出}>p_{周}$ 的顺序减慢，即随着 $p_{出}$ 的增大射流的超音速区长度增加。

（2）$p_{出}=p_{周}$ 时，随着 $M_{出}$ 的增大，射流的衰减变慢，超音速区的长度增加。

3.1.1.2 转炉里的氧气射流

目前的转炉炼钢生产均采用超音速氧气射流，目的在于提高供氧强度，加快供氧；提高射流动能，加强熔池的搅拌。转炉中的氧气射流具有以下特征：

（1）喷头出口处氧气流股达超音速。转炉所用氧枪采用拉瓦尔喷头，且尺寸按 $p_{出}/p_0<0.5283$ 要求设计，通常 M 高达 1.5～2.2，流股的展开和衰减慢，动能利用率高，对熔池的搅拌力强。

（2）射流的速度渐慢、截面积渐大。射流进入炉膛后，由于受反向气流（向上的炉气）的作用而速度逐渐变慢；同时，由于吸收部分炉气而断面逐渐变大，扩张角 12°左右。

（3）射流的温度渐高。射流进入炉膛后被 1450℃的炉气逐渐加热，加之混入射流的炉气（CO）及金属滴被氧化放热，使射流的温度逐渐升高。模拟实验表明，距喷头孔径 15～20 倍处射流的温度在 1300～1600℃之间；距喷头孔径 35～40 倍处射流的温度高达 2150～2300℃，故有人形象地称转炉里的氧气射流就像一个高温火炬。

3.1.2 氧气射流与熔池间的相互作用

氧气射流与熔池间的作用包括物理作用和化学作用两个方面。

3.1.2.1　物理作用

氧气射流与熔池间的物理作用体现在冲击熔池、搅拌熔池以及与熔池相互碰撞破碎三个方面。

A　氧气射流冲击熔池

氧气射流到达液面后的冲击深度又叫穿透深度，它是指从水平液面到凹坑最低点的距离。冲击深度是凹坑的重要标志，也是确定转炉操作工艺的重要依据。在转炉冶炼中，希望氧气射流对金属熔池有一定的冲击深度和搅拌强度，这样才能获得平稳快速的冶炼反应，保证良好的氧气利用率和脱碳速度。通常冲击深度 L 与熔池深度 h 之比选取 $L/h=0.4\sim0.7$。

B　氧气射流搅拌熔池

产生过程：气流从坑底沿四壁向上流动时，二者之间的摩擦力使钢液也随之向上，到达液面时流向炉壁，导致该处钢液向下流动并扑向熔池中心，形成环流，从而对熔池起到了搅拌作用。

影响因素：硬吹时，凹坑深，熔池内的钢液环流强，氧气射流的搅拌作用大；反之，软吹时氧气射流的搅拌作用小，如图 3-1、图 3-2 所示。

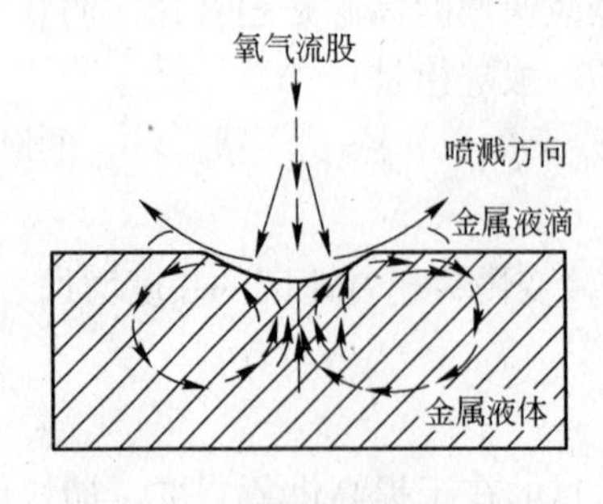

图 3-1　软吹时熔池运动情况

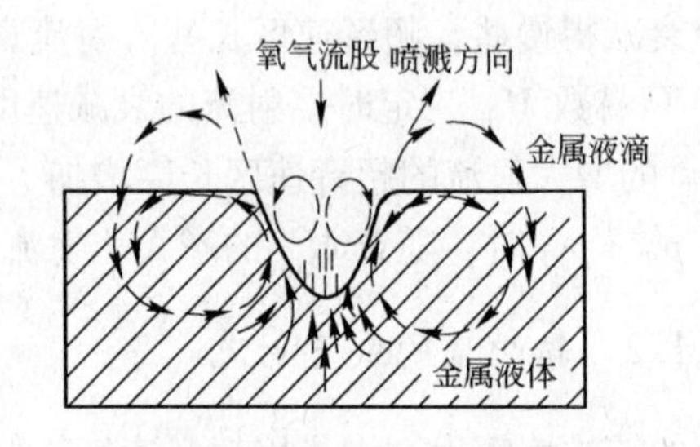

图 3-2　硬吹时熔池运动情况

需要指出的是，理论计算表明，转炉内对熔池进行搅拌的主要是上浮中的 CO 气泡，氧气射流的搅拌作用随炉容增大逐渐由 40% 以上降至不足 20%。但是不能因此轻视氧气射流的搅拌作用，因为 CO 气泡产生的数量依赖于氧气射流的搅拌强度。

C　氧气射流与熔池相互碰撞破碎

破碎原因：高速的氧气射流冲击熔池，加之碳氧反应生成的 CO 气体的强烈搅拌作用，使得二者相互被破碎。

破碎结果：大部分熔池都形成了气泡、熔渣（2mm）、金属（0.1mm）三相乳浊液（仅底层有少部分单相金属），各相之间的接触面积剧增（据估算，转炉内每吹入 $1m^3$ 的氧气，所产生的金属－氧气的接触面积约 $37m^2$；每吨金属与熔渣的接触面积高达 $60m^2$，且所有金属均有机会），极大地改善了炉内反应的动力学条件，使之得以快速进行。这是转炉冶炼速度快的原因之一。

影响因素：硬吹时，相互间的作用力大，熔池乳化程度高（乳化范围大、液滴的也细小）。

但应注意：出钢前这种乳浊液应基本消失（被破坏），以减少金属损失。

3.1.2.2 化学作用

氧气射流与熔池间的化学作用表现在射流将氧传给金属和炉渣两方面。

A 射流将氧传给金属——氧化溶质元素

（1）直接氧化。在射流的冲击区（也称一次反应区）及吸入流股的金属滴表面将发生直接氧化反应：

$$\frac{1}{2}O_2(g) + [C] = CO(g)$$

$$O_2(g) + [Si] = (SiO_2)$$

$$\frac{1}{2}O_2(g) + [Mn] = (MnO)$$

$$\frac{1}{2}O_2(g) + Fe = (FeO)$$

取样分析结果，氧化产物的85%～90%是FeO。

（2）间接氧化。被氧化了的钢液和液滴（带有大量的FeO）随钢液一起环流时，会使沿途的溶质元素氧化（这些地方称二次反应区）：

$$(FeO) = [FeO]$$

$$[FeO] + [C] = CO(g) + Fe$$

$$2[FeO] + [Si] = (SiO_2) + 2Fe$$

$$[FeO] + [Mn] = [MnO] + Fe$$

B 射流将氧传给炉渣——提高（FeO）促进化渣和间接氧化

（1）直接传氧。射流与炉渣接触时以及在乳浊液中会发生如下反应将氧传给炉渣：

$$\frac{1}{2}O_2(g) + 2(FeO) = (Fe_2O_3)$$

$$(Fe_2O_3) + Fe = 3(FeO)$$

（2）间接传氧。环流中未消耗完的（FeO）因密度小而上浮入渣。

综合上述两方面的作用，吹炼中枪位与炉内反应间的关系为：

高枪位操作即软吹时，氧气射流与炉渣的接触面积大，直接传氧多，同时氧气流股射入深度浅，熔池内的钢液环流较弱，（FeO）的上浮路程短，间接氧化消耗少而上浮入渣多即间接传氧也多，使渣中的（FeO）含量较高，有利于化渣，这即为“提枪化渣”；但软吹时，熔池搅拌差而溶质元素氧化较慢，氧气的利用率也相对较低。

反之，低枪位操作即硬吹时，氧气的利用率高，同时氧气流股射入深度深，熔池内的钢液环流强，（FeO）的上浮路程长，沿途的间接氧化反应强，溶质元素氧化快，这即为“降枪脱碳”；但硬吹时A小，氧气射流的直接传氧少，同时因（FeO）消耗多而间接传氧也较少，渣中的（FeO）含量低，对化渣不利。

实际操作中，应根据吹炼的不同阶段的不同要求，合理地变化枪位，保证冶炼过程顺利进行。

3.1.3　转炉内的基本反应及熔体成分变化

本章主要阐述转炉吹炼过程中的硅锰氧化、脱碳、脱硫和脱磷等基本反应及熔体成分的变化情况，为学习后面的工艺内容作好理论准备。

硅锰的氧化、脱碳、脱硫和脱磷是炼钢的基本反应，但在转炉炼钢中又有其特殊性。

3.1.3.1　硅、锰的氧化

前已述及，炼钢中硅、锰的氧化以间接氧化方式为主，其反应式为：

$$[Si] + 2(FeO) = (SiO_2) + 2Fe \quad 放热$$

$$[Mn] + (FeO) = (MnO) + Fe \quad 放热$$

二者均是放热反应，因此它们都是在熔池温度相对较低的吹炼初期被大量氧化；由于硅的氧化产物是酸性的 SiO_2，而锰的氧化产物是碱性的 MnO，因此在目前的碱性操作中硅氧化得很彻底，即使后期温度升高后也不会被还原，而锰则氧化得不彻底，而且冶炼后期熔池温度升高后还会发生还原反应，即吹炼结束时钢液中还有一定数量的锰存在，称“余锰”。

3.1.3.2　转炉炼钢中的脱碳

转炉炼钢的主原料——铁水中含有 4.0% 左右的碳，远高于钢种的要求，因此脱碳是转炉炼钢的主要任务之一。

A　脱碳反应

转炉中的脱碳反应以间接氧化为主：$(FeO) + [C] = CO(g) + Fe$。这是一个吸热反应，因此，熔池温度升高至1500℃左右后脱碳反应方能激烈进行。

在氧气射流的作用区，还会发生碳的直接氧化：$\frac{1}{2}O_2(g) + [C] = CO(g)$，它是强放热反应，故而，碳是转炉炼钢的主要热源之一。

复吹转炉底吹 CO_2 气体时，CO_2 也会参与碳的氧化：$CO_2(g) + [C] = 2CO(g)$，因此会强化炉内的脱碳反应。

B　脱碳速度及影响因素

转炉中脱碳速度如图 3－3 所示，呈三段台阶式变化。

a　第一阶段

冶炼初期，熔池温度低，主要是硅锰的氧化，脱碳速度很慢。研究发现，当铁水中的硅当量即 $w[Si] + 0.25w[Mn] > 1$ 时，脱碳速度趋于零。随吹炼进行，硅锰含量下降，温度也渐高，近 1400℃ 时碳开始氧化，速度直线上升。故称该阶段为硅锰控制阶段。

复吹转炉由于有底吹搅拌，脱碳反应开始较早，而且速度增加平稳。

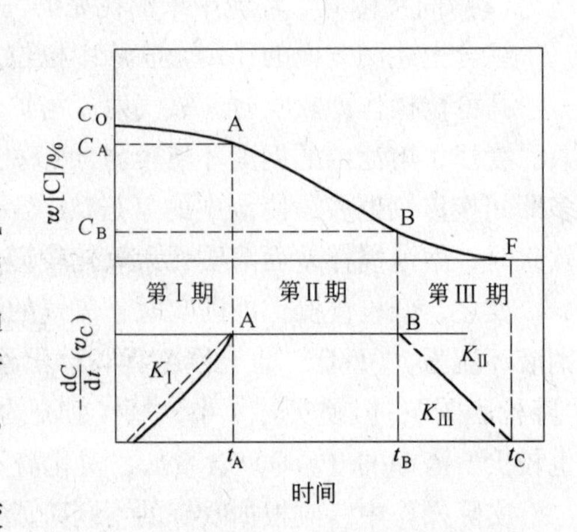

图 3－3　脱碳速度与吹炼时间的关系

b 第二阶段

冶炼中期，是碳激烈氧化阶段，脱碳速度主要受供氧强度的影响，即氧的传输是限制性环节。如图 3－3 所示，供氧强度越大，脱碳速度也越大，但过大易产生喷溅。

复吹转炉由于 FeO 控制得较低，最大速度不及顶吹转炉，吹炼中不易喷溅但全程的平均速度较之还要大些。

c 第三阶段

当钢液含碳量降低到一定程度时，碳的扩散成为限制性环节，脱碳速度取决于熔池搅拌情况。

转炉炼钢中，脱碳反应速度由氧的扩散控制转成由碳的扩散控制时的钢液含碳量称为临界含碳量。顶吹转炉的临界含碳量为 0.10% 左右，而复吹转炉由于有底吹搅拌其临界含碳量则为 0.07%；而且，同为临界含碳量以下时，复吹的脱碳速度也大些，如图 3－3 所示。

3.1.3.3 转炉冶炼中的脱磷和脱硫

脱磷的反应式为：

$$2[P] + 5(FeO) + 4(CaO) = (4CaO \cdot P_2O_5) + 5Fe \quad 放热$$

其基本条件是高碱度、高氧化铁和低温度。

而炉渣脱硫的反应式为：

$$[FeS] + (CaO) = (CaS) + (FeO) \quad 吸热$$

它的基本条件是高碱度、高温度和低氧化铁。

两者在碱度的要求上是一致的，而对温度和氧化铁含量的需求却是矛盾的。因此，吹炼中首要任务是快速形成并始终保持 3.0 左右的高碱度熔渣，同时，吹炼前期，抓住温度低的有利时机，高枪位操作快速成渣的同时提高炉渣的氧化性充分脱磷；冶炼中期，低枪位脱碳，控制适当低的氧化铁，强化脱硫过程。

3.1.3.4 吹炼过程中熔体成分的变化

此处的熔体是指熔铁和熔渣，图 3－4 为顶吹转炉吹炼过程中金属成分、熔渣成分和温度的变化情况，以及复吹转炉的变化情况。

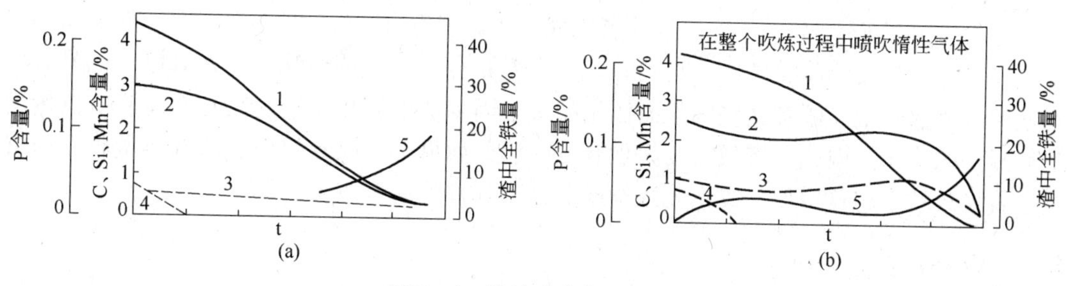

图 3－4 熔池成分变化情况

（a）顶吹转炉；（b）复吹转炉

1—C；2—P；3—Mn；4—Si；5—TFe

A 金属成分的变化规律

转炉吹炼过程中，熔池中金属成分的变化规律大致如下：

（1）Si 和 Mn。铁水中的 Si 和 Mn，在吹炼初期的 15% ~20% 时间内迅速下降。不同的是，硅氧化得比较彻底，且不再回升；而锰氧化得不够彻底，后期温度升高后还有所回升，而且复吹转炉回升得更快些，因为其渣中 FeO 含量低。

（2）C。冶炼初期，由于温度低及 Si、Mn 的氧化，碳的氧化速度较慢；进入中期后脱碳速度迅速增大（硅、锰氧化结束，熔池温度也已升至 1400℃以上）；终点前 20% 时间脱碳速度又逐渐慢，因［C］已较低，碳的扩散成了限制性环节。

对于复吹转炉，由于熔池搅拌良好，改善了反应的动力学条件，脱碳速度变化幅度要远小于顶吹转炉。

（3）P。冶炼初期，脱磷速度较快（温低）；冶炼中期脱磷速度明显下降，甚至停止或发生“回磷”，因为温度渐高，且脱碳速度加快，大量消耗渣中的（FeO），甚至引起炉渣“返干”；冶炼后期，若控制得当脱磷反应仍能缓慢进行，因为熔池温度虽较高，但脱碳速度较小，渣中的（FeO）高，炉渣碱度也较高。

（4）S。几乎成直线缓慢下降，冶炼初期，虽温低，但铁水含碳高，硫的活度系数大因此具有一定的脱硫能力；而吹炼中期，由于碳的激烈氧化使渣中的（FeO）急剧下降而出现“返干”，脱硫停止；后期虽然 FeO 高，但碱度高、温度也高，因而也具有一定的脱硫效果。

B　熔渣成分的变化规律

冶炼过程中，转炉中熔渣成分的变化规律大致如下：

（1）（FeO）。呈下凹弧形变化。吹炼初期，为了化渣枪位较高，渣中的（FeO）含量高达 28%（复吹为 16%）；中期随脱碳进行（FeO）被大量消耗而逐渐降至 12% 以下（太低，出现返干，复吹为 6%）；随着 $w[C]$ 的减少，脱碳速度下降，（FeO）的浓度又渐升至 15%（复吹为 12%）。

（2）（CaO）。随着所加石灰的溶化，渣中的（CaO）含量渐升至 50%，中期因炉渣“返干”，溶化很慢甚至停止。

（3）（SiO_2）和（MnO）。吹炼初期，硅、锰的氧化使之浓度很快分别达到 20% 和 14%，而后随着所加石灰的熔化逐渐降低至 10% 和 6%。

C　熔池热量情况

复吹减少了 Fe、Mn、C 等元素的氧化放热，许多复合吹炼法吹入的搅拌气体，如 Ar、N_2、CO_2 等要吸收熔池的显热，吹入的 CO_2 代替部分工业氧使熔池中元素氧化，也要减少元素的氧化放热量。所有这些因素的作用超过了因少加熔剂和少蒸发铁元素而使熔池热量消耗减少的作用。因此，将顶吹改为顶底复吹后，如果不采取专门增加熔池热量收入的措施，将导致铁水用量增加，废钢装入量或其他冷却剂的用量减少。

3.2　应知训练

3-1　什么是马赫数？

3-2　氧气射流与熔池间的物理作用体现在哪些方面？

3-3　什么是硬吹？什么是软吹？

3-4　转炉冶炼脱碳速度及影响因素有哪些？

3-5　吹炼过程中熔体成分的变化规律是什么？

情境4　转炉炼钢工艺制度的制定

4.1　知识准备

4.1.1　装入制度

装入制度是指将炼钢所用的钢铁炉料即铁水和废钢装入炉内的工艺操作。顶吹转炉的装料制度包括确定装入量、废钢比和装料操作三方面的内容。

4.1.1.1　装入量

装入量指炼一炉钢时铁水和废钢的装入数量，它是决定转炉产量、炉龄及其他技术经济指标的重要因素之一。在转炉炉役期的不同时期，有不同的合理装入量。对于公称容量一定的转炉，金属装入量在一定范围内变化。转炉公称容量有三种表示方法：平均炉金属料（铁水和废钢）装入量，平均炉产良锭（坯）量，平均炉产钢水量。这三种表示方法因出发点不同而各有特点，均被采用，其中以炉产钢水量使用较多。用铁水和废钢的平均炉装入量表示公称容量，便于做物料平衡与热平衡计算。

装入量中铁水和废钢配比是根据热平衡计算确定的。通常，铁水配比为70%～90%，其值取决于铁水温度和成分、炉容量、冶炼钢种、原材料质量和操作水平等。

在确定装入量时，必须考虑以下因素：

（1）要保证合适的炉容比。炉容比是指转炉内自由空间的容积（V）与金属装入量（t）之比（V/t，m^3/t）。它通常波动在0.7～1.0。我国转炉炉容比一般不小于0.5。合适的炉容比是从实践中总结出来的，它与铁水成分、冷却剂类型、氧枪喷头结构和供氧强度等因素有关，应视具体条件加以确定。

V/t 过小，意味着装得过多，吹炼中易产生喷溅，且因熔池深而搅拌差；反之，不能充分发挥转炉的生产能力，而且吹炼中氧射流易冲蚀炉底。

各转炉建成投产时，已有炉容比的设计值，即 V/t 的基本范围，实际生产中应根据铁水成分及冷却剂的种类等因素调整装入量，保持合适的炉容比，以获得良好的综合指标。比如，铁水的硅、磷含量较高时，冶炼中渣量大，应适当少装些，保证较大的炉容比，否则吹炼过程中容易产生喷溅；以废钢做冷却剂时，吹炼中不易喷溅，其炉容比可以比铁矿石做冷却剂时小0.1～0.2m^3/t。表4－1列出了我国一些钢厂转炉的炉容比。

表4－1　一些钢厂转炉的炉容比

厂家	1	2	3	4	厂家	1	2	3	4
容量/t	80	120	210	300	V/t	0.73	0.90	0.92	1.05
池深/mm	1190	1250	1650	1949					

（2）要有合适的熔池深度。合适的熔池深度应大于顶枪氧气射流对熔池的最大穿透深度的一定尺寸，以保证生产安全、炉底寿命和冶炼效果。生产实践证明，熔池的深度为氧气射流对熔池的最大冲击深度的1.5～2.0倍时较为合理，既能防止氧气射流冲蚀炉底，同时又能保证氧气射流对熔池有较强的搅拌。

（3）应与钢包容量、浇铸吊车起重能力、转炉倾动力矩大小、铸机拉速及模铸锭重等相适应。

4.1.1.2 废钢比

废钢的加入量占金属料装入量的百分比称为废钢比。提高废钢比，可以减少铁水的用量，从而有助于降低转炉的生产成本；同时可减少石灰的用量和渣量，有利于减轻吹炼中的喷溅，提高冶炼收得率；还可以缩短吹炼时间、减少氧气消耗和增加产量。

废钢比与铁水的温度和成分、所炼钢种、冶炼中的供氧强度和枪位、转炉容量的大小和炉衬的厚薄等因素有关。国内各厂因生产条件、管理水平及冶炼品种等不同，废钢比大多波动在10%～30%之间。具体的废钢比数值可根据本厂的实际情况通过热平衡计算求得。

4.1.1.3 装料操作

A 装入顺序

对使用废钢的转炉，一般先装废钢后装铁水。先加洁净的轻废钢，再加入中型和重型废钢，以保护炉衬不被大块废钢撞伤，而且过重的废钢最好在兑铁水后装入。

为了防止炉衬过分急冷，装完废钢后，应立即兑入铁水。炉役末期，以及废钢装入量比较多的转炉也可以先兑铁水，后加废钢。

B 装入制度

装入制度是指一个炉役期中装入量的安排。装入制度有三种：定量装入、定深装入和分阶段定量装入法。

（1）定量装入。定量装入是指在整个炉役期间，保持每炉的金属装入量不变。便于组织生产和实现吹炼过程的计算机自动控制；但吹氧操作困难，炉役前期的装入量易偏大，熔池较深，搅拌不足，而炉役后期的装入量易偏小，不仅不能发挥炉子的生产能力，且熔池较浅，氧射流易冲蚀炉底。转炉容量越小，炉役前、后期炉子的横断面积与有效容积的差别越大，这一问题也就越突出。

（2）定深装入。定深装入是指在整个炉役期间，保持每炉的金属熔池深度不变。优点是氧枪操作稳定，有利于提高供氧强度和减少喷溅，不必当心氧气射流冲击炉底，可以充分发挥转炉的生产能力。但它使装入量和出钢量变化较频繁，给组织生产带来困难。

（3）分阶段定量装入。分阶段定量装入是指在一个炉役期中，按炉膛扩大的程度划分为若干阶段，每个阶段实行定量装入，装入量逐段递增。

分阶段定量装入制度基本上发挥了转炉的生产能力，同时大体上保持了适当的熔池深度，便于吹氧操作；又保证了装入量的相对稳定，便于组织生产，因而国内中小转炉普遍采用。

C 装入操作

上炉出钢完毕，溅渣护炉后，炼钢工检查炉衬情况，若各部位完好，便可以组织装料，继续炼钢。装料的程序一般是先加废钢，后兑铁水。

（1）兑废钢。由于顶吹转炉主要靠铁水的物理热和化学热来炼钢，为了合适地掌握冶炼过程和终点温度，根据铁水条件需配加一定数量的废钢作为冷却剂。

加废钢一般由炉前摇炉工指挥，转炉向前倾45°至60°指挥天车对正转炉，将废钢料槽的前沿落在转炉的炉口上。然后指挥天车起付钩将废钢倒入转炉。

（2）兑铁水。混铁炉工将本炉所要铁水跟随天车送至炉前，为了节约时间，应在上一炉出钢前就把铁水准备好。

炉前工指挥天车的位置应转炉的侧面，在天车工和摇炉工都能看见的地方，哨音和手势要清楚。

向转炉兑铁前应指挥天车对正转炉。转炉应向前倾40°左右，指挥天车高度适宜后，缓慢向炉内兑铁水。随着天车小钩的上升，缓慢向下摇炉至70°左右结束。兑铁水过程中，应先慢后快，以防兑铁水过快时引起剧烈的碳氧反应造成铁水大量飞溅，酿成事故。

4.1.2 供氧制度

供氧制度的主要内容包括合理确定喷头结构、供氧压力、供氧强度、喷枪高度以及在吹炼中合理调节枪位。供氧是保证杂质去除速度、熔池升温速度、造渣制度、控制喷溅去除钢中气体与夹杂物的关键操作，关系到终点的控制和炉衬的寿命，对一炉钢冶炼的技术经济指标有重要影响。

4.1.2.1 氧枪及其设备

氧枪是转炉供氧的主要设备，它是由喷头、枪身和尾部结构组成。

A 氧枪的构造

吹氧管又名氧枪或喷枪，由它来完成向炉内熔池吹氧。由于它在炉内高温下工作，故该管是一个采用循环水冷却的套管构件，如图4-1所示，它由管体和喷头、尾部结构三部分组成。管体是由无缝钢管制成的中心管2，中层管3及外层管5同心套装而成，其下端与喷头7连接。管体各管通过法兰分别与三根橡胶软管相连，用以供氧和进、出冷却水。氧气从中心管2经喷头7喷入熔池，冷却水自中心管2与中层管3的间隙进入，经由中层管3与外层管5之间隙上升而排出。为保证管体三个管同心套装，使水缝间隙均匀，在中层管3和中心管2的外管壁上，沿长度方向焊有若干组定位短筋，每组有三个短筋均布于管壁圆周上。为保证中层管下端的水缝，在其下端面圆周上均布着三个凸爪，使其支撑在喷头的内底面上。尾部结构除有通入氧气和进出冷却水的连接管头外，管体下部的喷头，工作在炉内高温区域，为延长其寿命，采用热传导性能好的紫铜组成，喷头与管体内管用螺纹连接，而与外管则用焊接连接。喷头的孔型和数目是重要工艺参数，它们直接影响着吹炼的工艺制度和工艺效果。按孔型喷头分为拉瓦尔型、直筒型和螺旋型；按孔数分为单孔和多孔喷头。拉瓦尔喷头可以有效地把氧气压力转变为动能，并可获得比较稳定的超音速流股，有利于液体金属的搅拌，提高脱碳除磷效果。在具有相同搅拌能力的情况下，喷头距熔池面较高，除可以提高氧枪和炉衬的寿命外还可减少炉液喷溅，提高金属收得率。因而拉瓦尔喷头得到了广泛的应用。直筒型喷头在高压下所获得的超音速是不稳定的，而且超音速段较短，故目前较少采用。螺旋型喷头能加强对熔池的搅拌作用，缺点是结构比较复杂，寿命较短，故较少应用。

B　喷头类型及特点

喷头又称枪头或喷嘴。高压氧气在输氧管道中的流动速度较低，一般在 60m/s 下。氧气流通过喷头后，形成超音速的氧射流，流速为 500 ~ 600m/s，为音速二倍左右。喷头能最大限度地将氧气的压力能转化为动能获得超音速流股，借此向熔池供氧并搅动金属熔池以达到吹炼目的，采用合理的喷头结构是氧气顶吹转炉炼钢的关键问题之一。

目前国内外氧气顶吹转炉所采用的喷头类型是多种多样的。按喷头形状和特点可分为拉瓦尔型、直筒型及螺芯型等。按喷头孔数可分为单孔及多孔喷头；按吹入物质可分为氧气喷头、氧 - 燃喷头及喷粉料的喷头。拉瓦尔喷头结构如图 4 - 2 所示。

拉瓦尔型喷头由收缩段，喉口和扩张段三部分组成，如图 4 - 2 所示。喉口位于收缩段和扩张段的交界处。喉口截面积最小，通常称为临界截面，而喉口直径又称临界直径。一般喉口长度为直径的 $\frac{1}{2} \sim \frac{1}{3}$。

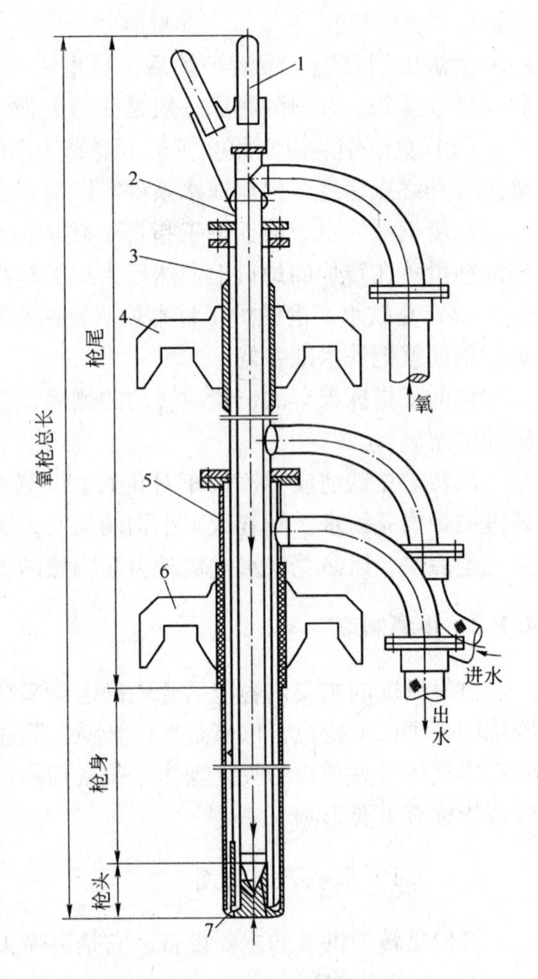

图 4 - 1　氧枪基本结构图

1—吊环；2—中心管；3—中层管；4—上机座；5—外层管；6—下机座；7—喷头

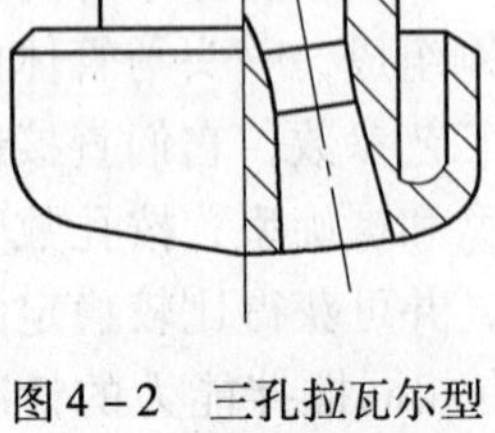

4.1.2.2　供氧过程

氧气射流无论对哪一种转炉，顶部氧流都是最重要的供氧渠道。顶氧射流是从出口马赫数远大于 1 的喷头中喷出的超音速射流。它由超音速段、音速段和亚音速段组成，其射程随出口气流马赫数增大而延长。除超音速段外，射流断面不断扩大。

与自由射流相比，喷入炉膛的氧射流与炉内介质存在温度差、浓度差和密度差，此外还存在反向流动介质和化学反应。炉膛内的氧射流实质上是一种复杂的扩张流，是具有化学反应的逆向流中的非等温超音速湍流射流。

氧射流的能量主要用于搅动熔池，克服阻力及能量损失。研究表明，用于搅动熔池的能量约占射流初始能量的 20%，克服浮

图 4 - 2　三孔拉瓦尔型喷头示意图

力的能量约占5% ~10%，非弹性碰撞的能量损失约占70% ~80%。

多孔喷头的设计是基于分散氧流，增加它与熔池的接触面积，使吹炼更趋平稳；它对熔池搅拌力减小，但使成渣速度加快。

氧射流与熔池的相互作用。氧射流与熔池接触时在液面上形成冲击区——凹坑，凹坑实际上是高温反应区。热模拟实验表明，高温反应区呈火焰状，亦称火点。它由光亮较强的中心（一次反应区）和光亮较弱的狭窄的外围（二次反应区）所构成。据测定，反应区的温度在2000 ~2700℃之间。通常，一次反应区直接氧化反应优先得到发展，二次反应区间接氧化反应得到发展。

穿透深度和冲击面积是凹坑特征的主要标志，实验条件下发现，驱动压力对冲击面积的影响不明显。当冲击速度增加到一定值后，冲击面积随驱动压力的升高而增加，但在高于设计压力的附近变化平缓。无论是多孔喷头还是单孔喷头，枪位对冲击面积的影响规律相同。冲击面积随枪位的变化，对应于不同的冲击速度存在一个最佳位置，对应于最大冲击面积下的枪位可由公式来确定。

熔池的搅拌程度与氧射流的冲击强度密切相关。氧射流冲击力大（硬吹），则射流的穿透深度大，冲击面积小，对熔池的搅拌强烈；反之（软吹），则射流的穿透深度小，冲击面积大，对熔池搅拌弱。在氧射流的作用下，熔池将受到搅拌，产生环流、喷溅、振荡等复杂运动。

在不同的吹炼方式下，熔池的化学反应形式也不同。硬吹时，载氧射流大量进入钢中，碳的氧化反应激烈，而熔渣氧化性弱；反之，则进入钢中氧少，熔渣氧化性提高。定性得到证实的元素氧化机理为：

（1）当C、Mn、Si、P等元素含量（质量分数）大于0.1% ~0.3%时，它们优先在金属－气体界面上氧化，此时氧由气相内部向金属表面的传质是反应过程的限制环节。

（2）在上述条件下可以进行下述一系列反应：

$$x[\mathrm{M}] + \frac{y}{2}\mathrm{O_2(g)} = (\mathrm{M}_x\mathrm{O}_y)$$

铁的氧化反应的发展程度取决于C，Mn，Si的浓度。

（3）当这些元素的含量高时，其氧化速度很少与温度有关。碳和锰的反应主要受氧的传质控制，其活化能为16.8 ~18.9kJ/mol。硅的氧化则可能不仅如此，它的活化能为25.0 ~33.5kJ/mol，这说明硅的氧化不是在纯外部扩散状态下进行，而是在外部和内部扩散之间的某种过渡状态下进行。这是由于在金属表面上形成的硅质炉渣对氧向液体金属界面的扩散造成附加阻力所致。

（4）元素的氧化次序取决于化学反应自由能变化的比值，还与该元素在钢中的浓度及其氧化物在渣中或气相中浓度有关，而与元素的表面活性关系不大。

研究表明，氧射流能量如果全部用于搅拌熔池，仅仅是CO搅拌能量的10% ~20%。因此，顶吹转炉的缺点之一就是吹炼前、末期搅拌不足，因为此时产生CO气泡数量有限。

在顶吹氧气转炉吹炼过程中，特别是吹炼过程剧化的开始阶段，有时炉渣会起泡并从炉口溢出，这就是吹炼过程中发生的典型的乳化和泡沫现象。

由于氧射流对熔池的强烈冲击和CO气泡的沸腾作用，熔池上部金属、熔渣和气体三相剧烈混合，形成了转炉内发达的乳化和泡沫状态，如图4－3所示。

乳化是指金属液滴或气泡弥散在炉渣中，若液滴或气泡数量较少而且在炉渣中自由运动，这种现象称为渣钢乳化或渣气乳化。液滴生成示意图如图4－4所示。

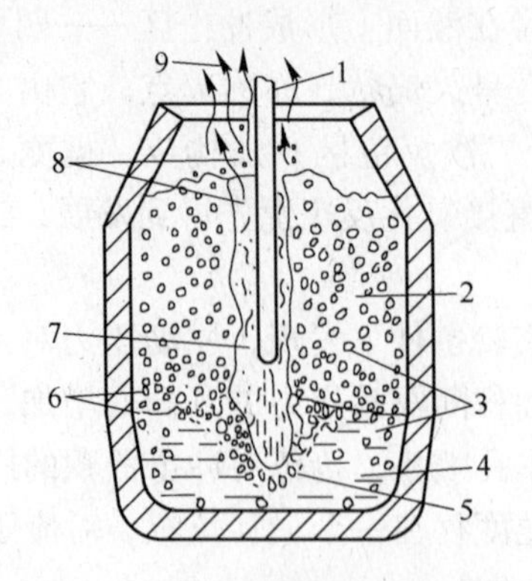

图4－3 转炉内的泡沫现象示意图
1—氧枪；2—气－钢－渣乳化相；3—CO气泡；
4—金属熔池；5—火点；6—金属液滴；
7—CO气流；8—飞溅出的金属液滴；9—烟尘

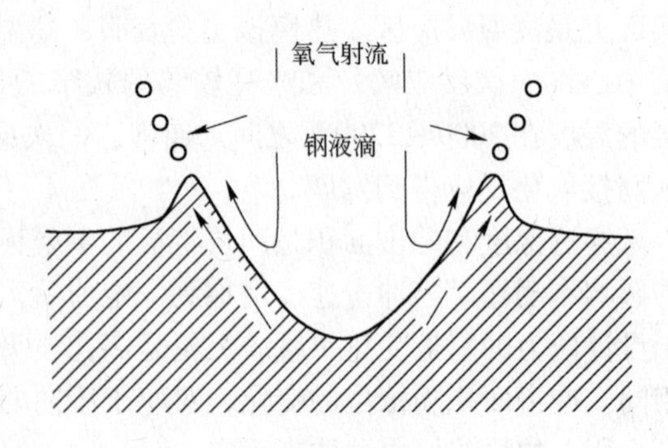

图4－4 液滴生成示意图

若炉渣中仅有气泡，而且气泡无法自由运动，这种现象称炉渣泡沫化。由于渣滴或气泡也能进入到金属熔体中，因此转炉中还存在金属熔体中的乳化体系。渣钢乳化是冲击坑上沿流动的钢液被射流撕裂或金属滴所造成的。通过对230tLD转炉乳液取样分析，发现其中金属液滴比例很大：吹氧6～7min时占45%～80%；10～12min时占40%～70%；15～17min时占30%～60%。可见，吹炼时金属和炉渣密切相关。

研究表明，金属液滴比金属熔池的脱碳、脱磷、脱锰更有效。金属液滴尺寸愈小，脱除量愈多。而金属液滴的含硫量比金属熔池的含硫量高，金属液滴尺寸愈小，含硫量愈大。生产实践表明，冶炼中期硬吹时，由于渣内富有大量CO气泡以及渣中氧化铁被金属液滴中的碳所还原，导致炉渣的液态部分消失而“返干”。

软吹时，由于渣中（FeO）含量增加，持续时间过长就会产生大量起泡沫的乳化液，乳化的金属量非常大，生成大量气体，容易发生大喷或溢渣。因此，必须正确调整枪位和供氧量，使乳化液中是金属保持某一百分比。

4.1.2.3 供氧参数

A 氧气流量

氧气流量指在单位时间内向熔池供氧的数量，常用标准状态下体积量度，其单位为 m^3/min 或 m^3/h（标态下）。

氧气流量是根据吹炼每吨金属料所需要的氧气量（标态下）、金属装入量、供氧时间等因素决定。即

$$氧气流量=\frac{单位金属的需氧量（m^3/t）\times 金属装入量（t）}{供氧时间（min）}$$

B 供氧强度

供氧强度指在单位时间内每吨钢的氧耗量，它的单位是 $m^3/(t\cdot min)$（标态下）。供氧

强度的大小根据转炉的公称吨位、炉容比来确定。供氧强度一般波动在2.5~4.0$m^3/(t \cdot min)$之间，少数转炉控制在4.0$m^3/(t \cdot min)$以上。

C 供氧压力

氧压是供氧操作的一个重要参数，氧压就是指测定点的压力或称氧压$p_{用}$，单位为Pa。它并非喷头出口压力或喷头前压力，在实际生产中，氧压的测定点与喷头前有一定的距离，所以有一定的压力损失，一般允许$p_{用}$偏离设计氧压±20%，目前国内一些小型转炉的工作氧压约为0.5~0.8MPa，一些大型转炉则为0.85~1.2MPa。

对于同一氧枪调节使用压力，就是改变氧气流量，改变氧气流股对溶池的冲击力，从而改变吹炼过程的进行。生产实践中，往往采用提高氧气压力来增大氧气流量，以达到缩短吹炼时间，同时增加对熔池的搅拌，但必须指出，在枪高一定时，过分增大氧气压力，产生冲击压力过大，并由此产生冲击深度过大易引起穿透炉底的危险，同时还将引起严重的喷溅。此外，还必须考虑与炉渣形成及杂质去除速度相协调。如果氧压过低则熔池搅拌能力弱，氧的利用率低，渣中（FeO）含量高，也会引起喷溅。

D 氧枪高度

氧枪高度（即枪位）就是指氧枪喷头出口端距离静止金属液面的高度，单位为cm或mm。氧枪高度合适与否，直接影响熔池的搅拌、化渣、渣中（FeO）含量，喷溅，吹炼时间及炉龄等各个方面。

确定合适的氧枪高度主要考虑两个因素：一是使流股有一定的冲击面积；二是要在保证炉底不被冲刷损坏的条件下，流股对金属熔池有一定的冲击深度。

生产上氧枪高度的确定，一般先根据经验公式计算确定一个控制范围，然后根据生产实际中操作效果加以校正。

氧枪高度范围的经验公式为：

$$H = (25 \sim 55) d_{喉} \tag{4-1}$$

式中 H——喷头距熔池液面的高度，cm；

$d_{喉}$——喷头喉口直径，cm。

氧枪高度范围确定后，常用流股的穿透深度来核算一下所确定的氧枪高度。为了保证炉底不受损坏，要求氧气流股的穿透深度（$h_{穿}$）与熔池深度（$h_{熔}$）之比要小于一定的比值。

对单孔喷枪：$h_{穿}/h_{熔} \leqslant 0.70$

对多孔喷枪：$h_{穿}/h_{熔} \leqslant 0.25 \sim 0.40$

4.1.2.4 供氧操作

供氧操作是指调节氧压或枪位，达到调节氧气流量、喷头出口气流压力及射流与熔池的相互作用程度，以控制化学反应进程的操作。供氧操作分为恒压变枪、恒枪变压和分阶段恒压变枪几种方法。

A 几种供氧操作特点

恒压变枪供氧操作是指在一炉钢吹炼过程中氧气压力保持不变，通过改变氧枪高度来调节氧气流对熔池的穿透深度和冲击面积，以控制吹炼过程顺利进行。我国目前普遍采用这种操作。也有的采用分阶段恒压变枪操作，即随炉役期的变化，采用分阶段恒压变枪的供氧操作。生产实践证明，这种供氧操作可根据一炉钢吹炼各期特点，易做到较为灵活的控制，吹炼较稳定，造渣去除硫、磷效果良好，吹损较少。

恒枪变压的供氧操作是指一炉钢吹炼过程中氧枪高度保持不变，仅调节氧气压力来控制吹炼过程，氧气压力可根据各阶段熔池反应的需要氧气情况加以调节。这种供氧操作在吹炼条件比较稳定的情况下较为有效，可简化操作，但调节氧压不如调节枪位灵活、效果明显，如果大幅度降低氧压则会延长吹炼时间，因而在吹炼条件多变的情况下，不采用这种供氧操作。

变压变枪供氧操作不但可以使化渣迅速，而且还可以提高吹炼前期和吹炼后期的供氧强度，缩短吹氧时间，但变压与变枪其效果相互影响，操作中不易做到正确地控制。

B 枪位及其控制

枪位是指氧枪喷头端面距静止液面的距离，常用 H 表示，单位是 m。目前，一炉钢吹炼中的氧枪操作有两种类型，一种是恒压变枪操作，一种是恒枪变压操作。比较而言，恒压变枪操作更为方便、准确、安全，因而国内钢厂普遍采用。

a 吹炼前期枪位的调节和控制

开吹前操作人员应详细了解以下情况：

（1）喷头的结构、氧气压力情况。

（2）铁水成分，主要是硅、硫、磷的含量。

（3）铁水温度。

（4）炉子情况，是新炉还是老炉，是否补炉，相应的装入量是多少，炉内是否有剩余钢水和渣。

（5）吹炼的钢种及其对造渣、温度控制的要求。

（6）上一班或上一炉的操作情况。

对上述情况必须做到心中有数。前期调节和控制的原则是早化渣、化好渣、以利最大限度的去除硫、磷。吹炼前期的特点是硅、锰迅速氧化、渣中 SiO_2 浓度大，熔池温度不高，此时要求将加入炉内的石灰尽快地化好，以便形成碱度 1.5～1.7 的活跃炉渣，以减轻酸性渣对炉衬的侵蚀，并增加吹炼前期的脱硫与脱磷率。为此，除应适当地加入萤石或氧化铁皮助熔外，还应采用较高的枪位，如果枪位过低，不仅因渣中（FeO）含量低会在石灰表面形成高熔点而且致密的 $2CaO \cdot SiO_2$，阻碍石灰的溶解，还会由于炉渣未能很好地覆盖熔池表面而产生飞溅，当然，前期枪位也不宜过高，以免发生严重喷溅。

加入的石灰化完后，如果不继续加入石灰就应当适当降枪，以便降低渣中（FeO）含量，以免在硅锰氧化结束和熔池温度升高后强烈脱碳时发生严重喷溅，前期枪位可参照以下各因素进行考虑：

（1）铁水成分。当铁水含硅量高（质量分数不小于1.0%）时，往往配加的石灰和冷却剂的数量较大，前期为了迅速化渣，枪位可先调节得稍低一点，待温度逐渐上升后再逐渐将枪位调节高一点，锰高时由于 MnO 有助熔作用，则应适当降低枪位。反之，如果铁水含硅很低（质量分数小于0.3%），则可适当采用低枪位操作。

（2）铁水温度。在铁水温度低时，可先加入少量头批渣料，采用低枪点火延续吹一个短时间，然后加入剩余的头批料，待熔池温度上升后，提枪放在正常吹炼位置上吹炼，如果铁水温度高则可适当采用高枪位操作。

(3) 装入量。装入量过大，熔池液面较高，如果不相应提高枪位，渣子不易化好而且喷溅严重，还可能造成黏枪或烧枪事故。装入量过小，熔池液面较低，熔池搅拌不好，化渣困难，对去除硫、磷十分不利，可采用高低枪位交替操作。在生产中应严格控制好装入数量。

(4) 渣料情况。铁水中硫磷含量高，或吹炼低硫钢，或石灰质量差，加入量大时，由于渣量大使熔池液面显著上升，且化渣较困难，化渣时枪位应相应提高些。相反，铁水中的硫、磷含量很低，加入的渣料少，以及在采用活性石灰或合成渣料等情况下，化渣时枪位可适当降低一些。

(5) 炉龄。开新炉时，开吹后应先压枪提温，然后提枪化渣，以免使渣中$\sum w(FeO)$过多而导致强烈脱碳时发生喷溅。新炉阶段枪位可适当低一些，老炉阶段枪位可采用高低枪位交替保证熔池有良好的搅动促进化渣。

(6) 熔池深度。熔池越深，相应渣层越厚，吹炼过程中熔池面上涨严重，故应在不致引起喷溅的前提下，适当地采用高枪位，以免化渣困难。凡是影响熔池深度的各种因素发生变化时，都应相应地改变枪位。通常在其他条件不变时，随着炉龄的增长，熔池变浅，枪位应该相应降低。在发现炉底有烧损或喷头黏钢严重时，应适当提高枪位。

(7) 喷头结构在一定的供氧量下，增加喷孔数目，使射流分散，穿透深度减小，冲击面积相应增大，因而枪位应相应降低。

前期高枪位化渣但应防喷溅。吹炼前期，铁水中的硅迅速氧化，渣中的（SiO_2）含量较高而熔池的温度尚低，为了加速头批渣料的熔化（尽早去P并减轻炉衬侵蚀），除加适量萤石或氧化铁皮助熔外应采用较高的枪位，否则，石灰表面生成C_2S外壳，阻碍石灰溶解。当然，枪位亦不可过高，以防发生喷溅，合适的枪位是使液面到达炉口而又不溢出。

b　吹炼过程的枪位控制

吹炼过程枪位控制的基本原则是：继续化好渣、化透渣、快速脱碳、不喷溅、熔池均匀升温。吹炼中期的特点是强烈脱碳，在这个阶段中，不仅吹入的氧气全部用于碳的氧化，而且渣中的氧化铁也大量被消耗。渣中$\sum w(FeO)$的降低将使炉渣的熔点上升，流动性下降，还会使炉渣出现“返干”现象，影响硫、磷的去除甚至发生回磷现象，飞溅也严重，为了防止中期炉渣返干，应该适当提枪，使渣中$\sum w(FeO)$保持在10%～15%的范围内。

c　吹炼后期的枪位控制

吹炼后期脱碳反应已经减弱，产生喷溅的可能性不大。这一阶段的基本任务是进一步调整好炉渣的氧化性和流动性，继续去除硫、磷，使熔池钢液成分和温度均匀，稳定火焰，便于准确地控制终点。吹炼硅钢等含碳很低的钢种时，还应注意加强熔池搅拌以加速后期脱碳，均匀熔池的温度和成分以及降低终渣的$\sum w(FeO)$含量。为此在过程化渣不太好，或者中期炉渣返干较严重时，后期应首先适当提枪化渣，而在接近终点时，再适当降枪，以加强熔池搅拌，使熔池的温度和成分均匀化，降低镇静钢和低碳钢的终点$\sum w(FeO)$，提高金属和合金收得率并减轻对炉衬的侵蚀。吹炼沸腾钢时，则应按要求控制终渣的（FeO）含量，当温度高时，可采用缩短最后的降枪时间，即降枪晚一点的办法来处理。反之，当温度低时，可适当延长终点降枪操作时间。

综上所述，氧气顶吹转炉吹炼过程中的供氧操作是吹炼工艺中重要的组成部分，而吹炼过程中能够调节的供氧参数是枪位与工作氧压，在目前国内生产实践中普遍采用分阶段恒压变枪操作，因此，氧气顶吹转炉炼钢供氧操作的关键是掌握枪位的调节与控制。

具体操作中，枪位控制通常遵循“高—低—高—低”的原则。

C　恒压变枪操作的几种模式

恒压变枪的操作模式如图 4 - 5 所示。

a　高—低—高的六段式操作

开吹枪位较高，及早形成初期渣；二批料加入后适时降枪，吹炼中期炉渣返干时又提枪化渣；吹炼后期先提枪化渣后降枪；终点拉碳出钢。

b　高—低—高的五段式操作

五段式操作的前期与六段式操作基本一致，熔渣返干时可加入适量助熔剂调整熔渣流动性，以缩短吹炼时间。

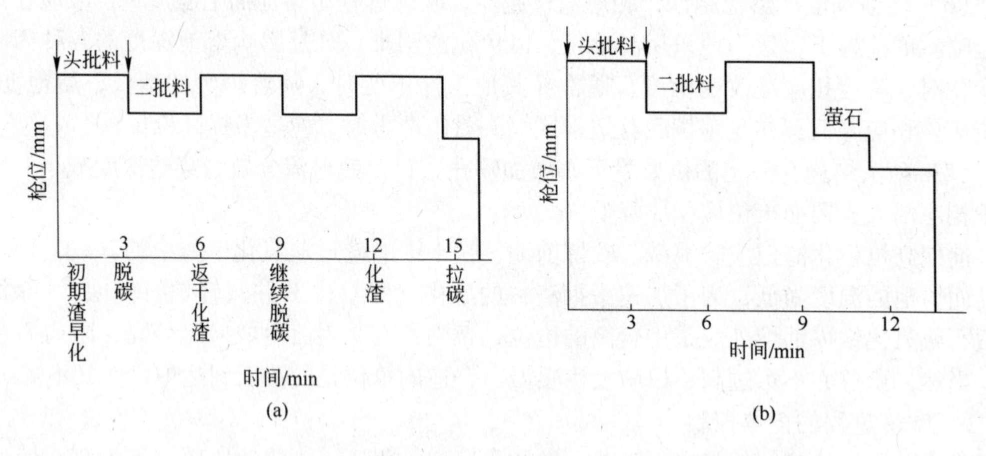

图 4 - 5　恒压变枪操作的几种模式

（a）高—低—高六段式操作；（b）高—低—高五段式操作

c　高—低—高—低的四段式操作

在铁水温度较高或渣料集中在吹炼前期加入时可采用这种枪位操作。开吹时采用高枪位化渣，使渣中含 $w(\mathrm{FeO})$ 达 0 ~ 25%，促进石灰熔化，尽快形成具有一定碱度的炉渣，增大前期脱磷和脱硫效率，同时也避免酸性渣对炉衬的侵蚀。在炉渣化好后降枪脱碳，为避免在碳氧化剧烈反应期出现返干现象，适时提高枪位，使渣中 $w(\mathrm{FeO})$ 保持在 10% ~ 15%，以利磷、硫继续去除。在接近终点时再降枪加强熔池搅拌，继续脱碳和均匀熔池成分和温度，降低终渣（FeO）含量。

4.1.3　造渣制度

造渣是转炉炼钢的一项重要操作，是指通过控制入炉渣料的种类和数量，使炉渣具有某些性质，以满足熔池内有关炼钢反应需要的工艺操作。造渣制度是确定合适的造渣方法、渣料的种类、渣料的加入数量和时间以及加速成渣的措施。由于转炉冶炼时间短，必须快速成渣，使炉渣具有一定的碱度，以便尽快将金属中硫、磷等杂质去除到符合所炼钢种的规格要求范围。并尽可能避免喷溅，减少金属损失和提高炉衬寿命。

4.1.3.1 成渣过程及造渣途径

转炉冶炼各期，都要求炉渣具有一定的碱度、合适的氧化性和流动性、适度泡沫化。在吹炼初期，要保持炉渣具有较高的氧气性，以促进石灰熔化，迅速提高炉渣碱度，尽量提高前期去磷去硫率和避免酸性渣侵蚀炉衬；吹炼中期，炉渣氧化性不得过低（通常含 $w(FeO)$ 不低于 8% ~9%），以避免炉渣返干；吹炼末期，要保证去除 P、S 所需的炉渣高碱度，同时要控制好终渣氧化性。对冶炼含碳量质量分数不小于 0.10% 的镇静钢，终渣 $w(FeO)$ 通常应控制为不大于 15% ~20%，在保证去 P 的前提下，渣中 $w(FeO)$ 尽可能控制在低限；冶炼沸腾钢，终渣 $w(FeO)$ 通常应不大于 12%，需避免终渣氧化性过弱或过强。

炉渣黏度和泡沫化程度亦应满足冶炼过程需要。前期要防止炉渣过稀，中期渣黏度要适宜，末期渣要化透做黏。炉渣泡沫化不足，将显著降低金属脱磷率；炉渣过稀，容易导致剧烈溢渣和喷溅，增加吹损，降低炉子寿命。炉渣黏度和泡沫化程度也应满足冶炼进程需要。前期要防止炉渣过稀，中期渣黏度要适宜，末期渣要化透做黏。泡沫性炉渣应尽早形成，并将其泡沫化程度控制在合适范围，以达到喷溅少、拉碳准、温度合适以及磷硫去除的最佳吹炼效果。

4.1.3.2 转炉成渣过程

吹炼初期，炉渣主要来自铁水中 Si、Mn、Fe 的氧化产物。加入炉内的石灰块由于温度低，表面形成冷凝外壳，造成熔化滞止期，对于块度为 40mm 左右的石灰，渣壳熔化需数十秒。由于发生 Si、Mn、Fe 的氧化反应，炉内温度升高，促进了石灰熔化，这样炉渣的碱度逐渐得到提高。

吹炼中期，随着炉温的升高和石灰的进一步熔化，同时脱碳反应速度加快导致渣中（FeO）逐渐降低，使石灰融化速度有所减缓，但炉渣泡沫化程度则迅速提高。由于脱碳反应消耗了渣中大量的（FeO），再加上没有达到渣系液相线正常的过热度，使化渣条件恶化，引起炉渣异相化，并出现返干现象。

吹炼末期，脱碳速度下降，渣中（FeO）含量再次升高，石灰继续熔化并加快了熔化速度。同时，熔池中乳化和泡沫现象趋于减弱和消失。

初期渣，主要矿物为钙镁橄榄石和玻璃体（SiO_2）。钙镁橄榄石是锰橄榄石（$2MnO \cdot SiO_2$）、铁橄榄石（$2FeO \cdot SiO_2$）和硅酸二钙（$2CaO \cdot SiO_2$）的混合晶体。当（MnO）含量高时，它是以 $2FeO \cdot SiO_2$ 和 $2MnO \cdot SiO_2$ 为主，通常玻璃体不超过 7% ~8%。

中期渣，随着炉渣碱度的提高，由于 CaO 与 SiO_2 的亲和力比其他氧化物大，CaO 逐渐取代钙镁橄榄石中的其他氧化物，在石灰表面生成高熔点的坚硬致密的 $2CaO \cdot SiO_2$ 壳层，阻碍了新鲜炉渣向石灰块内部的渗入，导致石灰熔解速度下降。石灰与钙镁橄榄石和玻璃体 SiO_2 作用时，生成 $CaO \cdot SiO_2$、$3CaO \cdot 2SiO_2$、$2CaO \cdot SiO_2$ 和 $3CaO \cdot SiO_2$ 等产物，其中最可能和最稳定的是熔点为 2103℃ 的 $2CaO \cdot SiO_2$。

末期渣，后期氧化相急剧增加，生成的 $3CaO \cdot SiO_2$ 分解为 $2CaO \cdot SiO_2$ 和 CaO，并有 $2CaO \cdot Fe_2O_3$ 生成。

4.1.3.3　石灰熔化

炼钢过程中成渣速度主要指的是石灰熔化速度，快速成渣主要指的是石灰快速熔解于渣中。

吹炼初期，各元素的氧化产物 FeO、SiO_2、MnO、Fe_2O_3 等形成了熔渣。加入的石灰块就浸泡在初期渣中，初期渣中的氧化物从石灰表面向其内部渗透，并与 CaO 发生化学反应，生成一些低熔点的矿物，引起石灰表面的渣化。这些反应不仅在石灰块的外表面进行，而且也在石灰气孔的内表面进行。

SiO_2 易与 CaO 反应生成钙的硅酸盐，沉积在石灰块表面上，如果生成物是致密的，高熔点的 $2CaO \cdot SiO_2$（熔点 2130℃）和 $3CaO \cdot SiO_2$（熔点 2070℃），将阻碍石灰的进一步渣化熔解。如生成 $CaO \cdot SiO_2$（熔点 1550℃）和 $3CaO \cdot SiO_2$（熔点 1480℃）则不会妨碍石灰熔解。

在吹炼中期，碳的激烈氧化消耗大量的（FeO），熔渣的矿物组成发生了改变：2FeO $SiO_2 \rightarrow$ CaO FeO $SiO_2 \rightarrow$ CaO SiO_2，熔点升高，石灰的渣化有所减缓。

吹炼末期，渣中（FeO）有所增加，石灰的渣化加快，渣量又有增加。

石灰熔化是复杂的多相反应，其过程可分为三步：

第一步，液相炉渣经过石灰块外部扩散边界层向反应区扩散，并沿气孔向石灰块内部迁移。

第二步，炉渣与石灰在反应区进行化学反应并形成新相，反应不仅在石灰块外表面上进行，而且在内部气孔表面上进行。

第三步，反应产物离开反应区向炉渣熔体中转移。

从炉渣下层取出未熔石灰块，观察其断面并分析从外到内各层的化学成分可知，炉渣由表及里向石灰块内部渗透，表面有反应产物形成。

显然，加速石灰熔化的关键是克服石灰熔化的限制环节。首先应极力避免形成高熔点坚硬致密的 $2CaO \cdot SiO_2$ 壳层，当其产生后，应该设法迅速破坏掉这一阻碍石灰熔化的壳层，以保证炉渣组分能够迅速不断地向石灰表面和内部渗入。转炉条件下石灰熔化速度 v_{CaO} 的近似方程式为：

$$v_{CaO} = k(CaO + 1.35MgO + 1.09SiO_2 + 2.75FeO + 1.9MnO - 39.1)\exp\{-2550/T\}{v_C}^{0.7}G^{0.5} \tag{4-2}$$

式中　k——系数；

T——温度，K；

v_C——脱碳速度；

G——石灰重量。

可见，影响石灰熔化速度的主要因素有：参与熔化反应的组分的浓度，与流体力学有关的传质、熔池温度、反应面积、石灰量等。

4.1.3.4　其他造渣材料

在保证渣中有足够的（FeO）、渣中（MgO）不超过6%的条件下，增加初期渣中 MgO 含量，有利于早化渣并推迟石灰石表面形成高熔点致密的 $2CaO \cdot SiO_2$ 壳层。

白云石造渣。采用白云石或轻烧白云石代替部分石灰石造渣，提高渣中 MgO 含量，减少炉渣对炉衬的侵蚀，具有明显效果。

MgO 在低碱度渣中有较高的熔解度，采用白云石造渣，初期渣中 MgO 浓度提高，会抑制熔解炉衬中的 MgO，减轻初期炉渣对炉衬的侵蚀。同时，前期过饱和的 MgO 会随着炉渣碱度的提高而逐渐析出，后期渣变黏，可以使终渣挂在炉衬表面上，形成炉渣保护层，有利于提高炉龄。

萤石的化渣作用，萤石的主要成分为 CaF_2，并含有 SiO_2、Fe_2O_3、Al_2O_3、$CaCO_3$ 和少量磷、硫等杂质。它的熔点约 1203K。萤石加入炉内后，在高温下即爆裂或碎块并迅速熔化。它的作用体现在：

（1）CaF_2 与 CaO 作用形成熔点为 1635K 的共晶体，直接促进石灰的熔化。

（2）萤石能显著降低 $2CaO \cdot SiO_2$ 的熔点，使炉渣在高碱度下有较低的熔化温度。

（3）CaF_2 可降低炉渣黏度。

4.1.3.5 造渣方法

根据铁水成分和所炼钢种来确定造渣方法。常用的造渣方法有单渣法、双渣法和双渣留渣法。

A 单渣法

整个吹炼过程中只造一次渣，中途不倒渣、不扒渣，直到吹炼终点出钢。入炉铁水 Si、P、S 含量较低，或者钢种对 P、S 要求不太严格，以及冶炼低碳钢，均可以采用单渣操作。采用单渣操作，工艺比较简单，吹炼时间短，劳动条件好，易于实现自动控制。单渣操作一般脱磷效率在 90% 左右，脱硫效率约为 30% ~40%。

当铁水含硅、磷、硫较低（$w[P] < 0.20\%$，$w[S] < 0.055\%$，$w[Si] < 1.0\%$）时，或钢种对磷、硫要求不高时，或者吹炼低碳钢时，都可以采用单渣操作。

在实际生产中为了促进早化渣，渣料是分批加入的（可分二、三批加入）。单渣操作工艺比较简单，冶炼时间短，劳动条件好。

B 双渣法

整个吹炼过程中需要倒出或扒出约$\frac{1}{2} \sim \frac{2}{3}$炉渣，然后加入渣料重新造渣。根据铁水成分和所炼钢种的要求，也可以多次倒渣造新渣。在铁水含磷高且吹炼高碳钢，铁水硅含量高，为防止喷溅，或者在吹炼低锰钢种时，为防止回锰等均可采用双渣操作。双渣操作脱磷效率可达 95% 以上，脱硫效率约 60% 左右。由于去除磷、硫的数量大，或因铁水 Si 高，加入的渣料多，因此形成的渣量大。倒渣可以消除过大渣量引起的喷溅。吹炼前期炉渣碱度低，极大量的磷、硅氧化进入渣中，倒渣能达到较高的去磷效果。同时初期酸性渣倒出后，可以减轻对炉衬的侵蚀，并且减少石灰的消耗量。

采用双渣操作，可以在转炉内保持最小的渣量，同时又能达到最高的去除磷硫效率。

倒渣的时间过早或过晚都不好。选择在渣中含磷量最高，含铁量最低的时刻倒渣较好，能达到脱磷效率最高、铁的损失最小的良好效果。双渣操作会延长吹炼时间，增加热量损失，降低金属收得率，也不利于过程自动控制。其操作的关键是决定合适的放渣时间。

C　双渣留渣法

将双渣法操作的高碱度、高氧化铁、高温、流动性好的终渣留一部分在炉内，然后在吹炼第一期结束时倒出，重新造渣。此法的优点是可加速下炉吹炼前期初期渣的形成，提高前期的去磷、去硫率和炉子热效率，有利于保护炉衬，节省石灰用量。采用留渣操作时，在兑铁水前首先要加废钢稠化冷凝熔渣，当炉内无液体渣时才可兑入铁水，以避免引发喷溅。

4.1.3.6　渣料的用量

加入炉内的渣料主要是石灰和白云石，还有少量的萤石或氧化铁皮等熔剂。

A　石灰用量的确定

（1）首先根据铁水的硅、磷含量和炉渣碱度计算：

1）当铁水含磷量小于0.30%时，炉渣的碱度 $R = w(CaO)/w(SiO_2) = 2.8 \sim 3.2$，所以每吨铁水的石灰加入量按式（4－3）计算：

$$\text{石灰用量（kg/t）} = \frac{w[Si] \times 60/28 \times R}{w(CaO)_{有效}} \times 1000 \tag{4-3}$$

式中　$w[Si]$——炉料中硅的质量分数；

60/28——1kg Si 氧化后可生成 60/28kg 的 SiO_2。

如某厂的铁水中磷的质量分数为0.25%、硅的质量分数为0.5%，冶炼所用石灰中含CaO的质量分数为86%，SiO_2 的质量分数为2.5%，若炉渣碱度按3.0控制，则每吨铁水的石灰用量为：

$$\text{石灰用量（kg/t）} = \frac{0.5 \times 60/28 \times 3.0}{86 - 3.5 \times 2.5} \times 1000$$

2）当铁水含磷量大于0.3%时，$R = w(CaO)/w(SiO_2) + w(P_2O_5) = 3.2 \sim 3.5$，所以每吨铁水的石灰加入量按下式计算：

$$\text{石灰用量（kg/t）} = \frac{(w[Si] \times 60/28 + w[P] \times 142/62) \times R}{w(CaO)_{有效}} \times 1000$$

式中　142/62——每氧化1kg的磷可生成142/62kg的 P_2O_5。

（2）其次根据冷却剂用量计算应补加的石灰量：

矿石含有一定数量的 SiO_2，1kg矿石需补加石灰的数量按下式计算：

$$\text{补加石灰量（kg/kg）} = \frac{w(SiO_2)_{石灰} \times R}{w(CaO)_{有效}}$$

B　白云石用量的确定

白云石的加入量应根据炉渣要求的饱和MgO含量来确定。通常渣中MgO质量分数控制在8%～10%，除了加入的白云石含有外，石灰和炉衬也会带入一部分。

$$\text{理论用量 } W(\text{kg/t}) = \frac{w(MgO)_{渣} \times R \times \text{渣量}}{w(MgO)_{白云石}} \times 1000$$

$$\text{实际用量 } W = W - W_{石灰} - W_{衬}$$

C　熔剂用量的确定

萤石用量：尽量少用或不用。

矿石用量：铁矿石及氧化铁皮也具有较强的化渣能力，但同时对熔池产生较大的冷却效应，其用量应视炉内温度的高低，一般为装入量的2%～5%。

4.1.3.7 渣料的加入方法

关于渣料的加入，关键是要注意渣料的分批和把握加入的时间。

A 渣料分批

目的：渣料应分批加入以加速石灰的熔化（否则，会造成熔池温度下降过多，导致渣料结团且石灰块表面形成一层金属凝壳而推迟成渣）。

批次：单渣操作时，渣料通常分成两批：1/2～2/3 及白云石全部（冶炼初期炉衬侵蚀最严重）；1/2～1/3 为第二批。

B 加料时间

第一批渣料在开吹的同时加入。

第二批渣料的加入时间一般为 Si、Mn 氧化基本结束时，第一批渣料基本化好，碳焰初起时加入较为合适。第二批渣料可以一次加入，也可以分小批多次加入，分小批多次加入不会过分冷却熔池，对石灰渣化有利，也有利碳的均衡氧化。但最后一小批料必须在终点拉碳前一定时间内加完，否则出钢时渣料来不及熔化。

人工判断炉渣化好的特征：炉内声音柔和，喷出物不带铁，无火花，呈片状，落在炉壳上不黏附。若炉渣未化好则噪声尖锐，火焰散，喷出石灰和金属粒并带火花。

4.1.3.8 加速石灰溶解的措施

A 适宜的炉渣成分

渣中的（FeO）是石灰溶解的基本熔剂，原因在于（FeO）可与 CaO 及 $2CaO \cdot SiO_2$ 作用生成低熔点的盐，能有效地降低炉渣的黏度，改善石灰溶解的外部传质条件；（FeO）是碱性氧化渣的表面活性物质，可以改善炉渣对石灰的润湿性，有利于熔渣向石灰表面的孔中渗透，增大二者之间的接触面积；Fe^{2+} 及 O^{2-} 的半径是同类中最小的，扩散能力最强；有足够的（FeO）存在时，可以避免石灰表面生成 C_2S 而有利于石灰的溶解。

因此，吹炼操作中应合理地控制枪位，始终保持较高的（FeO）含量。（MnO）对石灰溶解的影响与（FeO）类似，生产中可在渣料中配加适量锰矿。

B 较高的温度

熔池温度高时，石灰入炉初形成的固态渣壳较薄；而且熔渣的黏度低，溶解石灰的能力强。为此，入炉铁水的温度要尽量高，若铁水温度偏低应先低枪位提温。

C 强化熔池的搅拌

加强对熔池的搅拌，可以改善石灰溶解的外部传质过程，从而可加速石灰的溶解。复吹转炉的石灰溶解速度要比顶吹转炉的快，原因就在于复吹冶炼有底吹气体搅拌。

D 改善石灰质量

提高石灰的活性度。增加石灰的气孔率，增大比表面积，有利于炉渣的渗透，可加快石灰溶解速度。同时，即使石灰表面生成 $2CaO \cdot SiO_2$ 外壳也不致密，易碎。

减小石灰的块度并进行预热。石灰入炉初形成的固态渣壳薄甚至消失。

4.1.3.9 泡沫渣

炉内的乳化现象，大大发展了气－熔渣－金属液的界面，加快了炉内化学反应速度，从而达到良好的吹炼效果。当然若控制不当，严重的泡沫渣也会引发事故。

大量的研究表明，气泡少而小，炉渣表面张力低，炉渣黏度大，温度低，泡沫容易形成并稳定地存在于渣中，生成泡沫渣。

（1）吹炼前期，脱碳速度小，泡沫小而无力，易停留在渣中，炉渣碱度低，$\sum w(FeO)$ 较高，有利于渣中铁滴生成CO气泡，并含有一定量的SiO_2、P_2O_5等表面活性物质，因此易起泡沫。

（2）吹炼中期，脱碳速度大，大量的CO气泡能冲破渣层而排出，炉渣碱度高，$\sum w(FeO)$较低，SiO_2、P_2O_5表面活性物质的活度降低，因此引起泡沫渣的条件不如吹炼初期，但如能控制得当，避免或减轻熔渣返干现象，就能得到合适的泡沫渣。

（3）吹炼后期，脱碳速度降低，产生的CO减少，碱度进一步提高，$\sum w(FeO)$ 较高，但［C］含量较低，产生的CO少，表面活性物质的活度比中期进一步降低，因此，泡沫稳定的因素大大减弱，泡沫渣趋向消除。

在吹炼过程中，由于氧射流与熔池的相互作用，形成了气－熔渣－金属液密切混合的三相乳化液。分散在炉渣中的小气泡的总体积往往超过熔渣本身体积的数倍甚至数十倍。熔渣成为液膜，将气泡包住，引起熔渣发泡膨胀，形成泡沫渣。正常泡沫渣的厚度经常在1～2m，甚至3m。

影响熔渣泡沫化的因素：

（1）进入熔渣的气体量。这是熔渣泡沫化的外部条件，单位时间内进入炉渣的气体越多，炉渣的泡沫化程度越高，例如吹炼中期脱碳速度快，产生气体量大，容易出现炉渣严重泡沫化现象。

（2）熔渣本身的发泡性即气体在渣中的存留时间。这是熔渣泡沫化的内部条件，它取决于熔渣的黏度和表面张力。炉渣的表面张力愈小，其表面积就愈易增大即小气泡愈易进入而使之发泡；增大炉渣的黏度，将增加气泡合并长大及从渣中逸出的阻力，渣中气泡的稳定性增加。

泡沫渣的控制：

（1）转炉吹炼的初期和末期，因脱碳速度小而炉渣的泡沫化程度较低，因而控制的重点是防止吹炼中期出现严重的泡沫化现象。通常是因枪位过高，炉内的碳氧反应被抑制，渣中聚集的（FeO）越来越多（内部条件具备），温度一旦上来便会发生激烈的碳氧反应，过量的CO气体充入炉渣（外部条件具备），使渣面上涨并从炉口溢出或喷出，形成喷溅。为此，生产中在满足化渣的条件下枪位应尽量低些，切忌化渣枪位过高或较高枪位下长时间化渣。

（2）出钢前压枪降低渣中的（FeO），破坏泡沫渣，以减少金属损失。

4.1.4 温度制度

4.1.4.1 温度控制的意义

温度制度研究的是炼钢过程中的热化学和温度控制问题，而温度控制主要是指过程温度及终点温度的控制。温度的控制对炼钢具有重大意义。过程温度控制不好，对于成渣过程、废钢熔化、渣-钢间化学反应等有重大影响，严重可能造成事故。终点温度过低，水口易结瘤，钢包黏钢甚至出现不得不回炉事故。若出钢温度过高，不仅会增加钢中非金属夹杂物和气体含量，影响钢的质量，而且还会增加铁的烧损，降低合金元素收得率，降低炉衬和钢包内衬寿命，造成连铸坯多种缺陷甚至浇注漏钢。因此，控制好终点温度是顶吹转炉吹炼的重要环节之一，而控制好过程温度是确保终点温度达到目标值的关键。

4.1.4.2 过程温度控制

A 热量的来源

氧气顶吹转炉炼钢的热量来源是铁水的物理热和化学热。铁水的物理热是指铁水带入的热量，与铁水的温度有直接关系；铁水的化学热就是铁水中各元素氧化、成渣过程所放出的热量，它与铁水的化学成分有关。铁水中硅、磷、碳的发热能力大，是转炉炼钢的主要发热元素，锰和铁的发热能力有限。

B 温度的控制

a 温度变化情况

第一阶段：升温速度很快，可以达68.4℃/min，原因是吹炼初期钢水中的Si、Mn、P大量氧化放热。

第二阶段：升温速度较慢，仅为26.1℃/min，原因是此阶段虽然C被大量氧化并放热，但由于二批渣料的加入以及废钢熔化吸热和烟气带走大量热，此阶段较慢。

第三阶段：由于C的氧化接近终了，有部分Fe被氧化，而炉内此时又不加入很多冷却剂，因此温度略比第二阶段高。

整体来说，顶吹转炉的升温速度一般为25~35℃/min。

b 冷却剂冷却

(1) 冷却剂类型。顶吹转炉炼钢的热量有富余，必须加入适量的冷却剂。常用的冷却剂有废钢、铁矿石、氧化铁皮等。这些冷却剂可以单独使用，也可以搭配使用。加入的石灰、生白云石、菱镁矿等也能起到冷却剂作用。

(2) 冷却剂的冷却效应。在一定条件下，加入1kg冷却剂所消耗的热量就是冷却剂的冷却效应。

冷却剂吸收的热量$Q_{冷}$包括将冷却剂提高温度所消耗的物理热$Q_{物}$和冷却剂参加化学反应消耗的化学热$Q_{化}$两个部分。

$$Q_{冷} = Q_{物} + Q_{化}$$

而$Q_{物}$取决于冷却剂的性质以及熔池的温度：

$$Q_{物} = c_{固} \cdot (t_{熔} - t_0) + \lambda_{熔} + c_{液} \cdot (t_{出} - t_{熔}) \tag{4-4}$$

式中 $c_{固}$，$c_{液}$——冷却剂在固态和液态时的质量热容，kJ/(kg·℃)；

t_0——室温，℃；

$t_{出}$——给定的出钢温度，℃；

$t_{熔}$——冷却剂的熔化温度，℃；

$\lambda_{熔}$——冷却剂的熔化潜热，kJ/kg。

$Q_{化}$不仅与冷却剂本身的成分和性质有关，而且与冷却剂在熔池内参加的化学反应有关。不同条件下，同一冷却剂可以有不同的冷却效应。

1）铁矿石的冷却效应。铁矿石的物理冷却吸热是从常温加热至熔化后直至出钢温度吸收的热量，化学冷却吸热是矿石分解吸收的热量。

铁矿石的冷却效应可以通过下式计算：

$$Q_{矿} = m\left[c_{矿} \cdot \Delta t + \lambda_{矿} + w(\mathrm{Fe_2O_3}) \cdot \frac{112}{160} \times 6459 + w(\mathrm{FeO}) \times \frac{56}{72} \times 4249\right] \quad (4-5)$$

式中　m——铁矿石质量，kg；

$c_{矿}$——铁矿石的质量热容，1.016kJ/(kg · ℃)；

Δt——铁矿石加入熔池后需温升数，℃；

$\lambda_{矿}$——铁矿石的熔化潜热，209kJ/kg；

56——铁的原子质量；

72——FeO 的相对分子质量；

160——Fe_2O_3 的相对分子质量；

112——两个铁原子的相对原子质量之和；

6459，4249——分别为在炼钢温度下，由液态 Fe_2O_3 和 FeO 还原出 1kg 铁时吸收的热量。

矿石一般是在吹炼前期加入，所以温升取 1325℃。则 1kg 铁矿石的冷却效应是：

$$Q_{矿} = 1 \times \left[1.016 \times (1350 - 25) + 209 + 81.4\% \times \frac{112}{160} \times 6459\right] = 5236\mathrm{kJ/kg}$$

Fe_2O_3 的分解热所占比例很大，铁矿石冷却效应随 Fe_2O_3 含量而变化。

2）废钢的冷却效应。废钢的冷却作用主要靠吸收物理热，即从常温加热到全部熔化，并提高到出钢温度所需要的热量，用 $Q_{废}$ 表示。

$$Q_{废} = m\left[c_{熔} \cdot t_{熔} + \lambda + c_{液}(t_{出} - t_{熔})\right] \quad (4-6)$$

式中　$c_{熔}$，$c_{液}$——分别为固态钢和液态钢的质量热容，kJ/(kg · ℃)；

$t_{熔}$——废钢的熔化温度，℃；

λ——熔化潜热，kJ/kg；

$t_{出}$——出钢时钢水温度，℃。

故 1kg 废钢在出钢温度为 1680℃时的冷却效应是（室温为 25℃）：

$$Q_{废} = 1 \times \left[0.699 \times (1500 - 25) + 272 + 0.837 \times (1680 - 1500)\right] = 1454\mathrm{kJ/kg}$$

为了使用方便，将各种常用冷却剂冷却效应换算值列出，见表 4-2。

表 4-2　常用冷却剂冷却效应换算值

冷却剂	重废钢	轻薄废钢	压块	铸铁件	生铁块	金属球团
冷却效应	1.0	1.1	1.6	0.6	0.7	1.5
冷却剂	无烟煤	焦炭	Fe-Si	菱镁矿	萤石	
冷却效应	-2.9	-3.2	-5.0	1.5	1.0	
冷却剂	烧结矿	铁矿石	铁皮	石灰石	石灰	白云石
冷却效应	3.0	3.0~4.0	3.0~4.0	3.0	1.0	1.5

C　操作控制

为了得到良好的炼钢过程升温状况，在操作中应注意控制。

（1）吹炼前期，如果碳焰上来得早，表明熔池的温度高，可以通过适当提前加入二批渣料加以控制；反之，如果碳焰上来得晚，表明前期温度低，应该降枪加强各元素的氧化，提高熔池温度。

（2）吹炼中期，可以根据炉口火焰并参照氧枪进出水温差来判断熔池温度，如果熔池温度高，则应加入铁矿石或氧化铁皮进行调整；若温度低时，可以降枪提温，这样可以挽回10～12℃。

（3）吹炼后期，如果发现熔池温度高，可以加铁矿石、氧化铁皮、石灰或白云石降温；相反，如果发现温度低，应该加入提温剂如硅铁或铝铁，但在加硅铁时，必须补加石灰。若发现碳低温度高，可以采取兑入铁水的措施，但在兑铁水前必须倒渣并加硅铁，以防造成大喷。

4.1.4.3 终点温度控制

A 影响出钢温度的因素

出钢温度需考虑从出钢到浇注各阶段的温降。

$$T_{出} = T_{凝} + \Delta T + \Delta t_1 + \Delta t_2 + \Delta t_3 + \Delta t_4 + \Delta t_5 \tag{4-7}$$

式中 $T_{凝}$——炼钢中的凝固温度；

ΔT——钢液的过热度，与钢种、坯型有关，板坯取15～20℃，低合金方坯取20～25℃；

Δt_1——出钢过程温降；

Δt_2——出钢完毕至精炼之前的温降；

Δt_3——钢水精炼过程温降；

Δt_4——钢水精炼完毕至开浇之前的温降；

Δt_5——钢水从钢包至中间包温降。

其中的凝固温度与钢种的化学成分相关，钢液的凝固温度计算经验公式很多，下面列举一种：

$$T_{凝} = 1536 - (78w[C] + 7.6w[Si] + 4.9w[Mn] + 34w[P] + 30w[S] + 5.0w[Cu] + 3.1w[Ni] + 2.0w[Mo] + 2.0w[V] + 1.3w[Cr] + 18w[Ti] + 3.6w[Al])$$

B 终点温度的判断

（1）火焰判断。熔池温度高，炉口火焰即白亮、浓厚有力，火焰周围有白烟；温度低，则火焰透明而淡薄、略带蓝色、白烟少，火焰形状有刺无力，喷出的渣子发红常伴有未化的石灰粒；温度更低时火焰则发暗呈灰色。

（2）取样判断。取钢样后将样勺内渣子拨开，如样勺内渣子容易拨开，样勺周围有青烟，钢水白亮，倒入样模内钢水活跃，结膜时间长，说明钢水温度高；如果渣子不易拨开，钢水呈暗红色，混浊发黏，倒入模内不活跃，结膜时间也短即钢水温度低。也可用秒表计算钢水在样勺中的结膜时间来判断钢水温度的高低。

（3）利用喷枪冷却水温度判断。相邻炉次，吹炼枪位相仿，当冷却水流量一定时，喷枪冷却水的进口与出口的温度差和熔池温度有一定的对应关系，温差大反应熔池温度较高，小则反应熔池温度较低。

（4）渣样判断。出钢时的渣样倒入样模时如果四周发亮，从边缘到中间由红变黑的时间长，说明钢水温度高。

（5）根据炉膛情况判断。倒炉时的炉膛如发亮、有泡沫涌出，表示温度高；如无泡沫涌出且渣子发黏，炉膛不很白亮则表示炉温低。

（6）热电偶测定温度。倒炉后直接向熔池插入快速热电偶测定熔池钢液温度。

C　终点温度偏离目标值的调整

a　终点钢水温度低于目标值

（1）终点［C］含量在钢种目标值上限时，采取后吹提温，若［C］含量略低，可根据最终碳含量在钢包中加增碳剂增碳。

（2）若终点［C］含量低，可加焦炭或 Fe－Si 合金、Al，后吹提温，根据钢水量和终点［C］含量，在钢包内加增碳剂增碳。

b　终点钢水温度高于目标值

（1）加入冷却剂降低温度。

1）当终点碳含量高且温度高时，可加矿石调温。

2）当终点碳含量不高而温度高时，可用生白或石灰石，白云石调温。

3）当已出钢而温度偏高时，可用清洁小块废钢降温。

4）对成品硫要求严格的钢种（如焊条钢），终点调温不能加铁矿石，需用石灰石、白云石。

（2）镇静降温。当温度略高于目标值，如10℃左右时，可采取前后摇炉的方法降温。一般降温值为1.8～2.5℃/min。

4.1.5　终点控制和出钢操作

4.1.5.1　终点控制

终点控制主要是指终点温度和成分的控制。

A　终点的标志

转炉兑入铁水后，通过供氧、造渣操作，经过一系列物理化学反应，钢水达到了所炼钢种成分和温度要求的时刻，称为“终点”。到达终点的具体标志是：

（1）钢中碳含量达到所炼钢种的控制范围。

（2）钢中 P、S 含量符合规格要求。

（3）出钢温度能保证顺利进行精炼、浇注。

（4）对于沸腾钢，钢水应有一定氧化性。

出钢时机的主要根据是钢水碳含量和温度，所以终点也称作“拉碳”。终点控制不准确，会造成一系列的危害。

B　终点碳的控制方法

一般所说的终点控制主要是指碳和温度的控制，这里主要讲终点碳的控制，终点温度的控制见前节。

终点碳的控制方法有三种：即一次拉碳法、增碳法、高拉补吹法。

a　一次拉碳法

按出钢要求的终点碳和终点温度进行吹炼，当达到要求时提枪，此种控制方式称为一次拉碳法。这种方法要求终点碳和温度同时到达目标，否则需补吹或增碳。一次拉碳法要求操作技术水平高，其主要优点是：

（1）终点渣 TFe 含量低，钢水收得率高，对炉衬侵蚀量小。

（2）钢水中有害气体少，不加增碳剂，钢水洁净。

（3）余锰高，合金消耗少。

（4）氧耗量小，节约增碳剂。

b 增碳法

吹炼平均含碳量大于0.08%的钢种时，一律将钢液的碳脱至0.05%～0.06%时停吹，出钢时包内增碳至钢种规格要求的操作方法称为增碳法。其主要优点是：

（1）终点容易命中，省去了拉碳法终点前倒炉取样及校正成分和温度的补吹时间，因而生产率较高。

（2）终渣的$\sum w$(FeO) 含量高，渣子化得好，去磷率高，而且有利于减轻喷溅和提高供氧强度。

（3）热量收入多，可以增加废钢的用量。

（4）操作稳定，易于实现自动控制。

采用拉碳法的关键在于，吹炼过程中及时、准确地判断或测定熔池的温度和含碳量努力提高一次命中率。而采用增碳法时，则应寻求含硫低、灰分少和干燥的增碳剂。

c 高拉补吹法

当冶炼中、高碳钢钢种时，终点按钢种规格稍高一些进行拉碳，待测温、取样后按分析结果与规格的差值决定补吹时间，这种控制方式称为高拉补吹法。

C 终点碳含量的判断

常用的判断仪器是热电偶结晶定碳仪，其特点是简单，准确，但速度慢。有前途的是红外，光谱等快速分析仪。生产中多凭经验对钢液含碳量进行判断，常用的方法有看火花，看火焰，看供氧时间和耗氧量等。

（1）看火花。吹炼中会从炉口溅出金属液滴，遇空气被氧化而爆裂形成火花并分叉，火花分叉越多，金属含碳越高，当［C］的质量分数小于0.1%时，爆裂的碳火花几乎不分叉，形成的是小火星。

（2）看火焰。金属含碳量较高时，碳氧反应激烈，炉口的火焰白亮，有力，长且浓密；当含碳量降到0.2%左右时，炉口的火焰稀薄且收缩，发软，打晃。

（3）看供氧时间和耗氧量。生产条件变化不大时，每炉钢的供氧时间和耗氧量也不会有太大的出入，因此，当吹氧时间及耗氧量与上炉接近时，本炉钢也基本到达终点。

（4）取钢样。在正常吹炼条件下，吹炼终点拉碳后取钢样，将样勺表面的覆盖渣拨开，根据钢水沸腾情况可判断终点碳含量。

w[C] =0.3%～0.4%时：火花分叉较多且碳花密集，弹跳有力，射程较远。

w[C] =0.18%～0.25%时：火花分叉较清晰，一般分为4～5叉，弧度较大。

w[C] =0.12%～0.16%时：碳花较稀，分叉明晰可辨，分为3～4叉，落地呈“鸡爪”状，跳出的碳花弧度较小，多呈直线状。

w[C] <0.10%时：碳花弹跳无力，基本不分叉，呈球状颗粒。

w[C] 再低时，火花呈麦芒状，短而无力，随风飘摇。

同样，由于钢水的碳含量不同，在样模内的碳氧反应和凝固也有区别，因此可以根据凝固后钢样表面出现结膜和毛刺，凭经验判断碳含量。

D 终点控制“双命中”

通常把吹炼中钢水的碳含量和温度达到吹炼目标要求的时刻，停止吹氧操作称为“一次拉碳”。一次拉碳钢水中碳含量或温度达到目标要求称为命中，碳含量和温度同时达到目标要求范围叫“双命中”。

所以准确拉碳，减少后吹，提高终点命中率是终点控制的基本要求。采用计算机动态控制炼钢，终点命中率可达 90% 以上，控制精度终点碳含量上下误差为 ±0.015%，温度 t 为 ±12℃，而靠经验炼钢，终点命中率只有 60% 左右。由于终点命中率大幅度提高，因此钢水中气体含量低，钢水质量得到改善。

一次拉碳未达到控制的目标值需要进行补吹，补吹也称为后吹。拉碳碳含量偏高、拉碳硫、磷含量偏高或者拉碳温度偏低均需要补吹。因此，后吹是对未命中目标进行处理的手段。但后吹会给转炉冶炼造成如下严重危害：

（1）钢水碳含量降低，钢中氧含量升高，从而钢中夹杂物增多，降低了钢水纯净度，影响钢的质量。

（2）渣中 TFe 量增高、降低炉衬寿命。

（3）增加了金属铁的氧化，降低钢水收得率，使钢铁料消耗增加。

（4）延长了吹炼时间，降低转炉生产率。

（5）增加了铁合金和增碳剂消耗量，氧气利用率降低，成本增加。

4.1.5.2 出钢操作

A 红包出钢

红包出钢是指出钢前将钢包内衬烤至发红达 800 ~ 1000℃。

其目的是减少出钢时的温降，从而降低出钢温度（15 ~ 20℃），增加废钢用量（15kg/t），并提高炉龄（150 炉次）。

B 出钢时间

确定适当的出钢持续时间，是为了减少出钢过程中的钢液吸气（应短些）和有利于所加合金的搅拌均匀（应长些）。

国标规定，50t 以下转炉出钢持续时间应为 1 ~ 4min；50 ~ 100t 转炉应持续 3 ~ 6min；100t 以上转炉应持续 4 ~ 8min。

C 挡渣出钢

a 挡渣出钢的目的

减少出钢时的下渣量，提高合金元素的收得率，防止钢液回磷（转炉炼钢多是出钢时在包内进行脱氧合金化）。

b 挡渣出钢的方法

目前有挡渣球、挡渣帽、挡渣塞、U 形虹吸出钢口、气动挡渣等方式。

（1）挡渣帽。挡渣帽的作用是减少出钢时的前期下渣（转炉出钢时，浮在钢液面上的炉渣将首先流经出钢口，事先将挡渣帽置于出钢口内，挡住炉渣，随后而至的钢液将其冲掉或熔化而进入钢包）。

其要求是挡渣帽为圆锥体，其尺寸应与出钢口内径相适应。

挡渣帽的材质目前国内使用的多为铁皮或轻质耐火材料。比较而言，前者加工容易，成本也低，但其表面硬而光滑，不易固定在出钢口内，而且熔点低，有时还没等到出钢就熔化了；后者与之相反。

（2）挡渣球。挡渣球是1970年日本新日铁公司研制成功的挡渣方法。如图4－6所示，目前国内使用最多的是用生铁铸成的空心球体，内装沙子，外涂高铝耐火水泥。其挡渣原理是，出钢过程中将挡渣球投入炉内，由于密度的关系挡渣球悬浮于钢液与炉渣之间，并随钢液的流动而移动，当炉内的钢液流尽时，挡渣球正好下落，堵住出钢口。

挡渣球的作用是减少出钢时的后期下渣（出钢结束时，正好座在出钢口上挡住炉渣）。

其要求为挡渣球的密度要介于钢液与熔渣之间，通常为4.2～5.0kg/cm^3，浸入钢液的深度为球直径的1/3左右，保证钢水流尽而又能挡住炉渣。

投球的位置应为出钢口的正上方。

投球的时间应在出钢结束前1min左右。过晚，挡渣球来不及到达挡渣位置钢液就流完了；过早，会使挡渣球在炉内等待时间过长而损坏，或表面变形而影响挡渣效果。

（3）气动挡渣法。出钢将近结束时，由机械装置从转炉外部用挡渣器喷嘴向出钢口内吹气，阻止炉渣流出。此法对出钢口形状和位置要求严格，并要求喷嘴与出钢口中心线对中。气动挡渣示意图如图4－7所示。

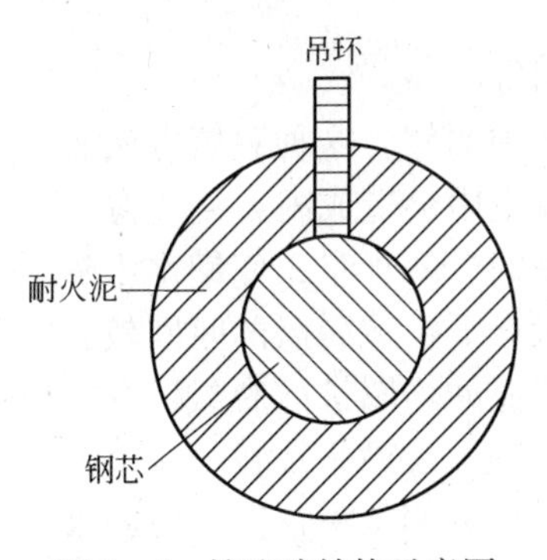

图4－6 挡渣球结构示意图

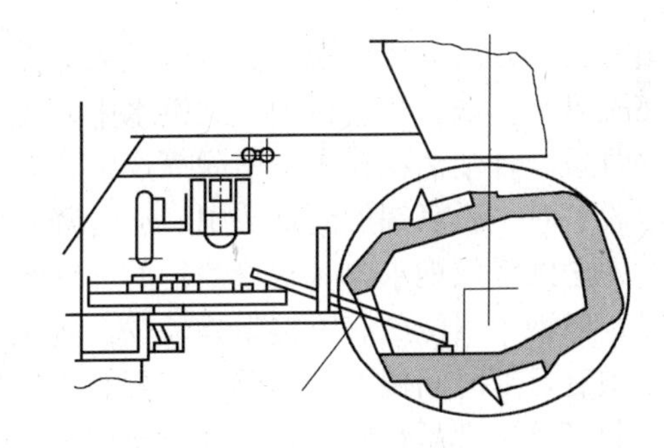

图4－7 气动挡渣法

c 效果

国内外厂家的使用结果表明，挡渣出钢后，钢包内的渣层厚度由原来的100～150mm减少到40～60mm，钢液的回磷量因此由0.004%～0.006%下降到0.002%～0.003%；锰的回收率由80%～85%提高到85%～90%，硅的回收率由70%～80%提高到80%～90%；夹杂物的废品率由2.3%降低到0.059%；同时，钢包的使用寿命也大幅提高。

d 注意事项

挡渣出钢后应向钢包加覆盖渣对钢液进行保温。目前，生产上广泛使用的是炭化稻壳，其密度小、保温性能好，而且浇注完毕不挂包。

e 出钢操作要点

（1）钢包归位后，摇炉工要把钢包开到炉下，观察钢包情况。

（2）出钢前合金必须已全部称好并已倒入合金斗中。

（3）出钢时注意摇炉角度，及时跟上，严禁钢渣混出，并做到见渣抬炉。

（4）采用挡渣出钢，需要时向钢包中投入石灰粉（块）。

（5）出钢后要及时观察炉况并堵出钢口。

（6）出钢后点击“出钢结束”按钮，底吹氩气切换成底吹氮气。

4.1.6　脱氧及合金化制度

4.1.6.1　脱氧及合金化基本概念

脱氧是指向钢液加入某些脱氧元素，脱除其中多余氧的操作。

合金化向钢液中加入一种或几种合金元素，使其在钢中的含量达到钢种规格要求的操作。

它们的联系：二者都是向钢液加入铁合金，同时加入钢液的脱氧剂必然会有部分溶于钢液而起合金化的作用，如使用 Fe－Si、Fe－Mn 脱氧的同时调整钢液的硅锰含量；加入钢液的合金元素，因其与氧的亲和力大于铁也势必有一部分被氧化而起脱氧作用。转炉的脱氧与合金化的操作常常是同时进行的。

合金加入钢液后，其溶解部分与加入总量之比称为合金的收得率或吸收率。

脱氧及合金化的区别是合金元素价格通常较高，希望尽量少氧化；脱氧元素则比较便宜，先加入，让其充分脱氧以免后加入的合金元素氧化。

4.1.6.2　脱氧方法

常用的脱氧方法有沉淀脱氧、扩散脱氧和真空脱氧等。

沉淀脱氧时，铁合金直接加入到钢水中，脱除钢水中的氧。这种脱氧方法脱氧效率比较高，耗时短，合金消耗较少，但脱氧产物容易残留在钢中会造成内生夹杂物。

扩散脱氧时，脱氧剂加到熔渣中，通过降低熔渣中的 TFe 含量，使钢水中氧向熔渣中转移扩散，达到降低钢水中氧含量的目的。钢水平静状态下扩散脱氧的时间较长，脱氧剂消耗较多，但钢中残留的有害夹杂物较少。渣洗及钢渣混冲均属扩散脱氧，其脱氧效率较高，但必须有足够时间使夹杂上浮。若配有吹氩搅拌装置，效果非常好。

真空脱氧的原理是将钢水置于真空条件下，通过降低外界 CO 分压打破钢水中碳氧平衡，使钢中残余的碳和氧继续反应，达到脱氧的目的。这种方法不消耗合金，脱氧效率也较高，钢水比较洁净，但需要专门的真空设备。

氧气顶吹转炉炼钢普遍采用沉淀脱氧法。沉淀脱氧可以用元素单独脱氧法和复合脱氧法。元素单独脱氧是指脱氧过程向钢水中只加单一脱氧元素；而复合脱氧指向钢水中同时加入两种或两种以上的脱氧元素。复合脱氧可以提高脱氧元素的脱氧能力；若各种脱氧元素用量比例适当，可以生成低熔点脱氧产物，易于从钢水中排出，能提高易挥发性 Ca、Mg 等元素在钢水中的溶解度。

4.1.6.3　合金加入的原则

A　脱氧元素的条件

作为脱氧元素应满足以下要求：

（1）脱氧元素与氧的亲和力比铁和碳大。

（2）脱氧剂熔点比钢水温度低以保证合金熔化，均匀分布，均匀脱氧。

（3）脱氧产物易于从钢水中排出。

（4）残留于钢中的脱氧元素对钢性能无害。

（5）价格便宜。

B 脱氧剂加入的原则

在常压下脱氧剂加入的顺序有两种，一种是先加脱氧能力弱的，后加脱氧能力强的脱氧剂。这样既能保证钢水的脱氧程度达到钢种的要求，又使脱氧产物易于上浮，保证质量合乎钢种的要求。因此，冶炼一般钢种时，脱氧剂加入的顺序是：锰铁、硅铁、铝。

另一种脱氧剂的加入顺序是先强后弱，即铝、硅铁、锰铁。这样可以大大提高并稳定 Si 和 Mn 元素的吸收率，相应减少合金用量，好处很多，可是脱氧产物上浮比较困难，如果同时采用钢水吹氩或其他精炼措施，钢的质量不仅能达到要求，而且还有提高。

可根据具体钢种的要求，制定具体的脱氧方法，但一般加入顺序应考虑以下原则：

（1）以脱氧为目的元素先加，合金化元素后加。

（2）易氧化的贵重合金应在脱氧良好的情况下加入。如 Fe－V、Fe－Nb、Fe－B 等合金应在 Fe－Mn、Fe－Si、铝等脱氧剂全部加完以后再加以减少其烧损。为了成分均匀，加入的时间也不能过晚。微量元素还可以在精炼时加入。

（3）难熔的、不易氧化的合金如 Fe－Cr、Fe－W、Fe－MO、Fe－Ni 等应加热后加在炉内。若 Fe－Mn 用量大，也可以加入炉内，其他合金均加在钢包内。

4.1.6.4 脱氧操作

A 包内脱氧合金化

目前大多数钢种（包括普碳钢和低合金钢）都是采用包内脱氧合金化，即在出钢过程中将全部合金加入到钢包内，同时完成脱氧与合金化两项任务。

此法操作简单，转炉的生产率高，炉衬寿命长，而且合金元素收得率高；但钢中残留的夹杂较多，炉后配以吹氩装置后这一情况大为改善。

操作要点：

（1）合金应在出钢 1/3 时开始加，出钢 2/3 时加完，并加在钢流的冲击处，以利于合金的熔化和均匀。

（2）出钢过程中尽量减少下渣，并向包内加适量石灰，以减少“回磷”和提高合金的收得率。

B 包内脱氧精炼炉内合金化

冶炼一些优质钢时，钢液必须经过真空精炼以控制气体含量，此时多采用转炉出钢时包内初步脱氧，而后在真空炉内进行脱氧合金化。

真空炉内脱氧合金化的操作要点：W、Ni、Cr、Mo 等难熔合金应在真空处理开始时加入，以保证其熔化和均匀，并降低气体含量；而对于含有 B、Ti、V、RE 等元素的贵重合金应在处理后期加入，以减少挥发损失。

4.1.6.5 合金加入量的确定

A 单一合金加入量计算

用 Mn－Fe 和 Si－Fe 脱氧时，分别计算 Mn－Fe 和 Si－Fe 加入量。合金加入之后考虑增碳量是否超出规格。

$$合金加入量=\frac{钢种规格中限-终点残余成分含量（质量分数）}{铁合金合金元素含量（质量分数）\times合金元素收得率}\times出钢量$$

$$钢种规格中限=\frac{钢种规格上限+钢种规格下限}{2}$$

$$合金增碳量=\frac{合金加入量\times合金含碳量（质量分数）\times碳吸收率}{钢水量\times1000}\times100\%$$

B　复合合金加入量计算

用复合合金脱氧合金化时，先根据钢种 Mn 含量中限计算 Mn－Si 合金加入量，再计算合金增硅量，以增硅量作为残余硅含量，计算硅铁补加量。

$$合金增硅量=\frac{合金加入量\times合金硅含量（质量分数）\times硅吸收率}{钢水量\times1000}\times100\%$$

合金元素收得率见表 4－3。

表 4－3　合金化时元素的收得率

<table>
<tr><th rowspan="3" colspan="2">钢　种</th><th colspan="5">元素收得率</th></tr>
<tr><th colspan="2">Mn</th><th colspan="2">Si</th><th>V</th></tr>
<tr><th>Fe－Mn
[w(Mn)＝68%]</th><th>Mn－Si</th><th>Fe－Si
[w(Si)＝75%]</th><th>Mn－Si</th><th>Fe－V
[w(V)＝45%]</th></tr>
<tr><td colspan="2">16Mn</td><td>85</td><td rowspan="6">85～90</td><td>80</td><td rowspan="6">80</td><td rowspan="6">75</td></tr>
<tr><td colspan="2">20g</td><td>78</td><td>66</td></tr>
<tr><td colspan="2">35</td><td>85</td><td>75</td></tr>
<tr><td colspan="2">20MnSi</td><td>85</td><td>75～80</td></tr>
<tr><td colspan="2">25MnSi</td><td>88</td><td>80</td></tr>
<tr><td colspan="2">45MnSiV</td><td>90</td><td>85</td></tr>
<tr><td rowspan="2">沸腾钢</td><td>终点碳质量分数为 0.06%～0.09%</td><td>70～75</td><td rowspan="2">85～90</td><td></td><td></td><td></td></tr>
<tr><td>终点碳质量分数为 0.10%～0.16%</td><td>75～82</td><td></td><td></td><td></td></tr>
<tr><td rowspan="2">镇静钢</td><td>终点碳质量分数为 0.06%～0.09%</td><td>73～78</td><td>75～80</td><td>70～75</td><td>75</td><td></td></tr>
<tr><td>终点碳质量分数为 0.10%～0.16%</td><td>77～83</td><td>80～85</td><td>75～80</td><td>80</td><td></td></tr>
</table>

例 4－1　已知装入铁水 90t，废钢 10t，钢水回收率 90%，钢种成分要求：C 的质量分数为 0.14%～0.20%，Mn 的质量分数为 1.20%～1.60%，Si 的质量分数为 0.20%～0.60%；终点成分：Mn 的质量分数为 0.16%，Si 的质量分数为 0.03%。（已知：Si、Mn、C 的收得率分别为 75%、85% 和 90%）

求：(1) 用含 Mn 68%（质量分数），C 6.28%（质量分数）的 Fe－Mn 合金和含 Si 75%（质量分数）的 Fe－Si 合金进行脱氧，需两种合金各多少？终点碳应为多少？

解：

$$出钢量=(90+10)\times90\%=90\text{t}$$

$$\text{Fe}-\text{Mn}合金加入量=\frac{钢种规格中限-终点残余成分含量（质量分数）}{铁合金合金元素含量（质量分数）\times合金元素收得率}\times出钢量$$

$$=\frac{1.4\%-0.16\%}{68\%\times85\%}\times1000\times90=1930.8\text{kg}$$

$$合金增碳量 = \frac{合金加入量 \times 合金含碳量（质量分数）\times 碳吸收率}{钢水量} \times 100\%$$

$$= \frac{1930.8 \times 6.28\% \times 90\%}{1000 \times 90} \times 100\% = 0.12\%$$

故终点碳应为：

$$\frac{0.14\% + 0.20\%}{2} - 0.12\% = 0.05\%$$

$$Fe-Si合金加入量 = \frac{钢种规格中限 - 终点残余成分含量（质量分数）}{铁合金合金元素含量（质量分数）\times 合金元素收得率} \times 出钢量$$

$$= \frac{0.4\% - 0.03\%}{75\% \times 75\%} \times 1000 \times 90 = 592kg$$

例 4-2 若例 4-1 中单一合金改用复合合金 Mn-Si 合金，含 Mn 68%（质量分数）、Si 18.5%（质量分数）、C 1.5%（质量分数）和 Fe-Si 合金脱氧，则这两种复合合金各需多少，终点碳应为多少？

解：

$$Mn-Si合金加入量 = \frac{钢种规格中限 - 终点残余成分含量（质量分数）}{铁合金合金元素含量（质量分数）\times 合金元素收得率} \times 出钢量$$

$$= \frac{1.4\% - 0.16\%}{68\% \times 85\%} \times 1000 \times 90 = 1930.8kg$$

$$合金增碳量 = \frac{合金加入量 \times 合金含碳量（质量分数）\times 碳吸收率}{钢水量} \times 100\%$$

$$= \frac{1930.8 \times 1.5\% \times 90\%}{1000 \times 90} \times 100\% = 0.029\%$$

故终点碳应为：

$$\frac{0.14\% + 0.20\%}{2} - 0.029\% = 0.141\%$$

$$Mn-Si合金增硅量 = \frac{合金加入量 \times 合金含硅量（质量分数）\times 硅吸收率}{钢水量} \times 100\%$$

$$= \frac{1930.8 \times 18.5\% \times 75\%}{1000 \times 90} \times 100\% = 0.30\%$$

$$Fe-Si合金加入量 = \frac{钢种规格中限 - 终点残余成分含量（质量分数）}{铁合金合金元素含量（质量分数）\times 合金元素收得率} \times 出钢量$$

$$= \frac{0.4\% - 0.3\% - 0.03\%}{75\% \times 75\%} \times 1000 \times 90 = 112kg$$

4.1.7 吹损与喷溅

4.1.7.1 吹损

转炉吹炼过程中的金属损耗叫吹损。金属的损失量占炉料装入量的百分数即：

$$（装入量 - 出钢量）/装入量 \times 100\%$$

转炉的吹损一般约为 10% 左右，主要由以下四部分组成：

（1）氧化损失。即吹炼过程中各元素氧化量的总和，它取决于金属炉料成分和所炼钢种成分，计算公式为 $\sum i_{料} - i_{终}$，在该条件下元素的氧化损失为 5.09%。

（2）烟尘损失。烟尘是吹炼过程中，一次反应区产生的铁蒸汽在随烟气排除的过程中被氧化、冷却成固态的铁的氧化物。

一般情况下每100kg金属料产生0.8～1.3kg烟尘，取1%，其中$w(Fe_2O_3)=65\%$、$w(FeO)=25\%$，折合成金属铁为：

$$1\% \times (65\% \times 112/160 + 25\% \times 56/72) = 0.65\%$$

（3）渣中铁损。转炉的渣量一般为装入量的12%～15%，取13%。渣中的铁损包括以下两项：

1）渣中铁珠损失。该项损失与出钢前泡沫渣破坏的程度有关，通常为8%～10%，本例取10%，则渣中的铁珠损失为：

$$13\% \times 10\% = 1.3\%$$

2）渣中FeO和Fe_2O_3损失。该项损失与终渣的成分有关（取决于所炼钢种的含碳量），本书取渣中$w(FeO)$为11%、$w(Fe_2O_3)$为2%，则渣中金属铁为：

$$13\% \times (11\% \times 56/72 + 2\% \times 112/160) = 1.3\%$$

（4）喷溅损失。即吹炼中由于发生喷溅而产生的金属损失，它与操作中的喷溅程度有关（取决于原材料条件、设备情况、生产工艺及操作水平等因素），波动较大，一般为0.5%～2.5%，本例取1.5%。

综上，转炉的总吹损为：5.09%＋0.65%＋1.3%＋1.3%＋1.5%＝9.84%。

由上述计算可知，转炉的吹炼损失是很大的（这是LD法的突出缺点），应尽量减少损失，主要措施为：

（1）贯彻精料原则。即铁水的Si、S、P尽量低些，石灰的有效碱高些，这样不仅可减少元素的氧化损失，而且还可减少渣量，从而减少渣中的金属损失和喷溅损失。

（2）提高操作水平。严格控制渣中的氧化铁含量，减少渣中的铁损；尤其要控制好炉渣的泡沫化程度，减少因喷溅而产生的损失。

4.1.7.2 喷溅

转炉吹炼过程中，钢或渣溢出、喷出或溅出炉外的现象称为喷溅。喷溅不仅增加吹损，同时还加剧炉衬侵蚀、产生黏枪、被迫降低供氧强度甚至停吹等。

据喷溅产生的原因及喷出物不同，可分为金属飞溅、泡沫喷溅和爆发式喷溅三种。

A 金属飞溅

吹炼过程中不断从炉口溅出金属粒的现象称为金属飞溅。

产生原因：一是开吹后不久，所加渣料尚未化好，氧气射流将其吹向炉壁，使熔池的局部地区渣层变薄甚至裸露，同时将金属粒和石灰粒溅出炉外；二是吹炼中出现炉渣“返干”时也会发生金属喷溅，返干是指吹炼中枪位控制过低或较低枪位吹炼时间过长，使渣中的氧化亚铁含量过低，导致$2CaO \cdot SiO_2$固相大量析出，与原有未熔颗粒一起作用使熔渣的黏度剧增的现象。

防止措施：对于前者应尽早化渣，对于后者应控制好枪位避免（FeO）过低。

处理方法：开吹后不久的飞溅随渣料的熔化会自动消失；而因返干产生的飞溅则应适当提枪并加适量萤石或氧化铁皮。

B 泡沫喷溅

吹炼过程中，大量泡沫渣从炉口溅出甚至自动溢出的现象称为泡沫喷溅。

产生原因：吹炼中枪位控制偏高，渣中（FeO）过量，炉渣被严重泡沫化，液面大幅上涨使大量泡沫渣从炉口溅出甚至自动溢出。

防止泡沫喷溅首先要控制好枪位，同时还应注意以下问题：

（1）不要过分超装并控制炉内渣量不要过大，以保证足够的炉容比。

（2）采取有关措施提前成渣，使得泡沫渣高峰期与脱碳的峰值时刻错开。

（3）在脱碳高峰到达之前，应适当降低供氧强度，而后再平稳地恢复到正常值。

处理方法：一旦发现炉渣已经严重泡沫化了，应先提枪击碎或加白云石破坏；而后立即降枪硬吹一定时间，消耗渣中的氧化铁。

C 爆发式喷溅

吹炼过程中，大量的金属和炉渣突然从炉口喷出的现象称为爆发式喷溅。

产生原因：爆发式喷溅往往是由于二批料加入不当引起的。二批料若加入过早而且量大，会使熔池温度严重下降，炉内的碳氧反应被抑制（因主要是吸热的间接氧化），渣中的（FeO）积聚（达20%～25%以上），一旦炉温上升到1470℃以上，将会发生爆发式的碳氧反应，瞬间产生大量的CO气体夺路而出，并将金属和炉渣喷出炉外。

防止措施：二批渣料加入不要过早，且应分小批多次加入。

处理方法：停吹，清理。

4.1.7.3 预测

为了防止喷溅发生，许多厂家采用了预测技术，目前主要有吹炼噪声预测、炉内压力预测和摄像观察三种方法。

A 吹炼噪声预测法

预测原理：它是利用吹炼过程中炉内成渣情况与炉口发出的声音直接相关的特点，在炉口安装声呐仪，根据冶炼中噪声的大小判断炉渣的泡沫化程度，进而预报喷溅的可能性。

测声装置：整个装置由取声器、声呐仪、数/模转换器、计算机组成，称音频控渣仪。具体运用：转炉开吹后噪声检测仪进入监控状态，并在显示器上画出在线跟踪的音强曲线；吹炼2min后，显示器上自动给出炉渣返干和喷溅预警线。当音强曲线向上逼近喷溅预警线时，表明将要发生喷溅，计算机发出喷溅预警信号，提醒操作人员修正操作；反之，音强曲线向下逼近返干预警线时，预示将要出现返干，计算机发出返干预警信号。

这是目前使用最多的喷溅预测方法。

B 炉内压力预测法

预测原理：由于发生喷溅的动能是炉内大量气体排出时产生的上浮力，因此可以通过测定炉内压力的变化来预测喷溅。

测压装置：检测装置由汽缸、取压管、压力剂和显示仪组成。

具体运用：用气缸将取压管插入出钢口内，直接测定炉内压力，并通过显示仪显示结果。在喷溅发生前的30～60s，炉内压力慢慢增加，当炉内压力大于1000Pa时，喷溅就将发生。

C 摄像观察法

除了上述两种预测方法外，还有一种摄像观察法。它是在转炉上部侧壁安装一个光导图像观测探头，将炉内渣面图像传至炉外，然后用摄像机摄像，并经图像处理装置后显示在屏幕上，操作人员可连续观察化渣情况和渣面高度的变化情况。

4.1.8　溅渣护炉操作

4.1.8.1　溅渣护炉的基本原理

利用 MgO 含量达到饱和或过饱和的炼钢终点渣，通过高压氮气的吹溅，在炉衬表面形成一层高熔点的溅渣层，并与炉衬很好地烧结附着。这个溅渣层耐蚀性较好，从而保护了炉衬砖，减缓其损坏程度，炉衬寿命得到提高。进入 90 年代继白云石造渣之后，美国开发了溅渣护炉技术。其工艺过程主要是在吹炼终点钢水出净后，留部分 MgO 含量达到饱和或过饱和的终点熔渣，通过喷枪在熔池理论液面以上约 0.8～2.0m 处，吹入高压氮气，熔渣飞溅粘贴在炉衬表面，同样形成熔渣保护层。通过喷枪上下移动，可以调整溅渣的部位，溅渣时间一般在 3～4min，如图 4－8 所示。

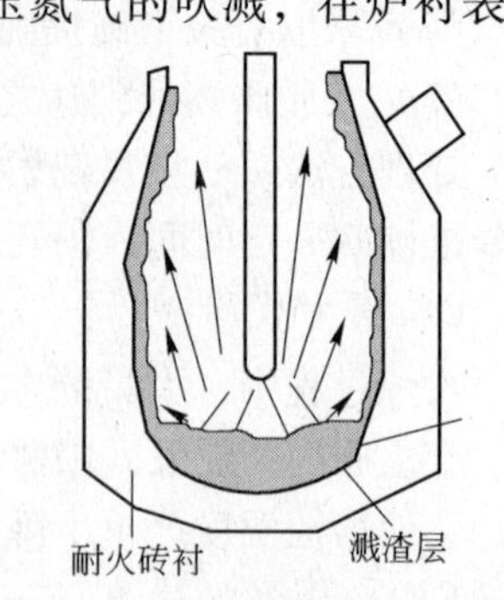

图 4－8　转炉溅渣护炉示意图

美国 LTV 钢公司印第安纳港厂两座 252t 顶底复合吹炼转炉，自 1991 年采用了溅渣护炉技术及相关辅助设施维护炉衬，提高了转炉炉龄和利用系数，并降低钢的成本，效果十分明显。1994 年创造了 15658 炉次/炉役的纪录，连续运行 1 年零 5 个月，到 1996 年炉龄达到 19126 炉次/炉役。

我国 1994 年开始立项开发溅渣护炉技术，并于 1996 年 11 月确定为国家重点科技开发项目。通过研究和实践，在国内各钢厂已广泛应用了溅渣护炉技术，并取得明显的成果。

溅渣护炉技术中的终点熔渣成分、留渣量、溅渣层与炉衬砖烧结、溅渣层的蚀损以及氮气压力与供氮强度等，都是这项技术的重要内容。

4.1.8.2　熔渣的性质

A　合适的熔渣成分

溅渣用熔渣的成分关键是碱度、TFe 和 MgO 含量，终点渣碱度一般在 3 以上。

TFe 含量的多少决定了渣中低熔点相的数量，对熔渣的熔化温度有明显的影响。当渣中低熔点相数量达 30% 时，熔渣的黏度急剧下降；随温度的升高，低熔点相数量也会增加，只是熔渣黏度变化较为缓慢而已。

终点渣 TFe 含量高低取决于终点碳含量及是否后吹。若终点碳含量低，渣中 TFe 含量相应就高，尤其是出钢温度高于 1700℃时，影响溅渣效果。

熔渣成分不同，MgO 的饱和溶解度也不一样。可以通过有关相图查出其溶解度的大小，也可以通过计算得出。实验研究表明，随着熔渣碱度的提高，MgO 的饱和溶解度有所降低。碱度 $R \leqslant 1.5$ 时；MgO 的饱和溶解度高达 40%；随渣中 TFe 含量增加，MgO 饱和溶解度也有所变化。

B 炉渣的黏度

溅渣护炉对终点熔渣黏度有特殊的要求，要达到“溅得起，黏得住，耐侵蚀”。因此黏度不能过高，以利于熔渣在高压氮气的冲击下，渣滴能够飞溅起来并黏附到炉衬表面；黏度也不能过低，否则溅射到炉衬表面的熔渣容易滴淌，不能很好地与炉衬黏附形成溅渣层。正常冶炼的熔渣黏度值最好在0.02～0.1Pa·s，相当于轻机油的流动性，比熔池金属的黏度高10倍左右。

溅渣护炉用终点渣黏度要高于正常冶炼的黏度，并希望随温度变化其黏度的变化更灵敏，以使溅射到炉衬表面的熔渣，能够随温度降低而迅速变黏，溅渣层可牢固地附着在炉衬表面上。

熔渣的黏度与矿物组成和温度有关。熔渣组成一定时，提高过热度，可使黏度降低。一般而言，在同一温度下，熔化温度低的熔渣黏度也低；熔渣中固体悬浮颗粒的尺寸和数量是影响熔渣黏度的重要因素。CaO 和 MgO 具有较高的熔点，当其含量达到过饱和时，会以固体微粒的形态析出，使熔渣内摩擦力增大，导致熔渣变黏。其黏稠的程度视微粒的数量而定。

当 w(MgO) 在4%～12%范围内变动时，随着 MgO 含量增加，初始流动温度下降；MgO 含量继续升高，大于12%以后，初始流动温度随其含量的提高又开始上升。TFe 含量越低，MgO 的影响越大。

4.1.8.3 溅渣护炉的机理

A 溅渣层的分熔现象

实践与研究结果表明，附着于炉衬表面的溅渣层，其矿物组成不均匀，当温度升高时，溅渣层中低熔点物首先熔化，与高熔点相分离，并缓慢地从溅渣层流淌下来；而残留于炉衬表面的溅渣层为高熔点矿物，这样反而提高了溅渣层的耐高温性能。这种现象就是炉渣的分熔现象，也叫选择性熔化或异相分流。

在反复地溅渣过程中溅渣层存在着选择性熔化，使溅渣层 MgO 结晶和 C_2S 等高熔点矿物逐渐富集，从而提高了溅渣层的抗高温性能，炉衬得到保护。

B 溅渣层的组成

溅渣层是熔渣与炉衬砖间在较长时间内发生化学反应逐渐形成的。即经过多次的溅渣—熔化—溅渣的往复循环。由于溅渣层表面的分熔现象，低熔点矿物被下一炉次高温熔渣所熔化而流失，从而形成高熔点矿物富集的溅渣层。

终点渣 TFe 含量的控制对溅渣层矿物组成有明显的影响。采用高铁渣溅渣工艺时，终点渣 w(TFe) >15%，由于渣中 TFe 含量高，溶解了炉衬砖上大颗粒 MgO，使之脱离炉衬砖体进入溅渣层。此时溅渣层的矿物组成是以 MgO 结晶为主相，约占50%～60%；其次是镁铁矿物 MF($MgO \cdot Fe_2O_3$) 为胶合相，约占25%；有少的 C_2S、C_3S($3CaO \cdot SiO_2$) 和 C_2F($2CaO \cdot Fe_2O_3$) 等矿物均匀地分布于基体中，或填充于大颗粒 MgO 或 MF 晶团之间，因而，溅渣层 MgO 结晶含量远远大于终点熔渣成分；随着终渣 TFe 含量的增加，溅渣层中 MgO 相的数量将会减少，而 MF 相数量将会增加，导致溅渣层熔化温度的降低，不利于炉衬的维护。因此，要求终点渣的 w(TFe) 应控制在18%～22%为宜。若采用低铁渣溅渣工艺，终点渣 w(TFe) <12%，溅渣层的主要矿物组成是以 C_2S 和 C_3S 为主相，约占65%～75%；其次是少量的小颗粒 MgO 结晶，C_2F、C_3F($3CaO \cdot Fe_2O_3$) 为结合相生长于

C_2S 和 C_3S 之间；仅有微量的 MF 存在。与终点渣相比；溅渣层的碱度有所提高，而低熔点矿物成分有降低。

C 溅渣层与炉衬砖黏结机理

熔渣是多种成分的组合体。溅渣初始，流动性良好的高铁低熔点熔渣首先被喷射到炉衬表面，熔渣 TFe 和 C_2F 沿着炉衬表面显微气孔与裂纹的缝隙向镁碳砖表面脱碳层内部渗透与扩散，并与周围 MgO 结晶颗粒反应烧结熔固在一起，形成了以 MgO 结晶主相，以 MF 为胶合相的烧结层。

继续溅渣操作，高熔点颗粒状矿物 C_2S、C_3S 和 MgO 结晶被高速气流喷射到炉衬粗糙表面上，并镶嵌于间隙内，形成了以镶嵌为主的机械结合层；同时富铁熔渣包裹在炉衬砖表面凸起的 MgO 结晶颗粒表面，或填充在已脱离砖体的 MgO 结晶颗粒的周围，形成以烧结为主的化学结合层。

D 溅渣层保护炉衬的机理

根据溅渣层物相结构分析了溅渣层的形成，推断出溅渣层对炉衬的保护作用有以下几方面。

（1）对镁碳砖表面脱碳层的固化作用。吹炼过程中镁碳砖表面层碳被氧化，使 MgO 颗粒失去结合能力，在熔渣和钢液的冲刷下大颗粒 MgO 松动→脱落→流失，炉衬被蚀损。溅渣后，熔渣渗入并充填衬砖表面脱碳层的孔隙内，或与周围的 MgO 颗粒反应，或以镶嵌固溶的方式形成致密的烧结层。由于烧结层的作用，衬砖表面大颗粒的镁砂不再会松动→脱落→流失，从而防止了炉衬砖的进一步被蚀损。

（2）减轻了熔渣对衬砖表面的直接冲刷蚀损。溅渣后在炉衬砖表面形成了以 MgO 结晶，或 C_2S 和 C_3S 为主体的致密烧结层，这些矿物的熔点明显地高于转炉终点渣，即使在吹炼后期高炉温度下不易软熔，也不易剥落。因而可有效地抵抗高温熔渣的冲刷，大大减轻了对镁碳砖炉衬表面的侵蚀。

（3）抑制了镁碳砖表面的氧化，防止炉衬砖体再受到严重的蚀损。溅渣后在炉衬砖表面所形成的烧结层和结合层，质地均比炉衬砖脱碳层致密，且熔点高，这就有效地抑制了高温氧化渣，氧化性炉气向砖体内的渗透与扩散，防止镁碳砖体内部碳被进一步氧化，从而起到保护炉衬的作用。

（4）新溅渣层有效地保护了炉衬—溅渣层的结合界面。新溅渣层在每炉的吹炼过程中都会不同程度地被熔损，但在下一炉溅渣时又会重新修补起来，如此往复循环地运行，所形成的溅渣层对炉衬起到了保护作用。

E 溅渣层的蚀损机理

溅渣层渣面处的 TFe 是以 Fe_2O_3 存在，并形成 C_2F 矿物。在溅渣层与镁碳砖结合处，Fe 以 FeO 形式固溶于 MgO 中，同时存在的矿物还有 C_2S，C_2F 已基本消失。由此推断，喷溅到衬砖表面的熔渣与镁碳砖发生如下反应：

$$(FeO) + C = Fe + CO\uparrow$$

$$(FeO) + CO\uparrow = Fe + CO_2\uparrow$$

$$2CaO \cdot Fe_2O_3 + CO\uparrow = 2CaO + 2FeO + CO_2\uparrow$$

$$CO_2\uparrow + C = 2CO\uparrow$$

由于 CO 从溅渣层向衬砖表面扩散，C_2F 中的 Fe_2O_3 逐渐被还原成 FeO，而 FeO 又能固溶于 MgO 之中，大大提高了衬砖表面结合渣层的熔化温度。倘若吹炼终点温度不过高，溅渣层不会被熔损，所以吹炼后期仍然能起到保护炉衬的作用。

在开吹 3 ~5min 的冶炼初期，熔池温度较低在 1450 ~ 1500℃，碱度值低，$R \leqslant 2$，若 $w(MgO)$为 6% ~7%，接近或达到饱和值时，熔渣主要矿物组成几乎全部为硅酸盐，即镁硅石 C_3MS_2（$3CaO \cdot MgO \cdot 2SiO_2$）和橄榄石 CMS[$CaO \cdot (Mg \cdot Fe \cdot Mn)O \cdot SiO_2$] 等，有时还有少量的铁浮氏体。溅渣层的碱度高约 $R = 3.5$，主要矿物为硅酸盐 C_3S，熔化温度较高，因此初期熔渣对溅渣层不会有明显的化学侵蚀。

吹炼终点的熔渣碱度值一般在 3.0 ~4.0，渣中 $w(TFe)$ 在 13% ~25%，MgO 含量波动较大，多数控制在 10% 左右，已超过饱和溶解度，其主要矿物组成是粗大的板条状的 C_3S 和少量点球状或针状 C_2S，结合相为 C_2F 和 RO 等，约占总量的 15% ~40%；MgO 结晶包裹于 C_2S 晶体中，或游离于 C_2F 结合相中。终点是整个吹炼过程中炉温最高阶段，虽然熔渣碱度较高，但 TFe 含量也高，所以吹炼后期，溅渣层被蚀损主要是由于高温熔化和高铁渣的化学侵蚀。因此，控制好终点熔渣成分和出钢温度才能充分发挥溅渣层保护炉衬的作用，也是提高炉龄的关键所在。

4.1.8.4 溅渣护炉工艺

A 熔渣成分的调整

转炉采用溅渣护炉技术后，吹炼过程更要注意调整熔渣成分，要做到“初期渣早化，过程渣化透，终点渣做黏”；出钢后熔渣能“溅得起，黏得住，耐侵蚀”。为此应控制合理的 MgO 含量，使终点渣适合于溅渣护炉的要求。

终点渣的成分决定了熔渣的耐火度和黏度。影响终点渣耐火度的主要组成是 MgO、TFe 和碱度；其中 TFe 含量波动较大，一般在 10% ~30% 范围内。为了溅渣层有足够的耐火度，主要应调整熔渣的 MgO 含量。表 4 -4 列出了不同 TFe 含量下，MgO 含量的推荐值。

表 4 -4 终点渣 MgO 含量推荐值

终渣 $w(TFe)$ /%	8 ~11	15 ~22	23 ~30
终渣 $w(MgO)$ /%	7 ~8	9 ~10	11 ~13

溅渣护炉对终点渣 TFe 含量并无特殊要求，只要把溅渣前熔渣中 MgO 含量调整到合适的范围，TFe 含量的高低都可以取得溅渣护炉的效果。例如，美国 LTV 公司、内陆钢公司以及我国的宝钢公司等，转炉炼钢的终点渣 $w(TFe)$ 含量均在 18% ~27% 的范围内，溅渣护炉的效果都不错。如果终点渣 TFe 含量较低，渣中 C_2F 量少，RO 相的熔化温度就高。在保证足够耐火度情况下，渣中 MgO 含量可以降低些。终点渣 TFe 含量低的转炉溅渣护炉的成本低，也容易获得高炉龄。

调整熔渣成分有两种方式：一种是转炉开吹时将调渣剂随同造渣材料一起加入炉内，控制终点渣成分，尤其是 MgO 含量达到目标要求，出钢后不必再加调渣剂；倘若终点熔渣成分达不到溅渣护炉要求，则采用另一种方式，出钢后加入调渣剂，调整 $w(MgO)$ 含量达到溅渣护炉要求的范围。

调渣剂是指 MgO 质材料。常用的材料有轻烧白云石、生白云石、轻烧菱镁球、冶金镁砂、菱镁矿渣和高氧化镁石灰等。选择调渣剂时，首先考虑 MgO 的含量多少，用 MgO

的质量分数来衡量。

$$MgO的质量分数 = w(MgO)/(1 - w(CaO) + R \times w(SiO_2))$$

式中，$w(MgO)$、$w(CaO)$、$w(SiO_2)$ 分别为调渣剂的 MgO、CaO、SiO_2 实际质量分数；R 为炉渣碱度。表 4-5 为常用调渣剂成分。

表 4-5　常用调渣剂成分　　（%）

种类	成分（质量分数）				
	CaO	SiO_2	MgO	灼减	MgO
生白云石	30.3	1.95	21.7	44.48	28.4
轻烧白云石	51.0	5.5	37.9	5.6	55.5
菱镁矿渣粒	0.8	1.2	45.9	50.7	44.4
轻烧菱镁球	1.5	5.8	67.4	22.5	56.7
冶金镁砂	8	5	83	0.8	75.8
含 MgO 石灰	8.1	3.2	15	0.8	49.7

不同的调渣剂，MgO 含量也不一样。根据 MgO 含量从高到低次序是冶金镁砂、轻烧菱镁球、菱镁矿渣粒、轻烧白云石、生白云石等。如果从成本考虑时，调渣剂应选择价格便宜的。从以上这些材料对比来看，生白云石成本最低，轻烧白云石和菱镁矿渣粒价格比较适中；高氧化镁石灰、冶金镁砂、轻烧菱镁球的价格偏高。

此外，还应充分注意到加入调渣剂后对吹炼过程热平衡的影响。调渣剂与废钢的热当量置换比为：

$$\frac{\Delta H_i}{w(MgO)_i \cdot \Delta H_s} \times 100\% \tag{4-8}$$

式中　ΔH_i——i 种调渣剂的焓，MJ/kg；

ΔH_s——废钢的焓，MJ/kg；

$w(MgO)_i$——i 种调渣剂 MgO 的含量。

各钢厂可根据自己的情况，选择一种调渣剂，也可以多种调渣剂配合使用。

B　合适的留渣量

合适的留渣数量就是指在确保炉衬内表面形成足够厚度溅渣层，还能在溅渣后对装料侧和出钢侧进行摇炉挂渣即可。表 4-6 为不同吨位的转炉溅渣层的质量。

表 4-6　不同吨位转炉溅渣层质量

溅渣层质量/t 转炉吨位/t	溅渣层厚度/mm				
	10	15	20	25	30
40	1.8	2.7	3.6		
80		4.41	5.98		
140		8.08	10.78	13.48	
250			13.11	16.39	19.7
300			17.12	21.4	25.7

溅渣护炉所需实际渣量可按溅渣理论渣量的1.1～1.3倍进行估算。炉渣密度可取$3.5t/m^3$，公称吨位在200t以上的大型转炉，溅渣层厚度可取25～30mm；公称吨位在100t以下的小型转炉，溅渣层的厚度可取15～20mm。留渣量计算公式如下：

$$W = KABC \tag{4-9}$$

式中 W——留渣量，t；

K——渣层厚度，m；

A——炉衬的内表面积，m^2；

B——炉渣密度，t/m^3；

C——系数，一般取1.1～1.3。

4.1.8.5 溅渣工艺

A 直接溅渣工艺

直接溅渣工艺适用大型转炉。要求铁水等原材料条件比较稳定，吹炼平稳，终点控制准确，出钢温度较低。其操作程序是：

（1）吹炼开始在加入第一批造渣材料的同时，加入大部分所需的调渣剂；控制初期渣w(MgO)在8%左右，可以降低炉渣熔点，并促进初期渣早化。

（2）在炉渣“返干期”之后，根据化渣情况，再分批加入剩余的调渣剂，以确保终点渣MgO含量达到目标值。

（3）出钢时，通过炉口观察炉内熔渣情况，确定是否需要补加少量的调渣剂；在终点碳、温度控制准确的情况下，一般不需再补加调渣剂。

（4）根据炉衬实际蚀损情况进行溅渣操作。

如美国LTV钢公司和内陆钢公司主要生产低碳钢，渣中w(TFe)波动在18%～30%的范围，终点渣中w(MgO)含量在12%～15%，出钢温度较低，为1620～1640℃，出钢后熔渣较黏，可以直接吹氮溅渣。

B 出钢后调渣工艺

由于转炉的出钢温度偏高，点渣TFe含量较高，熔渣较稀；MgO均匀地溅射涂敷在整个炉衬表面，并在易于蚀损而又不易修补的耳轴、渣线等部位，形成厚而致密溅渣层，使其得以修补，为了保证合理的溅渣效果，必须确定合理的溅渣工艺参数。主要包括：合理地确定喷吹氮气的工作压力与流量；确定最佳喷吹枪位；设计溅渣喷枪结构与尺寸参数。

炉内溅渣效果的好坏，可从通过溅黏在炉衬表面的总渣量和在炉内不同高度上溅渣量是否均匀来衡量。水力学模型试验与生产实践都表明，溅渣喷吹的枪位对溅渣总量有明显的影响。对于同一氮压条件下，有一个最佳喷吹枪位。当实际喷吹枪位高于或低于最佳枪位时，溅渣总量都会降低；熔渣黏度对溅渣总量也有影响，随熔渣黏度的增加，溅渣量明显减少。研究与实践还表明，在炉内不同高度上溅渣量的分布是很不均匀的，转炉耳轴以下部位的溅渣量较多，而耳轴以上部位随高度的增加溅渣量明显减少。

溅渣的时间要求3min左右，要在炉衬的各部位形成一定厚度的溅渣层，最好采用溅渣专用喷枪。溅渣用喷枪的出口马赫数应稍高一些，这样可以提高氮射流的出口速度，使其具有更高的能量，在氮气低消耗情况下达到溅渣要求。

通常，在确定溅渣工艺参数时，往往先根据实际转炉炉型参数及其水力学模型试验的结果，初步确定溅渣工艺参数；再通过溅渣过程中炉内的实际情况，不断地总结、比较、修正后，确定溅渣的最佳枪位、氮压与氮气流量。针对溅渣中出现的问题，修改溅渣的参数，逐步达到溅渣的最佳结果。

4.1.9　停炉与开新炉操作

4.1.9.1　转炉停炉操作

转炉停炉是为炉子检修做准备，停炉前清理炉体外部、炉口、炉衬、烟罩等。

停炉前最后一炉钢水不要完全倒干净，留下部分钢渣清洗炉壁上残渣。清洗完后将钢渣倒入渣罐进行粉炉作业，向转炉内打水，顶吹氮气搅动，粉炉时间约4～6h。粉炉后将炉口黏渣、黏钢清理干净。将炉壳外部及周围挡板等处的残钢、残渣清理干净。清理前可打水进行冷却和除尘。停炉前保证烟罩无黏钢、残渣，氧枪提出氧枪口，氧枪口加盖板。确认炉顶高位料仓炉料放空，底吹阀门关闭。清除钢包车及渣罐上残钢残渣。清理好渣道及炉下道轨。

4.1.9.2　开新炉操作

A　开新炉准备

（1）保证转炉本体、氧枪、钢渣处理系统、供料系统、烟气净化系统、供水系统设备能够运转正常。

（2）保证各种仪表、阀门、开关能够正常运转。

（3）保证各种联锁装置灵敏、可靠。

（4）保证各种工具到位、齐全。

（5）钢包、渣车到位。

B　炉衬烘烤操作

烘炉目的是迅速烧结炉衬，从而保证炉衬能够满足转炉炼钢的要求。如果烘炉效果好，能够提高炉衬的寿命降低对钢水的质量的影响。烘炉步骤如下：

（1）根据转炉吨位的不同，向炉内加入焦炭、木柴，点火，即刻吹氧。

（2）烘烤过程中，适时调整焦炭量及枪位，以保证焦炭完全燃烧。

（3）烘烤时间掌握好，以保证炉衬具有一定厚度的高温层。

（4）烘烤结束后，倒炉观察炉衬并进行测温。

C　开新炉第一炉钢操作

（1）第一炉钢全部配入铁水。

（2）由于炉衬温度较低，可以配加适量Si－Fe合金或焦炭，以补充热源。

（3）根据铁水温度、所配加材料数量及热平衡计算，确定出钢温度。

（4）吹炼终点拉碳后，要快速出钢，否则钢水温降太大。

（5）开新炉的前4炉，应连续炼钢，不要冶炼特殊钢种。

4.2　应知训练

4－1　什么是炉容比？

4－2 什么是废钢比？
4－3 转炉装入制度类型有哪几种？
4－4 转炉枪位对冶炼的影响是什么？
4－5 什么是供氧强度？
4－6 简述氧枪结构组成。
4－7 炼钢造渣方法有哪些？
4－8 石灰的加入量如何确定？
4－9 熔渣“返干”的原因是什么，如何处理“返干”炉况？
4－10 顶吹转炉喷溅的类型有哪些？
4－11 爆发性喷溅产生的原因是什么，如何进行预防和控制？
4－12 泡沫性喷溅产生的原因是什么，如何进行预防和控制？
4－13 影响转炉出钢的温度的影响因素是什么？
4－14 终点碳控制的方法有哪些？
4－15 挡渣出钢的意义是什么？
4－16 挡渣方法都有哪些？
4－17 合金加入量如何确定？
4－18 钢液合金化的基本原则是什么？
4－19 影响合金收得率的因素有哪些？
4－20 溅渣护炉的基本原理是什么？
4－21 转炉开新炉炉衬烧结过程是什么？
4－22 阐述一炉钢的冶炼过程。

4.3 技能训练

4.3.1 项目一 转炉兑铁水、加废钢操作

4.3.1.1 实训目的

（1）通过转炉炉前现场参观或现场录像观看，掌握兑铁水、加废钢操作技能。

（2）通过校内仿真操作，能够正确完成摇炉、兑铁水、加废钢操作。

4.3.1.2 操作步骤或技能实施

A 兑铁水

a 准备工作

转炉具备兑铁水条件或等待兑铁水时，将铁水包吊至转炉正前方，吊车放下副钩，炉前指挥人员将两只铁水包底环分别挂好钩。

b 兑铁水操作

炉前指挥人员站于转炉和转炉操作室中间近转炉的侧旁。指挥人员的站位必须能同时被摇炉工和吊车驾驶员看到，又不会被烫伤的位置。

（1）指挥摇炉工将炉子倾动向前至兑铁水开始位置。

（2）指挥吊车驾驶员开动大车和主、副钩将铁水包运至炉口正中和高度恰当的位置。

（3）指挥吊车驾驶员开小车将铁水包移近炉口位置，必要时指挥吊车对铁水包位置进

行微调。

（4）指挥吊车上升副钩，开始兑铁水。

（5）随着铁水不断兑入炉内，要同时指挥炉口不断下降和吊车副钩的不断上升，使铁水流逐步加大，并使铁水流全部进入炉内，而铁水包和炉口互不相碰，铁水不溅在炉外。

（6）兑完铁水，指挥吊车离开，至此兑铁水完毕。

B　加废钢

废钢在废钢跨装入废钢斗，由吊车吊起，送至炉前平台，由炉前进料工将废钢斗尾部钢丝绳从吊车主钩上松下，换钩在吊车副钩上待用。

炉前指挥人员站立于转炉和转炉操作室中间近转炉的侧旁（同兑铁水位置）。待兑铁水吊车开走后即指挥进废钢，如先加废钢则直接进废钢。其加废钢的操作要点和兑铁水相似。

4.3.1.3　注意事项

（1）指挥人员应注意站立的位置，以确保安全，决不能站在正对炉口的前方。

（2）指挥人员在指挥进炉时要眼观物料进炉口的情况和炉口喷出的火焰情况，如有异常，要及时采取措施，防止事故发生。

4.3.1.4　实训场地

转炉炼钢车间、多媒体教室、炼钢仿真实训室。

4.3.1.5　组织安排

（1）校内实训教师和现场工作人员带领学生观看转炉炼钢车间兑铁水、加废钢操作。

（2）接受现场人员讲解操作要点和注意事项。

（3）在多媒体教室观看现场兑铁水、加废钢操作。

（4）学生分组讨论，制定实训计划，列出摇炉、吊车、指挥等工作任务的分配情况。

（5）学生在校内炼钢仿真实训室进行分组操作练习。

4.3.1.6　检查与评价

（1）学生自评，通过现场参观学习及仿真操作总结个人实训收获及不足。

（2）根据学生实训情况，小组内部互评打分。

（3）教师根据仿真结果及随机抽查学生口头问答情况，为学生打分。

（4）教师根据以上评价打出综合分数，列入学生的过程考核。

4.3.2　项目二　供氧操作

4.3.2.1　实训目的

（1）掌握供氧制度。

（2）能够根据冶炼情况，调整枪位。

（3）能够通过枪位，处理事故。

4.3.2.2 操作步骤或技能实施

主要以大多数转炉采用的分阶段恒压变枪操作为例。

A 氧压的调整

首先应该按照炉龄范围调整氧气压力，随着炉龄的增长、熔池体积增大、装入量增多，应适当提高供氧压力，做到分期定压操作。

B 氧枪枪位的调节

国内外大多数大型转炉经常采用自动控制模型控制枪位。也有的转炉由操作人员根据经验控制枪位。

a 开吹枪位的确定

开吹前对以下情况必须了解清楚：喷嘴的结构特点及氧气总管氧压情况；铁水中硅、磷、硫的含量；铁水温度；炉役期、补炉情况、装入量、钢、渣是否出净；吹炼钢种及其造渣和温度控制的要求；上一班操作情况，并测量熔池液面高度。

开吹枪位的确定原则是早化渣，多去磷。一般根据具体情况，确定一个合适的枪位，在软吹模式的前提下调整枪位，快速成渣。

b 过程枪位的调节

过程枪位的控制原则是化好渣、不喷溅、快速脱碳、均匀升温。所以过程枪位的确定要考虑到各冶炼时期脱碳反应的特点，化渣、去硫、去磷的需要和当时炉况等因素。

枪位过低，会产生炉渣“返干”，造成严重的金属喷溅，有时甚至黏枪而损坏喷嘴；枪位过高，渣中 TFe 含量较高，再加上脱碳速度快，同样会造成大喷或连续喷溅。

c 吹炼后期的枪位操作

吹炼后期枪位控制要保证达到出钢温度，按碳的控制方法拉准碳。有的操作分两段，即提枪段和降枪段。主要根据过程化渣情况、所炼钢种、铁水磷含量高低等具体情况而定。

若过程炉渣化得不透，需要提枪，改善炉渣流动性。但枪位不宜过高，时间不宜过长，否则会产生大喷。在吹炼中高碳钢种时，可以适当提高枪位，保持渣中足够的 TFe 含量，以利于脱磷。如果吹炼过程中熔渣流动性良好，可以不必提枪，避免渣中 TFe 过高，不利于吹炼。

吹炼末期一般在终点前降枪处理 30s 以上，主要目的是均匀钢水成分和温度，稳定火焰，便于判断终点，还可以降低渣中 TFe 含量，减少吹损，提高钢水收得率，达到溅渣要求。

C 氧枪的操作模式

由于各厂具体情况不一样，氧枪的具体操作也不完全一样。几种常用的氧枪操作方式如下：

（1）恒枪位操作。在铁水中磷、硫含量较低时，使吹炼过程中枪位基本保持不变，操作过程中主要依靠多次加入炉内的渣料和助熔剂来控制化渣和预防喷溅，保证冶炼正常进行。

（2）低—高—低枪位操作。铁水入炉温度低或铁水中 $w[Si]>1.2\%$ 或 $w[P]>1.2\%$，使吹炼前期加入渣料较多，可采用前期低枪提温，然后高枪化渣，最后降枪脱碳去硫。也可以适用于双渣法操作。

（3）高—低—高—低枪位操作。在铁水温度较高或渣料集中在吹炼前期加入时可采用这种枪位操作。

（4）高—低—高的六段式操作。开吹枪位较高，及早形成初期渣；二批料加入后适时降枪，吹炼中期炉渣返干时又提枪化渣；吹炼后期先提枪化渣后降枪；终点拉碳出钢。

（5）高—低—高的五段式操作。前期与六段式操作基本一致，熔渣返干时，可加入适量助熔剂调整熔渣流动性，以缩短吹炼时间。

4.3.2.3　注意事项

（1）根据火焰、化渣、钢样等特征正确地调整枪位。

（2）操作调整枪位（或氧压）时，一定要注意枪位标尺位置（或氧压表读数），以防因反向误操作或调整不到位而产生不良后果。

（3）操枪工要认真操纵枪位，尽量避免大喷。

4.3.2.4　实训场地

转炉炼钢车间、多媒体教室、炼钢仿真实训室。

4.3.2.5　组织安排

（1）校内实训教师和现场工作人员带领学生观看转炉炼钢车间吹氧操作。

（2）接受现场人员讲解操作要点和注意事项。

（3）在多媒体教室观看氧枪吹炼视频。

（4）学生在校内炼钢仿真实训室进行分组操作练习。

4.3.2.6　检查与评价

（1）学生自评，通过现场参观学习及仿真操作总结个人实训收获及不足。

（2）根据学生实训情况，小组内部互评打分。

（3）教师根据仿真结果及随机抽查学生口头问答情况，为学生打分。

（4）教师根据以上评价打出综合分数，列入学生的过程考核。

4.3.3　项目三　渣料加入量的计算

4.3.3.1　实训目的

（1）按照铁水成分正确计算渣料加入量，以便当铁水成分发生变化时确保炉渣的数量、碱度和黏度符合要求。

（2）掌握各种渣料加入量的计算，及时、准确地把各种渣料加入炉内，确保吹炼正常进行。

4.3.3.2　操作步骤或技能实施

A　提取计算有关的数据

（1）铁水成分、温度及数量。

（2）石灰的成分、活性度、块度以及新鲜程度。

（3）其他渣料（白云石、铁皮、萤石、矿石等）成分及块度。

（4）废钢加入量及其轻重料搭配比、清洁程度。

（5）本炉次冶炼钢种及其要求的硫、磷含量。

（6）其他相关数据。

B 正确计算渣料用量

a 不加白云石时的石灰加入量

（1）铁水含磷量较低（$w[P] < 0.15\%$）时石灰加入量计算公式为：

$$M_{灰} = \frac{2.14w[Si]}{w(CaO)_{有效}} \times R \times 1000$$

式中 $M_{灰}$——石灰加入量，kg/t；

$w[Si]$——铁水中含硅量,%；

R——炉渣碱度；

$w(CaO)_{有效}$——石灰中 CaO 的有效成分,%，$w(CaO)_{有效} = w(CaO)_{灰} - R \cdot w(SiO_2)_{灰}$，$w(CaO)_{灰}$ 和 $w(SiO_2)_{灰}$ 分别为石灰中 CaO 和 SiO_2 的含量。

（2）铁水含磷量较高（$w[P] \geqslant 0.30\%$）时石灰加入量计算公式为：

$$M_{灰} = \frac{2.2w[Si] + w[P]}{w(CaO)_{有效}} \times R \times 1000$$

式中 $w[P]$——铁水中含磷量,%。

（3）如果冶炼中应用矿石的话，需补加石灰，其补加量为：

$$M_{补} = \frac{w(SiO_2)_{矿}}{w(CaO)_{有效}}$$

式中 $M_{补}$——因加 1kg 矿石而需补加的石灰量，kg/kg；

$w(SiO_2)_{矿}$——所加矿石中 SiO_2 的含量,%。

b 白云石加入量

（1）计算白云石的理论加入量：

$$M_{白} = \frac{渣量 \times w(MgO)_{终}}{w(MgO)_{白}}$$

式中 渣量——指吹炼 1t 钢水所产生的渣量，kg；

$w(MgO)_{终}$——终渣中（MgO）的含量,%；

$w(MgO)_{白}$——白云石中（MgO）的含量,%。

（2）计算白云石的实际加入量：

$$M'_{白} = M_{白} - M_{石灰} - M_{炉衬}$$

式中 $M'_{白}$——白云石实际加入量，kg；

$M_{石灰}$——石灰带入的 MgO 折合为白云石量，kg，$M_{石灰} = \frac{M_{灰} \times w(MgO)_{灰}}{w(MgO)_{白}}$，$w(MgO)_{灰}$ 为石灰中 MgO 的含量,%；

$M_{炉衬}$——炉衬中 MgO 进入炉渣的量折合为白云石量，kg，$M_{炉衬} = \frac{炉衬侵蚀量 \times w(MgO)_{衬}}{w(MgO)_{白}}$，$w(MgO)_{衬}$ 为炉衬中 MgO 的含量,%。

c 加白云石后的石灰加入量

$$M'_{石灰} = M_{石灰} - M_{石折}$$

式中　$M_{石折}$——白云石折合为石灰量，kg，$M_{石折} = \frac{M'_{白} \times w(CaO)_{白}}{w(CaO)_{有效}}$，$w(CaO)_{白}$ 为白云石中 CaO 的含量，%。

根据炉况和原材料条件炉长可以对渣料加入量进行适当修正。

d　助熔剂加入量

转炉造渣中常用的助熔剂是萤石和氧化铁皮。萤石化渣快，效果明显，但对炉衬有侵蚀作用，而且价格也较高，所以应尽量少用或不用。规定萤石量应小于 4kg/t。氧化铁皮或铁矿石也能调节渣中 FeO 含量，起到化渣作用，但对熔池有较大的冷却效应，应视炉内温度高低确定加入量。一般铁矿或氧化铁皮加入量为装入量的 2% ~5%。

4.3.3.3　注意事项

应根据吹炼的实际情况对计算结果进行适当修正，需要考虑石灰的活性度、硫含量以及整炉钢的去硫任务等对计算结果的影响。

4.3.3.4　实训场地

转炉炼钢车间、炼钢仿真实训室。

4.3.3.5　组织安排

（1）校内实训教师和现场工作人员带领学生进入转炉炼钢车间，考察并记录实际渣料加入量。

（2）接受现场人员确定渣料量原则讲解。

（3）学生在校内炼钢仿真实训室分析现场记录数据，根据冶炼原始条件确定渣料加入量，并通过仿真系统进行验证。

4.3.3.6　检查与评价

（1）学生自评，通过现场参观学习及仿真操作总结个人实训收获及不足。

（2）根据学生实训情况，小组内部互评打分。

（3）教师根据仿真结果及随机抽查学生口头问答渣料计算情况，为学生打分。

（4）教师根据以上评价打出综合分数，列入学生的过程考核。

4.3.4　项目四　渣料加入时间及批量的确定

4.3.4.1　实训目的

（1）掌握渣料加入时间及批量，实施全程化渣，确保冶炼正常进行。

（2）能够根据冶炼目标要求，选择并确定渣料加入种类及数量。

4.3.4.2　操作步骤或技能实施

A　吹炼前期

转炉渣料一般分为两批加入。第一批几乎在降枪吹氧的同时加入，数量约全程渣料的

1/2。此期为化渣需要，一般枪位偏高，但对铁水温度较低的炉次，则需先以较低枪位操作，以提高熔池温度。

B 吹炼中期

当硅、锰氧化基本结束，炉温逐渐升高，石灰进一步熔化，并出现碳氧化火焰，开始进入吹炼中期，此时可以开始加入第二批渣料。

第二批渣料一般分成几小批，数次加入，最后一小批必须在终点前3～4min加完，具体批数和每批加入量由摇炉工视冶炼实际情况而定。

C 吹炼末期

此期脱碳速度下降，要密切观察火焰，根据炉况及时调节枪位，如有必要可补加第三批渣料（萤石），要求把炉渣化透。

4.3.4.3 注意事项

（1）加渣料时间要正确，特别是第二批渣料开始加入的时间，既不能太早，也不能太晚，否则将影响成渣和冶炼，甚至会造成大喷。

（2）加渣料的批量要合适。一次渣料不宜加得太多，所以单渣操作时一般都分成两批加入。

4.3.4.4 实训场地

转炉炼钢车间、炼钢仿真实训室。

4.3.4.5 组织安排

（1）校内实训教师和现场工作人员带领学生进入转炉炼钢车间，考察并记录实际渣料加入时间及批量。

（2）接受现场人员确定渣料加入时间及批量讲解。

（3）学生分组讨论，根据冶炼原始条件，制定渣料加入方案。

（4）根据小组制订的方案通过校内炼钢仿真实训系统，验证方案制定是否合理。

4.3.4.6 检查与评价

（1）学生自评，通过现场参观学习及仿真操作总结个人实训收获及不足。

（2）根据学生实训情况，小组内部互评打分。

（3）教师根据仿真结果及随机抽查学生口头问答渣料加入时间及批量情况，为学生打分。

（4）教师根据以上评价打出综合分数，列入学生的过程考核。

4.3.5 项目五 吹炼过程中熔池温度的控制

4.3.5.1 实训目的

（1）掌握转炉吹炼过程中熔池温度的变化情况，利用吹炼过程中供氧、造渣等操作数据，对熔池温度变化、升温速度、金属和熔渣的过热度、典型炉次的热平衡进行控制。

（2）通过火焰判温和钢样判温了解冶炼过程的温度变化，并用调节枪位和冷却剂加入种类、时间和数量的方法来控制过程温度。

4.3.5.2　操作步骤或技能实施

熔池温度状况是转炉炼钢需要控制的关键参数。它对于成渣过程、废钢熔化、渣－钢之间化学反应、吹炼终点命中率等都有重要影响。为了得到良好的炼钢过程升温状况，在操作中应控制好以下几点：

（1）吹炼前期，如果碳焰上来得早，表明熔池的温度高，可以通过适当提前加入二批渣料加以控制；反之，如果碳焰上来得晚，表明前期温度低，应该将枪加强各元素的氧化，提高熔池温度。

（2）吹炼中期，可以根据炉口火焰并参照氧枪进出水温差来判断熔池温度，如果熔池温度高，则应加入铁矿或氧化铁皮进行调整；若温度低时，可以降枪提温，这样可以挽回10～12℃。

（3）吹炼后期，如果发现熔池温度高，可以加铁矿、氧化铁皮、石灰或白云石降温；相反，如果发现温度低，应该加入提温剂如硅铁或铝铁，但在加硅铁时，必须补加石灰。若发现碳低温度高，可以采取兑入铁水的措施，但在兑铁水前必须倒渣并加硅铁，以防造成大喷。

4.3.5.3　注意事项

（1）吹炼过程中渣料、矿石的加入批量不可过大，并应选择合理的加入时间，以免引起熔池温度波动过大。

（2）要保持合理的枪位控制曲线，终点前枪位应稳定，在喷头寿命允许条件下尽可能降低枪位，使动态模型有较高的命中率。

（3）第二批渣料的加入时间一定要适宜，太早或太迟加入都会对冶炼产生不良后果。

（4）冷却剂的加入量要适宜，过多或过少加入对过程和终点温度都有影响。特别注意防止过多加入冷却剂。

4.3.5.4　实训场地

转炉炼钢车间、炼钢仿真实训室。

4.3.5.5　组织安排

（1）校内实训教师和现场工作人员带领学生进入转炉炼钢车间，考察并记录冷却剂加入种类、数量及枪位控制情况。

（2）接受现场人员讲解。

（3）学生分组讨论，根据冶炼原始条件，制定温度调整方案。

（4）根据小组制订的方案通过校内炼钢仿真实训系统，验证方案制定是否合理。

4.3.5.6　检查与评价

（1）学生自评，通过现场参观学习及仿真操作总结个人实训收获及不足。

（2）根据学生实训情况，小组内部互评打分。

（3）教师根据仿真结果及随机抽查学生口头问答温度控制情况，为学生打分。

（4）教师根据以上评价打出综合分数，列入学生的过程考核。

4.3.6 项目六 测温、取样

4.3.6.1 实训目的

（1）根据工艺要求，按规定测量钢液温度。

（2）能够取出具有代表性的钢样。

4.3.6.2 操作步骤或技能实施

A 测温

测温枪装上热电偶时要注意指示灯变化，指示灯显示为绿色时可进行测温操作，操作人员手持装好热电偶的测温枪将热电偶头部插入钢液中，此时要保证测温枪插入钢液一定的深度和枪体的稳定，测温指示灯信号变成红色则表示测温结束，方可将测温枪撤回并去掉热电偶头，同时将枪体放入水池中冷却后待用。

B 取样

（1）准备好样瓢及片样板或光谱样杯。

（2）将样瓢伸入炉渣中，在瓢的内外及与瓢连接的杆部黏好炉渣。

（3）取出样瓢，观察黏渣是否符合要求，必须要保证炉渣全部覆盖样瓢。

（4）黏渣完成后，将样瓢迅速伸入钢水内。位置为精炼钢包内氩气翻动钢水处，熔池1/3～1/2深的地方，即在钢渣界面以下200～300m处，舀取钢水并在钢水面上完整覆盖炉渣，然后迅速、平稳地取出样瓢。

（5）倒样瓢钢水前，沿样瓢边沿刮去少量炉渣，以便于到处钢水。

（6）如果取转炉钢样，则在倒出钢水前，要插少许铝丝。

（7）均匀倒出钢水，取片样或圆杯样。

（8）样瓢内多余钢水及炉渣就地倒在炉前生铁平台上，冷却后及时处理。

（9）将样瓢上黏住的炉渣及时敲碎，清理干净。

（10）使用过的样瓢及时敲直，如黏有冷钢则要去除，然后放在指定位置备用。

4.3.6.3 注意事项

（1）测温取样时要注意观察炉况，认真、仔细，避免造成人员伤害。

（2）取样工具在使用前要检查，样瓢上不准黏有冷钢残渣，片样板上及圆杯模内不准黏有水、油垢和铁锈，也不准黏有炭粉，硅铁粉等脱氧剂。

（3）转炉取样必须待炉子停稳，炉口无钢、渣溅出，炉内熔池较平静时方可走近炉口进行取样操作，否则可能会喷渣、钢伤人。

（4）取样前样瓢黏渣要均匀，完全覆盖样瓢，以免样瓢熔化而影响分析结果。

（5）取出样瓢时，要避免碰撞，倾翻或掉入杂物。

（6）取出的钢水表面必须覆盖炉渣，以免降温过快或影响化学成分。

4.3.6.4　实训场地

转炉炼钢车间、炼钢仿真实训室。

4.3.6.5　组织安排

（1）校内实训教师和现场工作人员带领学生观看转炉炼钢车间测温、取样操作。
（2）由现场人员讲解测温、取样的操作要点和注意事项。
（3）通过炼钢仿真实训系统，练习测温取样操作。

4.3.6.6　检查与评价

（1）学生自评，通过现场参观学习及仿真操作总结个人实训收获及不足。
（2）根据学生实训情况，小组内部互评打分。
（3）教师根据仿真结果及随机抽查学生口头问答测温取样操作情况，为学生打分。
（4）教师根据以上评价打出综合分数，列入学生的过程考核。

4.3.7　项目七　挡渣球挡渣出钢

4.3.7.1　实训目的

（1）能够识别挡渣球，了解挡渣球结构。
（2）正确运用挡渣球挡渣出钢，减少下渣量和回磷，提高合金元素回收率。

4.3.7.2　操作步骤或技能实施

（1）在出钢前将挡渣球准备停当，放于炉后侧平台上以备使用。

（2）摇炉出钢，在出钢结束前，大约出钢量占整炉钢水量的2/3时投入挡渣球，以求得最佳效果。

（3）见钢流突然变小时，立即摇起炉子。此时钢已出完，挡渣球堵住了出钢口，渣子基本不流出，挡渣出钢结束。

4.3.7.3　注意事项

（1）投放挡渣球的时间要适宜，这是决定挡渣球挡渣效果的重要因素，过早可能使挡渣球飘离出钢口，过迟投放则渣子已由出钢口流出。

（2）操作工人投放挡渣球时站位一定要正确，即站位要隐蔽、安全。因为投送时站位较靠近炉子，且要看准看清才能投放，而投送时一般都会有炉渣溅出。目前，大型钢厂主要是用机械投送。

（3）出钢口的形状对挡渣球的挡渣效果有着直接影响，因此必须在平时对出钢口加强维护以保持出钢口的圆整。修补出钢口时要使出钢口形状呈喇叭形，以求提高挡渣效果。

4.3.7.4　实训场地

转炉炼钢车间、炼钢仿真实训室。

4.3.7.5 组织安排

（1）校内实训教师和现场工作人员带领学生观看转炉炼钢车间挡渣出钢过程。
（2）由现场人员讲解挡渣的操作要点和注意事项。
（3）学生分组讨论，制定实训计划，列出加挡渣球等工作任务的分配情况。
（4）通过炼钢仿真实训系统，练习加挡渣球操作。

4.3.7.6 检查与评价

（1）学生自评，通过现场参观学习及仿真操作总结个人实训收获及不足。
（2）根据学生实训情况，小组内部互评打分。
（3）教师根据仿真结果及随机抽查学生口头问答挡渣操作情况，为学生打分。
（4）教师根据以上评价打出综合分数，列入学生的过程考核。

4.3.8 项目八 加合金操作

4.3.8.1 实训目的

（1）根据不同钢钟的成分要求，确定合适的合金加入量。
（2）能够正确组织向钢包内投入合金，保证钢水成分符合所炼钢种要求。

4.3.8.2 操作步骤或技能实施

（1）熟悉所炼钢种的化学成分要求（参阅各厂制订的工艺操作规程中的所列钢种标准）。
（2）掌握所用合金的成分，并根据炉况确定合金元素回收率。
（3）根据生产实际情况正确估计钢水量。
（4）熟练应用合金加入量计算公式正确计算出各种合金的加入量。
（5）将欲加合金置于小推车中或合金加入称量斗内，以备使用。
（6）一般在出钢量1/4～3/4之间时将小车中或称量斗内的合金加至钢包内。

4.3.8.3 注意事项

（1）合金元素回收率要根据诸多因素来估计，是一个较难掌握的数据，不仅要在理论上考虑各种因素，更要在实际中掌握各种影响的综合作用。估大或估小都会造成钢水成分出格，导致改判甚至判废。

（2）钢水量应掌握金属装入量和质量等级、了解喷溅情况，并根据吹炼时间来估计，最后结合实际钢水量来决定和修正合金加入量。钢水量估多或估少会使合金元素成分偏高或偏低，不仅造成成分出格，也同时造成合金元素的浪费。

4.3.8.4 实训场地

转炉炼钢车间、炼钢仿真实训室。

4.3.8.5 组织安排

（1）校内实训教师和现场工作人员带领学生观看转炉炼钢车间加合金操作。

（2）由现场人员讲解加合金的操作要点和注意事项。
（3）学生分组讨论，根据原始条件，计算合金加入料量。
（4）通过炼钢仿真实训系统，练习加合金操作。
（5）通过炼钢仿真实训系统，验证料量计算是否正确。

4.3.8.6　检查与评价

（1）学生自评，通过现场参观学习及仿真操作总结个人实训收获及不足。
（2）根据学生实训情况，小组内部互评打分。
（3）教师根据仿真结果及随机抽查学生口头问答加合金操作情况，为学生打分。
（4）教师根据以上评价打出综合分数，列入学生的过程考核。

4.3.9　项目九　炉渣返干处理

4.3.9.1　实训目的

（1）根据火焰特征，了解熔池返干特征。
（2）能够采取相应的措施，保证中期炉渣不“返干”，确保冶炼正常进行。
（3）能够处理炉渣“返干”事故。

4.3.9.2　操作步骤或技能实施

A　观察并识别炉渣返干的火焰特征

返干一般在冶炼中期的后半段发生，是化渣不良的一种特殊表现形式。冶炼中期后半段正常的火焰特征是白亮、刺眼，柔软性稍微变差。但如果发生返干，其火焰特征为：由于气流循环不正常使正常的火焰变得直窜、硬直，火焰不出烟罩；同时由于返干炉渣结块成团未能化好，氧流冲击到未化的炉渣上面会发出刺耳的噪声，有时还可看到有金属颗粒喷出。一旦发生上述现象说明熔池内炉渣已经返干。

B　应用音频化渣仪预报返干

音频化渣仪预报返干的发生比较灵敏，当音频强度曲线走势接近或达到返干预警线时，操作工应及时采取相应措施，进行预防或处理。

C　处理返干

当出现返干情况时，说明熔渣中 FeO 含量较低，应立即采取提枪操作，并向炉内投入铁矿石，以稀释熔渣。

4.3.9.3　注意事项

当火焰从正常向不正常转化时，要及时做出正确判断并采取相应措施来预防、减轻和消除返干，确保炉渣化好、化透，使冶炼正常进行。

4.3.9.4　实训场地

转炉炼钢车间、炼钢仿真实训室。

4.3.9.5 组织安排

（1）校内实训教师和现场工作人员带领学生观看转炉炼钢车间冶炼操作过程中出现的返干现象。

（2）由现场人员讲解返干特征及返干事故处理情况。

（3）学生分组讨论，制定返干事故处理方案，确定提枪高度及铁矿石加入时间及料量。

（4）通过炼钢仿真实训系统，观察返干特征，并处理事故。

4.3.9.6 检查与评价

（1）学生自评，通过现场参观学习及仿真操作总结个人实训收获及不足。

（2）根据学生实训情况，小组内部互评打分。

（3）教师根据事故处理结果及随机抽查学生口头问答情况，为学生打分。

（4）教师根据以上评价打出综合分数，列入学生的过程考核。

4.3.10 项目十 喷溅事故处理

4.3.10.1 实训目的

（1）根据喷溅时的火焰特征，掌握炉内发生喷溅的预兆，防止喷溅的发生。

（2）一旦发生喷溅事故后，能够进行事故处理，保证冶炼正常进行。

4.3.10.2 操作步骤或技能实施

（1）当发现火焰相对于正常火焰较暗，熔池温度较长时间升不上去，少量渣子随着喷出的火焰被带出炉外时，此时如果摇炉不当往往会发生低温喷溅。

（2）当发现火焰相对于正常火焰较亮，火焰较硬、直冲，有少量渣子随着火焰带出炉外，且炉内发出刺耳的声音时，说明炉渣化得不好，大量气体不能均匀逸出，一旦有局部渣子化好，声音由此而转为柔和，就有可能发生高温喷溅。

（3）发生喷溅后，根据冶炼时间段及前期操作分析喷溅原因，采取相应处理措施。

4.3.10.3 注意事项

一旦发生喷溅，操作人员特别是炉长头脑要保持冷静，首先正确判断喷溅类型及原因，然后果断采取相应措施来减轻和消除喷溅。切忌发生喷溅后，在不明原因前就盲目采取措施，这样有可能加剧喷溅程度，造成更大危害。

4.3.10.4 实训场地

转炉炼钢车间、炼钢仿真实训室。

4.3.10.5 组织安排

（1）校内实训教师和现场工作人员带领学生观看转炉炼钢车间冶炼操作过程中出现的

喷溅现象。

（2）由现场人员讲解喷溅特征及喷溅事故处理情况。

（3）学生分组讨论，制定喷溅事故处理方案，确定枪位变化及加料情况。

（4）通过炼钢仿真实训系统，观察喷溅特征，并处理事故。

4.3.10.6　检查与评价

（1）学生自评，通过现场参观学习及仿真操作总结个人实训收获及不足。

（2）根据学生实训情况，小组内部互评打分。

（3）教师根据事故处理结果及随机抽查学生口头问答情况，为学生打分。

（4）教师根据以上评价打出综合分数，列入学生的过程考核。

4.3.11　项目十一　增碳剂的识别与选用

4.3.11.1　实训目的

（1）能识别各种增碳剂。

（2）根据冶炼实际终点碳含量与所炼钢种碳成分的差值，正确选用合适的增碳剂并决定其加入量。

4.3.11.2　操作步骤或技能实施

A　识别

常用的增碳剂主要有沥青焦粉（石油焦粉）、电极粉、焦炭粉、生铁等。

（1）沥青焦粉。黑色，略有光泽，颗粒状（颗粒较均匀，一般在1～3mm），一般用小袋包装。

（2）电极粉。黑色，略暗淡，比焦炭粉重，粉状，颗粒度在0.5～1mm。

（3）焦炭粉。灰黑色粉料，颗粒度在0.5～1mm。

B　选用

（1）遵照工艺要求选用增碳剂，一般增碳量小的可选用含碳铁合金来调整，如不足可用生铁来补充；若增碳量大的可选用沥青焦粉、电极粉、焦炭粉等来增碳。

（2）转炉冶炼中、高碳钢时，一般使用含杂质很少的沥青焦增碳。

（3）增碳前应确定钢水质量并判断钢水氧化性。

4.3.11.3　注意事项

（1）增碳剂应尽量少用，特别是冶炼优质钢与合金钢，因为增碳剂会给钢水带入杂质和气体。

（2）要用质量好的增碳剂，转炉所用增碳剂含碳量要高，含硫尽可能低，粒度应适中。

4.3.11.4　实训场地

现场料间、钢铁原料展示实训室、多媒体教室。

4.3.11.5 组织安排

（1）在现场料间、钢铁原料展示实训室观察比较各种增碳剂。
（2）在多媒体教室由实训教师提供电极粉、焦炭粉图片。
（3）教师分析炉料特点及使用范围。
（4）小组讨论并分析炉料，共同完成工作单。

4.3.11.6 检查与评价

（1）学生自评，总结个人实训收获及不足。
（2）根据学生实训情况，小组内部互评打分。
（3）教师出示实物或图片、口头问答，抽查学生对各种增碳剂识别和选用的正确与否。
（4）教师根据以上评价打出综合分数，列入学生的过程考核。

4.3.12 项目十二 溅渣护炉操作

4.3.12.1 实训目的

（1）掌握转炉溅渣护炉工艺及操作要点。
（2）了解溅渣护炉的影响因素以及提高炉龄的措施。
（3）能够进行溅渣护炉操作。

4.3.12.2 操作步骤或技能实施

A 合理的留渣量

为了保证快速溅渣的效果，适当提高转炉留渣量是有利的。但是留渣量过大往往造成炉口黏渣，炉膛变形，并使溅渣成本提高。

一般溅渣护炉所需实际渣量可按溅渣理论渣量的1.1～1.3倍进行估算。炉渣密度可取3.5t/m^3，公称吨位在200t以上的大型转炉，溅渣层厚度可取25～30mm；公称吨位在100t以下的小型转炉，溅渣层的厚度可取15～20mm。具体的留渣量计算公式为：

$$Q_s = K \cdot A \cdot B \cdot C$$

式中 Q_s——留渣量，t/炉；
K——渣层厚度，m；
A——炉衬的内表面积，m^2；
B——炉渣密度，t/m^3；
C——系数，一般取1.1～1.3。

根据国内溅渣的生产实践，合理的炉渣量也可根据转炉的具体容量计算：

$$Q_s = 0.301W^n \ (n = 0.583 \sim 0.650)$$

式中 Q_s——留渣量，t/炉；
W——转炉公称吨位，t。

B　合理的溅渣参数

确定合理的溅渣参数，主要应该考虑：

(1) 炉形尺寸，主要是转炉的高（H）和直径（D）；

(2) 喷吹参数，包括气体流量、工作压力和喷枪高度、溅渣时间。

国内转炉溅渣工作压力通常为0.6～1.5MPa，溅渣时间通常为2～3min，氮气流量和枪位高度主要决定于转炉容量、炉形尺寸及喷枪结构和尺寸参数。溅渣时给予足够的气量，可在较短时间内将渣迅速溅起，获得较好的溅渣高度和厚度。提高枪位可以增加氮射流对熔池的冲击面积，对射流与渣层的能量交换有利。但枪位过高射流速度衰减大，对熔池的有效冲击能量下降。要在炉衬的各部位形成一定厚度的溅渣层，最好采用溅渣专用枪。

C　合理的终渣控制

在一定的条件下提高终渣MgO含量，可进一步提高炉渣的熔化温度，有利于溅渣护炉。在渣中MgO含量（质量分数）超过8%以后，随炉渣碱度和MgO含量的增加，炉渣的熔化温度升高。

对于溅渣护炉，终渣FeO有双重作用，一方面渣中FeO和CaF_2在溅渣过程中沿衬砖表面显微气孔和裂纹向MgO机体内扩散，有利于溅渣层与炉衬砖的结合。另一方面，随渣中FeO含量的升高，炉渣的熔化温度明显降低，不利于提高溅渣层抗高温炉渣侵蚀的能力。

国内多数采用溅渣工艺的转炉厂，控制转炉终渣w(FeO)在10%～15%的范围内。

在溅渣过程中还应根据经验调整好炉渣黏度和过热度。

D　调渣工艺

常用的调渣剂有轻烧白云石、生白云石、轻烧菱镁球、冶金镁砂、菱镁矿渣和高氧化镁石灰等。

a　直接溅渣工艺

适用于大型转炉，要求铁水等原材料条件比较稳定，吹炼平稳，终点控制准确，出钢温度较低。

(1) 吹炼开始，在加入第一批渣料的同时，加入大部分所需的调渣剂，控制初期渣w(MgO)在8%左右，可以降低炉渣熔点，并促进初期渣早化。

(2) 在炉渣“返干期”之后，根据化渣情况，再分批加入剩余的调渣剂，以确保终渣w(MgO)达到目标值。

(3) 出钢时，通过炉口观察炉内熔渣情况，确定是否需要补加少量的调渣剂，在终点碳、温度控制准确的情况下，一般不需要补加调渣剂。

(4) 根据炉衬实际蚀损情况进行溅渣操作。并确定是否需要对炉衬上的特殊部位进行喷补，以保证溅渣护炉的效果和控制良好炉型。

b　出钢后调渣工艺

适用于中小型转炉。其吹炼过程与直接溅渣操作工艺相同，出钢后的调渣操作程序为：

(1) 终渣w(MgO)控制在8%～10%。

(2) 出钢时，根据出钢温度和炉渣状况，决定调渣剂加入的数量，进行炉后调渣。

（3）调渣后进行溅渣操作。

4.3.12.3 注意事项

（1）根据炉子的大小，留有一定的渣量，保证溅渣层的厚度。
（2）溅渣过程中保证氮气压力在操作规程范围内，以获得足够的氮射流能量。
（3）根据不同钢种控制好正确的出钢温度，以提高炉龄。

4.3.12.4 实训场地

转炉炼钢车间、炼钢仿真实训室。

4.3.12.5 组织安排

（1）校内实训教师和现场工作人员带领学生观看转炉炼钢车间溅渣护炉操作。
（2）由现场人员讲解溅渣护炉的操作要点和注意事项。
（3）学生分组讨论，并收集、分析现场资料、数据，制定出溅渣护炉操作方案。
（4）通过炼钢仿真实训系统，练习溅渣护炉操作。

4.3.12.6 检查与评价

（1）学生自评，通过现场参观学习及仿真操作总结个人实训收获及不足。
（2）根据学生实训情况，小组内部互评打分。
（3）教师根据仿真操作结果及随机抽查学生口头问答情况，为学生打分。
（4）教师根据以上评价打出综合分数，列入学生的过程考核。

4.3.13 项目十三 补炉操作

4.3.13.1 实训目的

（1）能正确地使用补炉材料和工具。
（2）能够熟练地进行补炉操作。

4.3.13.2 操作步骤或技能实施

开始补炉的炉龄一般规定为200～400炉，这段时间也称为一次性炉龄。根据炉衬损坏情况补炉可以作相应的变动。

准备工作：根据炉衬损坏情况拟定补炉方案；准备好补炉工具、材料，并组织好参加补炉操作的人员。

A 补大面

一般对前后大面（也叫前墙和后墙）交叉补。通常采用喷补与补炉料补炉相结合进行维护。

（1）补大面的前一炉，终渣黏度适当偏大些，不能太稀，否则补炉砂不易黏在炉壁上。

（2）补大面的前一炉出钢后，摇炉工摇炉使转炉大炉口向下，倒净炉内残钢、残渣。

（3）摇炉至补炉所需的工作位置。

（4）倒砂。根据炉衬损坏情况向炉内倒入1～3t补炉砂（具体数量要看炉子吨位大小、炉衬损坏的面积和程度。另外前期炉子的补炉砂量可以适当少些），然后摇动炉子，使补炉砂均匀地铺展到需要填补的大面上。

（5）贴砖。选用补炉瓢（长瓢补炉身，短瓢补炉帽），由一人或数人握瓢，最后一人握瓢把掌舵，决定贴砖安放的位置。补炉瓢搁在炉口挡火水箱口的滚筒上，由其他操作人员在瓢板上放好贴补砖，然后送补炉瓢进炉口，到位后转动补炉瓢，使瓢板上的贴补砖贴到需要修补的部位。

贴补操作要求贴补砖排列整齐，砖缝交叉，避免漏砖、搁砖，做到两侧区和接缝贴满。

（6）喷补。在确认喷补机完好正常后，将喷补料装入喷补机容器内，接上喷枪待用。

贴补好贴补砖后，将喷补枪从炉口伸入炉内，开机试喷。正常后将喷补枪口对准需要修补的部位均匀地喷射喷补砂。

（7）烘烤。喷好喷补砂后让炉子保持静止不动，依靠炉内熔池温度对补炉料进行自然烘烤。要求烘烤40～100min。烘烤前期最好在炉口插入两支吹氧管进行吹氧助燃，有利于补炉料的烘烤烧结。

B 补炉底

炉底的维护以补炉为主，补炉料为镁质冷补炉料或补炉砖。

（1）同补大面中（1）的操作。

（2）同补大面中（2）的操作。

（3）摇动炉子至加废钢位置。

（4）用废钢斗装补炉砂加入炉内，补炉砂量一般为1～2t。

（5）往复摇动炉子，一般不少于3次，转动角度在5°～60°或炉口摇出烟罩的角度。

（6）降枪。开氧吹开补炉砂。一般枪位在0.5～0.7m，氧压0.6MPa左右，开氧时间10s左右。

（7）烘烤。要求烘烤40～60min。

若炉衬蚀损不严重，可以只进行倒砂或喷补的操作；若炉衬蚀损严重，则必须进行倒砂、贴补砖和喷补操作，且顺序不能颠倒。

C 补炉记录

每次补炉后要作补炉记录。记录补炉部位、补炉料用量、烘烤时间、补炉效果及补炉日期、时间、班次等。

4.3.13.3 注意事项

（1）检查补炉料的质量，确保符合要求。

（2）炉役前期的补炉砂用量可以少一些，而炉役中、后期的补炉砂用量应该多一些。

（3）补炉后的前几炉（特别是第一炉）由于烧结还不充分，所以炉前摇炉要特别小心，尽量减少倒炉次数。当需进行前或后倒炉时，操作工要注意安全，必须站在炉口两侧，以防突然塌炉而造成人身伤害。

（4）补炉操作必须全面组织好，抓紧时间有条不紊地进行，否则历时太长，炉内温度降低太大而不利于补炉材料的烧结。

（5）补炉后吹炼的第1～2炉必须在炉前操作平台的醒目处放置补炉警告牌，警告操作人员尽量避开与炉子距离太近（特别是炉口正向）。

4.3.13.4 实训场地

转炉炼钢车间、炼钢仿真实训室。

4.3.13.5 组织安排

（1）校内实训教师和现场工作人员带领学生观看转炉炼钢车间补炉操作。
（2）由现场人员讲解补炉的操作要点和注意事项。
（3）学生分组讨论，并收集、分析现场资料、数据，制定出补炉操作方案。
（4）通过炼钢仿真实训系统，练习补炉操作。

4.3.13.6 检查与评价

（1）学生自评，通过现场参观学习及仿真操作总结个人实训收获及不足。
（2）根据学生实训情况，小组内部互评打分。
（3）教师根据仿真操作结果及随机抽查学生口头问答情况，为学生打分。
（4）教师根据以上评价打出综合分数，列入学生的过程考核。

情境5　氧气顶底复吹操作

5.1　知识准备

5.1.1　复合吹炼工艺特点

顶底复合吹炼工艺也称复吹工艺，就是从转炉熔池的上方供给氧气，即顶吹氧，从转炉底部供给惰性气体或氧气，在顶、底同时进行吹炼的工艺。复吹工艺兼有顶吹工艺与底吹工艺两者之优势。

与顶吹工艺相比，复吹工艺有如下特点：

（1）显著降低了钢水中氧含量和熔渣中TFe含量。由于复吹工艺强化熔池搅拌，促进钢-渣界面反应，反应更接近于平衡状态，所以显著地降低了钢水和熔渣中的过剩氧含量。

（2）提高吹炼终点钢水余锰含量。渣中TFe含量的降低使钢水余锰含量增加，因而也减少了铁合金的消耗。

（3）提高了脱磷、脱硫效率。由于反应接近平衡状态，磷和硫的分配系数较高，渣中TFe含量的降低，明显改善了脱硫条件。

（4）吹炼平稳，减少了喷溅。复吹工艺集顶吹工艺成渣速度快和底吹工艺吹炼平稳的双重优点，吹炼平稳，减少了喷溅，改善了吹炼的可控性，可提高供氧强度。

（5）更适宜吹炼低碳钢种。终点碳可控制在不大于0.03%的水平，适于吹炼低碳钢种。

综上所述，复吹工艺不仅提高钢质量，降低消耗和吨钢成本，更适合供给连铸优质钢水。

5.1.2　复吹工艺类型

复吹转炉通常是由顶吹或底吹转炉改建而成，复吹工艺分为两类：一是顶吹氧，底吹惰性气体的复吹工艺；二是顶、底复合吹氧工艺。

（1）顶吹氧、底吹惰性气体的复吹工艺。其代表方法有LBE、LD-KG、LD-OTB、NK-CB、LD-AB等。顶部100%供给氧气，可采用二次燃烧技术以补充熔池热源。底部供给惰性气体，吹炼前期供 N_2 气，后期切换为Ar气。供气强度（标态）在0.03～0.12 $m^3/(t \cdot min)$ 范围。属弱搅拌工艺类型。底部多使用集管式、或多孔塞砖、或多层环缝管式供气元件。

（2）顶、底复合吹氧工艺。其代表方法有BSC-BAP、LD-OB、LD-HC、STB、STB-P、K-BOP等。顶供氧气比为60%～95%。底供氧气比为40%～50%。供气强度

（标态）波动在0.20～2.0m^3/（t·min）；底部供气元件多使用套管式喷嘴，中心管供氧，环管供天然气或液化石油气或油作为冷却剂。此工艺属于强搅拌工艺类型。有的底部还可以喷入石灰粉剂。

（3）强化冶炼，提高废钢比的复吹工艺也称KMS法，可以从底部喷嘴喷入煤粉，增加热源以提高废钢加入量。

5.1.3 复吹底部供气

5.1.3.1 复吹转炉底部供气元件

A 供气元件类型

底部供气元件是复吹技术的核心，有喷嘴型与砖型两大类无论哪种供气元件，都必须达到分散、细流、均匀、稳定的供气要求。

随着生产技术的发展供气元件不断地改进，有过单层管式喷嘴、双层套管喷嘴、环缝管喷嘴、多孔塞砖（MHP型及MHP－D型）和多层环缝管式供气元件等。

（1）多孔塞砖。也称多微孔管透气塞砖，是应用较广的底部供惰性气体的元件，其结构如图5－1所示。

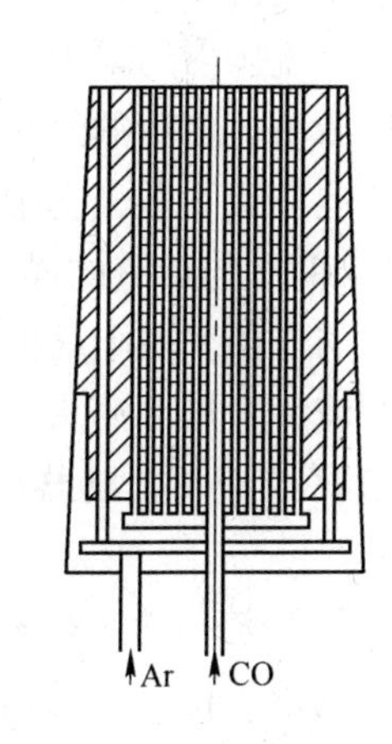

图5－1 多孔塞砖（多微孔管透气塞砖）供气元件

从图5－1可以看出多孔塞砖是在耐火材料的母体中插埋许多金属细管，金属管的内径在1.5～4mm，一般插埋10～150根管，管的下端与供气室相通。气体通过许多金属管呈分散细流进入熔池，增强了对熔池的搅拌力和吹炼的稳定性。其寿命不能与炉衬砖寿命同步。

（2）多层环缝管式供气元件。是由多层同心圆无缝钢管组成。多层环缝管式元件外面套有护砖，然后坐到座砖上，再直接砌筑在炉底中。

与多孔塞砖元件相比，多层环缝管式供气元件的缝隙较小，能在气源压力较低的情况下工作，不易堵塞；多孔塞砖供气元件的供气量可根据需要在比较大的范围内进行调节，选择最佳供气强度。

（3）双层套管式喷嘴

喷嘴为双层套管，材质为不锈钢、耐热不锈钢、碳素无缝管等，两管的同心度靠固定块或固定筋保持，与供气管用活接头或法兰连接。

套管喷嘴的缺点是气量调节范围不大，不能根据钢种和冶炼工艺要求较大范围的调节气量，同心度也不易得到保证。

B 底部供气元件损坏机理

经大量的实践与研究表明，底部供气元件的熔损机理主要是：

（1）气泡反击。气流通过供气元件以气泡的形式进入熔池，当气泡脱离元件端部的瞬间，对其周围的耐火材料有一个冲击作用，称此现象为“气泡反击”。底部供气流量越大，反击频率也越高，能量越大，对元件周围耐火材料的蚀损也越严重。

（2）水锤冲刷。在气泡脱离元件端部时，引起钢水的流动，冲刷着元件周围的耐火材料，这种现象称为“水锤冲刷”。供气流量越大，对耐火材料的“水锤冲刷”也越严重。

（3）凹坑熔损。由于气体与钢水的共同冲刷，在元件周围耐火材料形成凹坑，有的也称其为“锅底”。凹坑越深，对流传热越差，加剧了对耐火材料的蚀损。

由于上述现象的共同作用，供气元件被损坏。

C 底部供气元件的维护

a “炉渣－金属蘑菇头”的形成

从炉渣－金属蘑菇头的剖析来看，它是由金属蘑菇头－气囊带、放射气孔带、迷宫式弥散气孔带3层组成。

开炉初期，由于温度较低，再加上供入气流的冷却作用，金属在元件毛细管端部冷凝形成单一的小金属蘑菇头，并在每个小金属蘑菇头间形成气囊。

通过黏渣、挂渣和溅渣，有熔渣落在蘑菇头上面，底部继续供气，并且提高了供气强度，其射流穿透渣层，冷凝后即形成了放射气孔带。

落在放射气孔带上面的熔渣继续冷凝，炉渣－金属蘑菇头长大。此时的蘑菇头，加大了底部气流排出的阻力，气流的流动受到熔渣冷凝不均匀的影响，随机改变了流动方向，形成了细小、弥散的气孔带，又称迷宫式弥散气孔带。

从迷宫式弥散气孔带流出的流股极细，因此冷凝后气流的通道也极细小（直径不超过1mm）。钢水与炉渣的界面张力大，钢水很难润湿蘑菇头，所以气孔不易堵塞。从弥散气孔流出的气流又被上面的熔渣加热，其冷却效应减弱，因而蘑菇头又难以无限长大。

炉渣－金属蘑菇头的特点：

（1）炉渣－金属蘑菇头可以显著地减轻“气泡反击”、“水锤冲刷”，避免形成“凹坑”。

（2）炉渣－金属蘑菇头具有较高的熔点和抗氧化能力，在吹炼过程中不易熔损，并具有良好的透气性，不易堵塞。

（3）能够满足吹炼过程中灵活调整底部供气的技术要求。

（4）通过蘑菇头流出的气体分散、细流，对熔池的搅拌均匀。

所以称炉渣－金属蘑菇头为“永久蘑菇头”，能够使供气元件长寿，从而提高了复吹率。武钢在90t转炉上应用了相应技术措施，供气元件寿命能与炉衬寿命同步，并突破了万炉大关，最高已达到19238炉，复吹率为100%。

b 底部供气元件人工维护

（1）底部供气元件设计合理，使用高质量的材料，严格按加工程序制作。

（2）在炉役初期通过黏渣、挂渣和溅渣，快速形成良好结构的炉渣－金属蘑菇头，避免元件的熔损；炉役中、后期根据工艺要求调节控制底部供气流量，稳定炉渣－金属蘑菇头，防止堵塞，使其长寿。

（3）采用合理的工艺制度，提高终点控制的命中率，避免后吹；降低终点钢水过热度，避免出高温钢。

（4）尽量缩短冶炼周期，减少空炉时间，以减轻温度急变对炉衬的影响。

c 底部供气原件维护的关键

底吹供气元件能否达到与炉龄同步并且能满足工艺需要的关键是控制好炉底的厚度。有些工厂遵循的原则是“宁涨勿降”，即允许炉底有轻微的上涨，上涨范围控制在 50 - 150mm，但是不能有下降，因为下降后会损坏已经形成的“炉渣 - 金属蘑菇头”，影响复吹效果。要求炉前操作工接班必须测量炉底，如果超出要求范围，要及时处理。

5.1.3.2 复吹转炉底部供气元件的数量与安装位置

从炉底供给熔池的气体，通过元件喷出后以气泡的形式上浮，抽引钢水随之向上流动，从而熔池得到搅动。底部供气元件的数量、位置不同，其与顶吹氧流作用引起的综合搅拌效果是有差异的，所得到的冶金效果也不一样。供气元件的数量与转炉吨位、供气元件的类型有关，有安装 2、4、8、16 个元件者不等。

试验与实践表明，供气元件的位置排列在炉底耳轴连接线上，或在此线附近为好，以便在倒炉取样、测温、等待化验结果等操作时，供气元件露出炉液面，保持熔池成分的稳定。

例如有些钢厂采用多层环缝管式元件 4 ~ 8 个，布置在 $0.4D \sim 0.6D$（D 为熔池直径）的同心圆上，与炉底耳轴连线中心的夹角为 30°，冶金效果好。

5.1.3.3 复吹转炉底部供气气源的选择及其应用

复吹工艺底部供气的目的是搅拌熔池、强化冶炼、提供热补偿燃气等。可供应用的气源种类很多，应选择冶金行为良好、安全、对钢质量无害、制取容易、纯度高、价格便宜、供气时对元件有一定的冷却作用、对炉底耐火材料无强烈影响的气体。已应用的气源有 N_2、Ar、CO、O_2、CO_2 等，其中应用广泛的是 N_2 和 Ar。

（1）N_2 是制氧的副产品，也是惰性气体中价格最便宜的气源。倘若吹炼全程底部供 N_2，即使供氮强度小，钢水中 N 也会增加 0.0030%。实践表明，吹炼的前、中期供给 N_2，钢水中增氮的危险性很小，因此在吹炼的中、后期恰当的时机切换为其他气体，就不会影响钢质量了。

（2）Ar 是最理想的搅拌气源，既能保证熔池的搅拌效果，对钢质量又无不良影响。但 Ar 资源有限，标态为 1000m^3/h 的制氧机，只能产出 Ar（标态）25m^3，且制 Ar 设备费用昂贵，所以 Ar 的价格也较贵。

（3）CO_2 在常温下是无色、无味的气体。它的冷却效应包括物理效应与化学效应。CO_2 气体进入熔池会与 C 反应即 $CO_2 + C = 2CO$，生成的 CO 气体相当 CO_2 体积的 2 倍，有利于熔池搅动，该反应为吸热反应，这部分化学热对元件起到有效的冷却作用。正是这个反应也使碳质供气元件脱碳，受到一定的损坏。吹炼后期还会发生 $CO_2 + Fe = (FeO) + CO$ 反应，生成的（FeO）对元件也有侵蚀作用，所以不宜全程供 CO_2 气。采用吹炼前期供 N_2 气，后期切换为 CO_2，或 $CO_2 + N_2$ 的混合气体，这种吹炼模式的冶金效果较好，充分发挥 CO_2 对元件的冷却作用，元件寿命有提高。

（4）CO 是无色、无味，但有剧毒和爆炸危险的气体。CO 气具有良好的物理冷却性能，其冶金效果与 Ar 相当。有的研究认为，若采用 CO 气作为复吹气源，最好配入一定比例的 CO_2 气体。

5.2　应知训练

5－1　复吹工艺的特点是什么？

5－2　供气元件的类型有哪些？

5－3　底部供气元件受损的机理是什么？

5－4　炉渣－金属蘑菇头的特点是什么？

5－5　底部供气元件种类有哪些，其特点是什么？

情境6　转炉耐火材料及炉衬

6.1　知识准备

氧气顶吹转炉是高温冶金设备，经常处于近2000℃的温度下作业，所以内衬必须用耐火材料砌筑。在充满复杂激烈的物理化学反应的冶炼过程中，炉衬不仅承受高温钢水与熔渣的化学侵蚀，还要承受钢水、熔渣、炉气的冲刷作用，以及加废钢的机械冲撞等。在工业国家中，一般耐火材料的60%～70%是用于冶金工业，而其中用于钢铁工业约占65%～75%。冶金工业的发展不断对耐火材料提出新的要求，而耐火材料的新成就又为冶金工业技术进步创造了条件。因此不仅要懂炼钢，会炼钢；还应了解转炉耐火材料的性质，影响炉衬寿命的因素，以及炉型是否合理，如何加强日常维护等。

6.1.1　耐火材料性质及分类

6.1.1.1　耐火材料性质

凡是具有抵抗高温及在高温下能够抵抗所产生的物理化学作用的材料，都称为耐火材料。下面介绍耐火材料的一些基本指标。

A　耐火度

耐火度指耐火材料在高温下不软化的性能。耐火材料受热软化到一定程度时的温度称为该材料的耐火度。（耐火材料是多种成分的组合体，在受热过程中，熔点低的矿物首先软化进而熔化；随着温度的升高，高熔点矿物也逐渐软化进而熔化。因此，耐火材料没有固定的熔点。）

由于耐火材料在实际使用过程中都要承受一定的载荷，所以耐火材料实际能够承受的温度比所测耐火材料要低。

B　荷重软化温度

荷重软化温度是指耐火制品在高温条件下，承受恒定压负荷条件下发生一定变形的温度。

耐火度与荷重软化温度差值越小，耐火材料其高温结构强度越好。氧化硅质 > 黏土质 > 氧化镁质。

C　耐压强度

耐火材料试样单位面积承受的极限载荷称为耐压强度，单位是MPa。在室温下所测耐压强度为耐火材料的常温耐压强度；在高温下所测数值为高温耐压强度。耐压强度可用下式表示：

$$S = F/ab \tag{6-1}$$

式中　S——耐压强度，MPa；

F——试验时最大载荷，N；

a——试样长度，mm；

b——试样宽度，mm。

D　抗热震性

耐火材料抵抗由于温度急剧变化而不开裂或不剥落的性能称为抗热震性，又称温度急变抵抗性，或称急冷急热性。

耐火材料经常处于温度急剧变化状态下作业，由于耐火材料的导热性较差，使得材料内部会产生应力，当应力超过材料的结构强度极限时就会产生裂纹或剥落。因此，抗热震性也是耐火材料的重要性质之一。

E　热膨胀性

热膨胀性是指耐火材料及其制品受热膨胀遇冷收缩的性质，这种热胀冷缩是可逆的变化过程，其热胀冷缩的程度取决于材料的矿物组成和温度。

耐火材料的热膨胀性可用线膨胀率或体积膨胀率来表示，不同耐火材料的线膨胀率也不一样，在砌筑炉衬时必须要考虑材料的线膨胀率。

F　导热性

耐火材料及其制品的导热能力用导热系数来表示。单位时间内，单位温度梯度，单位面积耐火材料试样所通过的热量称为导热系数，也称为热导率。

G　重烧线变化

重烧线变化是耐火材料及其制品在高温下长期使用体积发生不可逆变化，也就是继续完成在焙烧过程中未完成的物理化学变化。

有些材料是发生收缩，称其为重烧收缩。

黏土砖在使用过程中常发生重烧收缩，而硅砖则常发生出重烧膨胀现象，只有碳质耐火材料高温体积稳定性良好。各种耐火材料的重烧膨胀或重烧收缩允许值应在0.5%～1.0%范围内。

H　抗渣性

耐火材料在高温下，抵抗熔渣侵蚀的能力成为抗渣性。

熔渣对耐火材料的侵蚀包括化学侵蚀，物理溶解和机械冲刷三个方面：化学侵蚀是指熔渣与耐火材料发生化学反应，其所形成的产物进入熔渣；物理溶解是指由于化学侵蚀和耐火材料颗粒不牢固，使得固体颗粒溶解于熔渣之中；机械冲刷是指由于熔渣流动将耐火材料中颗粒结合力差的固体颗粒带走或溶于熔渣中。

I　气孔率

气孔率指耐火材料中气体体积占制品体积的百分比，表示耐火材料的致密程度。

气孔的种类有开口气孔、连通气孔、闭口气孔和显气孔。开口气孔是耐火材料内气孔与大气相通的气孔；连通气孔是其中贯穿整个耐火材料的气孔；闭口气孔是不与大气相通的气孔；开口气孔和连通气孔统称为显气孔，显气孔率越高，在使用过程中耐火材料越易受侵蚀。

J　体积密度

单位体积（包括气孔体积在内）的耐火材料的质量称为体积密度，其单位是 g/cm^3 或

t/m^3，表达式为：

$$体积密度 = G/V \tag{6-2}$$

式中 G——耐火材料在110℃干燥后的质量；

V——耐火材料的体积。

6.1.1.2 常用耐火材料的化学组成

常用耐火材料及其化学组成见表6－1。

表6－1 常用耐火材料及其化学组成

耐火材料		化学组成	耐火材料	化学组成
硅质		$w(SiO_2) > 93\%$	镁质	$w(MgO) > 85\%$
黏土质		$w(SiO_2) = 50\% \sim 60\%$，$w(Al_2O_3) = 30\% \sim 40\%$	镁铝质	$w(MgO) > 80\%$，$w(Al_2O_3) = 5\% \sim 12\%$
高铝质		$w(Al_2O_3) = 48\% \sim 75\%$	镁铬质	$w(MgO) = 48\% \sim 80\%$，$w(Cr_2O_3) = 8\% \sim 12\%$
刚玉	白刚玉	$w(Al_2O_3) > 98\%$	白云石质	$w(MgO) > 36\%$，$w(CaO) > 40\%$
	棕刚玉	$w(Al_2O_3) > 94.5\%$	镁碳质	$w(MgO) > 75\%$，$w(C) > 14\%$

6.1.1.3 耐火材料分类

按化学性质可分酸性耐火材料，碱性耐火材料和中性耐火材料。

按耐火度可分普通型耐火材料（耐火度1580～1770℃），高级耐火材料（耐火度1770～2000℃），特级耐火材料（耐火度大于2000℃），超级耐火材料（耐火度大于3000℃）。

A 酸性耐火材料

用量较大的有硅砖和黏土砖。硅砖是 SiO_2 含量为93%以上的硅质制品，使用的原料有硅石、废硅砖等。

硅砖的特点是抗酸性炉渣侵蚀能力强，但易受碱性渣的侵蚀，它的荷重软化温度很高，接近其耐火度，重复煅烧后体积不收缩，甚至略有膨胀，但是抗热震性差。

硅砖主要用于焦炉、玻璃熔窑、酸性炼钢炉等热工设备。硅砖、不定形耐火材料均属酸性耐火材料。黏土砖中含30%～46%氧化铝，它以耐火黏土为主要原料，耐火度1580～1770℃，抗热震性好，属于弱酸性耐火材料，对酸性炉渣有抗蚀性，用途广泛，是目前生产量最大的一类耐火材料。

B 碱性耐火材料

碱性耐火材料以镁质（以MgO或CaO为主要成分）制品为代表。它的氧化镁含量为80%～85%以上，以方镁石为主晶相。其特点是对碱性渣和铁渣有很好的抵抗性。耐火度高，纯氧化镁的熔点高达2800℃。镁砖、镁铝质、镁铬质等材料均属碱性耐火材料。其中镁质、白云石质属强碱性耐火材料，而镁铝质镁铬质均属弱碱性耐火材料。

C 中性耐火材料

高铝质制品中的主晶相是莫来石和刚玉，刚玉的含量随着氧化铝含量的增加而增高，含氧化铝95%以上的刚玉制品是一种用途较广的优质耐火材料。

特点是在高温下，与碱性或酸性熔渣都不易发生明显反应的耐火材料。碳质、铬质耐火材料均属此类。高铝质耐火材料是具有酸性的倾向的中性耐火材料，而铬质耐火材料是具有碱性倾向的中性耐火材料。

D 氧化物材料

如氧化铝、氧化镧、氧化铍、氧化钙、氧化锆、氧化铀、氧化镁、氧化铈和氧化钍等均为氧化物材料，熔点在2050～3050℃。

E 难熔化合物材料

如碳化物（碳化硅、碳化钛、碳化钽等）、氮化物（氮化硼、氮化硅等）、硼化物（硼化锆、硼化钛、硼化铪等）、硅化物（二硅化钼等）和硫化物（硫化钍、硫化铈等）均属难熔化合物材料。它们的熔点为2000～3887℃，其中最难熔的是碳化物。

F 高温复合材料

如金属陶瓷、高温无机涂层和纤维增强陶瓷等，均为高温复合材料。

6.1.2 氧气顶吹转炉用耐火材料

自氧气顶吹转炉问世以来，其炉衬的工作层都是用碱性耐火材料砌筑。曾经用过白云石质耐火材料，制成焦油结合砖，炉龄一般为几百炉。直到20世纪70年代兴起了以死烧或电熔镁砂和碳素材料为原料，用各种碳质结合剂，制成镁碳砖。镁碳砖的抗渣性强，导热性能好，避免了镁砂颗粒产生热裂；同时由于有结合剂固化后形成的碳网络，可将氧化镁颗粒紧密牢固地连接在一起。用镁碳砖砌筑转炉内衬，大幅度提高了炉衬使用寿命，再配合适当维护方式，炉衬寿命可达到万炉以上。

6.1.2.1 炉衬组成

顶吹转炉的内衬是由绝热层、永久层和工作层组成。绝热层一般用石棉板或耐火纤维砌筑；永久层是用焦油白云石砖或者低档镁碳砖砌筑；工作层都是用镁碳砖砌筑。转炉的工作层与高温钢水和熔渣直接接触，受高温熔渣的化学侵蚀，受钢水、熔渣和炉气的冲刷，还受到加废钢时的机械冲撞等，工作环境十分恶劣。在冶炼过程中由于各个部位工作条件不同，因而工作层各部位的蚀损情况也不一样，针对这一情况，视其损坏程度砌筑不同的耐火砖，容易损坏的部位砌筑高档镁碳砖，损坏较轻的地方可以砌筑中档或低档镁碳砖，这样整个炉衬的蚀损情况较为均匀，这就是综合砌炉。

6.1.2.2 镁碳砖

A 镁碳砖用材料

a 镁砂

镁砂为生产镁碳砖的主要原料，对镁砂的要求有：镁砂中$w(MgO)>95\%$，杂质要低；晶粒直径要大，晶界面积小，这样熔渣沿晶粒表面难于渗入；体积密度要高，应大于3.34mg/cm^3；气孔率要低，应小于3%；镁砂中$w(CaO)/w(SiO_2)>2$。

b 碳素原料

碳素原料的性能同样对砖和制品的耐腐蚀性、耐剥落性、高温强度和抗氧化性等均有直接的关系，所以用于制作镁碳砖的碳素原料必须要符合制砖的技术要求，高纯度石墨是制作镁碳砖的最佳碳素原料。

对碳素原料的要求有：石墨中固定碳含量应大于95%；灰分要低，灰分的主要组成SiO_2、Al_2O_3和Fe_2O_3，其三者之和约占灰分质量的82%～88%，而SiO_2含量则占一半左右。如果配入的石墨原料纯净度低，势必带入较多的SiO_2，这样就会改变原料中$w(CaO)$与$w(SiO_2)$的比值，使高纯度镁砂的高耐火相C_2S降低，C_2S有可能转变成低熔点相CMS($CaO \cdot MgO \cdot SiO_2$)，从而降低了制品的高温性能和高温强度。

c 结合剂

镁碳砖的结合剂种类很多，如煤焦油、煤沥青、石油沥青及酚醛树脂等。

由于酚醛树脂的残碳率高，与镁砂和石墨有良好的润湿性，能够均匀地分布于镁砂和石墨的表面，碳化后可形成连续的碳网络，有利于提高砖和制品的强度和抗腐蚀性。因此，酚醛树脂被认为是制作镁碳砖最好的结合剂。酚醛树脂的添加量一般为5%左右。

d 添加剂

由于石墨碳的存在，使镁碳砖具有良好的抗渣性和抗热震性能，但在冶炼过程中，砖体中的碳容易被氧化，使砖的结构松散恶化，熔渣沿缝隙侵入砖体，蚀损镁砂颗粒，降低了镁砂砖的使用寿命。因此，抑制镁碳中碳的氧化是提高镁碳砖的关键之一。

加入添加剂的方法为：向原料中添加Ca、Si、Al、Mg、Zr、SiC、B_4C、BN等金属元素或化合物。

加入添加剂的作用有：

（1）添加物或添加物和碳的反应产物与氧的亲和力大于碳与氧的亲和力，先于碳反应，从而保护了碳。

（2）另外添加物与氧气反应的生成物堵塞了气孔，增加了镁碳砖的致密度，同时阻碍氧及反应物的渗入扩散。

B 镁碳砖生产工艺要点

a 原料的制备

（1）镁砂。镁砂中的大颗粒是镁碳砖的骨料颗粒。骨料颗粒直径微细化可以降低开口气孔率，能够提高镁碳砖的抗氧化性能；但骨料颗粒直径变小，会增加闭口气孔率，降低体积密度，另外MgO也容易与石墨反应。所以高压力成型设备下，颗粒直径为1mm为宜，设备压力小，颗粒直径为5mm以上较好。

（2）石墨。加入量过多，可以提高砖的抗渣性和抗热震性能，但抗氧化性能和强度有所降低。

加入量过少（小于10%），制品中很难形成连续的碳网络。因此，镁碳砖中石墨的加入量应在原料的10%～20%范围内。

（3）加料顺序。为了使石墨能均匀地分布在镁砂颗粒周围，因此加料的顺序为镁砂颗粒→结合剂→石墨→镁砂细粉＋添加剂的混合粉。

b 成型

制砖的原则是按照先轻后重，多次加压的操作规程进行压制，避免产生成型裂纹；加压前原料中的空气基本上被全部吸出，制好的砖外形表面非常光滑，因此成型后的砖和制品需进行防滑处理，需将砖坯浸在热硬性的树脂中，或在砖的表面涂一层厚度为0.1～2mm特制的热硬性的树脂。

c　硬化处理

镁碳砖在200～250℃的温度下处理，可以得到性能良好的制品。其升温过程为：

50～60℃阶段，因树脂软化，应保温；

100～110℃阶段，溶剂大量排出，应保温；

200～250℃时，为使反应完全，应保温。

6.1.2.3　转炉各部位用砖

A　转炉内衬用砖

（1）炉口部位。这个部位温度变化剧烈，熔渣和高温废气的冲刷比较厉害，在加料和清理残钢、残渣时，炉口受到撞击，因此用于炉口的耐火砖必须具有较高的抗热震性和抗渣性，耐熔渣和高温废气的冲刷，且不易黏钢，即便黏钢也易于清理的镁碳砖。

（2）炉帽部位。这个部位是受熔渣侵蚀最严重的部位，同时还受温度急变的影响和含尘废气的冲刷，故使用抗渣性强和抗热震性好的镁碳砖。此外，若炉帽部位不便砌筑绝热层时，可在永久层与炉壳钢板之间填筑镁砂树脂打结层。

（3）炉衬的装料侧。这个部位除受吹炼过程熔渣和钢水喷溅的冲刷、化学侵蚀外，还要受到装入废钢和兑入铁水时的直接撞击与冲蚀，给炉衬带来严重的机械性损伤，因此应砌筑具有高抗渣性、高强度、高抗热震性的镁碳砖。

（4）炉衬出钢侧。此部位基本上不受装料时的机械冲撞损伤，热震影响也小，主要是受出钢时钢水的热冲击和冲刷作用，损坏速度低于装料侧。若与装料侧砌筑同样材质的镁碳砖时，其砌筑厚度可稍薄些。

（5）渣线部位。这个部位是在吹炼过程中，炉衬与熔渣长期接触受到严重侵蚀而形成的。在出钢侧，渣线的位置随出钢时间的长短而变化，大多情况下并不明显，但在排渣侧就不同了，受到熔渣的强烈侵蚀，再加上吹炼过程其他作用的共同影响，衬砖损毁较为严重，需要砌筑抗渣性能良好的镁碳砖。

（6）两侧耳轴部位。这部位炉衬除受吹炼过程的蚀损外，其表面又无保护渣层覆盖，砖体中的碳素极易被氧化，并难于修补，因而损坏严重。所以，此部位应砌筑抗渣性能良好、抗氧化性能强的高级镁碳砖。

（7）熔池和炉底部位。这部位炉衬在吹炼过程中受钢水强烈的冲蚀，但与其他部位相比损坏较轻。可以砌筑含碳量较低的镁碳砖，或者砌筑焦油白云石砖。若是采用顶底复合吹炼工艺，炉底中心部位容易损毁，可以与装料侧砌筑相同材质的镁碳砖。

综合砌炉可以达到炉衬蚀损均衡，提高转炉内衬整体的使用寿命，有利于改善转炉的技术经济指标。

B　转炉出钢口用砖

转炉的出钢口除了受高温钢水的冲刷外，还受温度急变的影响，蚀损严重，其使用寿命与炉衬砖不能同步，经常需要热修理或更换，影响冶炼时间。出钢口用镁碳砖性能见表6－2。

表 6-2 出钢口用镁碳砖性能

成分及性能 / 试样	化学成分 (w)/%		显气孔率 /%	体积密度 /g·cm^{-3}	常温耐压强度 /MPa	常温抗折强度 /MPa	抗折强度 /MPa (1400℃)	加热 1000℃后		加热 1500℃后	
	MgO	固定碳						显气孔率 /%	体积密度 /g·cm^{-3}	显气孔率 /%	体积密度 /g·cm^{-3}
日本品川公司改进的镁碳砖	73.20	19.2	3.20	2.92	39.2	17.7	21.6	7.9	2.89	9.9	2.80
武汉钢铁学院整体出钢口砖	76.83	12.9	5.03	2.93							

6.1.2.4 转炉炉衬寿命

A 影响转炉炉衬寿命的主要因素分析

转炉炉衬用耐火材料砌筑，它由永久层、填充层和工作层组成。转炉在吹炼过程中，炉内进行着极其复杂、激烈的物理化学反应和机械运动。受高温和恶劣条件的影响，转炉炉衬在使用中易于受到损坏，其主要因素有以下几个方面。

a 兑入铁水、加入废钢时对炉衬的冲刷及机械磨损

氧气转炉炼钢的金属料主要是铁水，一般占转炉金属料的 70% 左右。为了降低铁水量、造渣材料和氧气的消耗，在装料期和冶炼中期也可适当加入一定数量的废钢。当装料时，炉体倾动到一定角度，用料斗先向炉内加入一定数量的废钢，然后兑入铁水。因此，炉衬要受到炉料以及自重等静载荷的作用；遇到因加入废钢、兑入铁水时产生的动载荷的冲击、冲刷与机械磨损，因而会造成炉衬受损。

b 冶炼过程中，钢水、炉渣以及炉气对炉衬的机械冲刷

高压氧气（0.9~1.5MPa）在熔池上方经氧枪喷头喷出后形成超音速氧气射流，对熔池产生一定的冲击深度和冲击面积，对熔池起到搅拌作用并引起熔池液体的循环运动。特别是硬吹时，氧流对熔池产生的冲击更大，金属熔池被冲击成一深坑，一部分金属液体形成液滴，从深坑中沿切线方向喷溅逸出熔池上方被大量氧化后又被卷入熔池，使熔池形成循环运动。随着脱碳反应的加剧，熔池中生成大量的 CO 气体合并长大后从熔池中排出会增加对熔池的搅拌作用。

另外，在熔池上方形成的钢水、炉渣和炉气的三相混合物，增加了炉渣与钢液之间的接触面积，从而加快了钢水与炉渣之间的传质速度，使吹炼反应加速进行。熔池中钢水、炉渣以及炉气的剧烈运动，会造成炉衬受损。

c 炉渣、炉气对炉衬的化学侵蚀

研究和分析表明，转炉在吹炼过程中，炉渣中的 FeO 穿过炉衬砖反应层到达脱碳层。二者在相会界面发生脱碳反应。随着脱碳反应的不断进行，炉衬砖的原质层不断转化为脱碳层，脱碳层不断转化为反应层，反应层由于受到侵蚀结构发生松弛，在钢液的冲击下脱落进入钢液中。脱碳后的炉衬砖继而又受到熔渣的进一步化学侵蚀。因此，炉衬砖的脱碳与熔渣对炉衬的化学侵蚀，导致炉衬砖的熔损。

d 在兑入铁水、停吹、出钢以及装料时炉内温差变化造成炉衬砖受损

炉衬经常在 1600℃以上的高温下工作，受热时会产生巨大的膨胀应力。在兑入铁水、停吹、出钢以及装料时由于炉内温度急冷急热变化很大，必将产生温差应力及其他一些外

力。造成炉衬砖受损。另外，冶炼过程中的不当操作也会对炉衬造成损坏。

B 转炉炉衬损坏的侵蚀机理

目前国内外广泛应用于转炉炉衬的耐火材料是20世纪80年代开始发展起来的一类较新型的碳复合耐火材料即镁碳砖。镁碳砖中含有相当数量的碳成分，与熔渣的润湿性较差，阻碍着熔渣向砖体内的渗入，据观察，镁碳砖工作表面比较光滑，只附着一层0~5mm的薄渣层。用肉眼很难看到熔渣的渗透层，只有在显微镜下才观察到脱碳层的存在。在实际生产中，转炉炉衬工作层被侵蚀至残余厚度约为100mm左右就要更换炉衬。大量的分析研究和实践证明，在造成转炉炉衬损坏的诸多因素中，炉衬砖的脱碳是炉衬损坏的首要原因。脱碳后的炉衬砖继而受到熔渣的化学侵蚀是炉衬损坏的另一重要原因。

转炉在吹炼过程中，渣中FeO必须穿过反应层到达脱碳层反应界面，二者在相会处发生脱碳反应。炉衬脱碳反应的结果，就是反应界面的推进，即原质层不断转化为脱碳层，脱碳层不断转化为反应层，而反应层不断地进入渣中。脱碳后的炉衬砖继而又受到熔渣的化学侵蚀。从对炉衬残砖的分析表明，反应层中的碳已经氧化，脱碳层中的碳比原质层减少。因此，由于炉衬脱碳与熔渣对炉衬的化学侵蚀，导致炉衬砖的不断熔损。

另外，炉气的脱碳作用也不可小视，氧气在炉衬上作层表面上被吸附后经扩散传到反应界面参加脱碳反应。

炉渣、炉气对炉衬的脱碳，其化学反应式为：

$$(FeO) + C(s) = [CO] + [Fe]$$

$$O_2 + 2C(s) = 2[CO]$$

镁碳砖就是通过氧化—脱碳—冲刷，最终镁砂颗粒在熔渣中漂移和流失，砖体这样周而复始被蚕食损坏的。

C 提高转炉炉龄的主要措施

转炉炉龄的长短主要取决于炉衬寿命。而炉衬寿命是一个综合性指标，特别是受冶炼操作水平的影响较大。但是，合理选择炉衬的材质，改进耐火砖性能和质量，加强炉体维护也是提高炉衬寿命的重要途径。

a 提高冶炼操作水平

转炉炉衬的侵蚀，主要是炉渣的侵蚀。在冶炼过程中提高操作水平可有效地控制和降低渣量，减小SiO_2的活度，适当控制炉渣碱度能够减少炉衬的侵蚀。

（1）降低铁水中Si、P、S的含量。铁水中Si的含量增加会加大渣量，初渣对炉衬侵蚀严重：S含量高，P含量高造成多次倒炉后吹，易使熔渣氧化性强，终点温度高，终渣对炉衬侵蚀加剧。故降低铁水中的Si、P、S含量，减少对炉衬的侵蚀。

（2）适当控制Mn的含量。铁水中的Mn能够增加冶炼初期MnO的含量，促进石灰的熔化以及含有SiO_2炉渣的生成，从而降低SiO_2的活度，减少对炉衬的侵蚀。

（3）适当控制炉渣碱度。目前氧气转炉的炉渣碱度一般控制在2.8~3.5左右，使SiO_2活度基本稳定，从而减少对炉衬的侵蚀。

（4）适量控制炉渣中氧化铁的含量。炉渣中氧化铁的含量增加会加速对炉衬的侵蚀。在冶炼操作中控制合适的氧化铁含量，能够减少对炉衬的侵蚀。

（5）采用活性石灰或采用生白云石、轻烧白云石造渣，可以加速成渣速度，促进炉前期渣早化，减轻炉渣对炉衬的侵蚀。

（6）在保证脱硫磷的条件下，减少萤石的加入量，能减缓氧化铁和硅酸盐侵入炉衬的速度，从而减少对炉衬的侵蚀。

（7）减少后吹次数、合理控制冶炼过程及终点温度、缩短转炉的空炉时间也可以减少对炉衬的侵蚀，提高转炉的炉衬寿命。研究资料表明：高温出钢，即当出钢温度不低于1620℃时，每提高10℃基础炉龄降低约15炉；渣中w(TFe)每提高5%，炉衬侵蚀速度增加0.2～0.3mm/炉；每增加一次倒炉平均降低炉龄30%；平均每增加一次后吹，炉衬侵蚀速度提高0.8倍。

b 合理选择炉衬材质

生产实践证明，合理选择炉衬的材质，改进耐火砖性能和质量，是提高炉衬寿命的重要途径之一。镁碳砖是20世纪80年代开始发展起来的一类较新型的碳复合耐火材料。它采用天然菱镁矿和天然鳞片石墨为原料，用改质沥青和酚醛树脂作为复合黏结剂。经破碎、筛分、调整黏度后，加入适量鳞片石墨，加入黏结剂，添加适量抗氧化剂，经混炼、成型，再经200～250℃硬化处理后即为成品。镁碳砖具有耐高温、耐渣侵、耐剥落、抗侵蚀、抗震性好等优点，以此材质砌筑的炉衬使用寿命大幅度提高。另外，提高炉衬砖材质的纯度、增强砖的体积密度、降低砖的气孔率也是提高耐火砖的质量，提高转炉炉龄的有效措施之一。

c 综合砌炉

顶吹转炉的内衬是由绝热层、永久层和工作层组成。绝热层一般用石棉板或耐火纤维砌筑；永久层是用焦油白云石砖或者低档镁碳砖砌筑；工作层都是用镁碳砖砌筑。转炉的工作层与高温钢水和熔渣直接接触，受高温熔渣的化学侵蚀、受钢水、熔渣和炉气的冲刷，还受到加废钢时的机械冲撞，工作条件环境十分恶劣。在冶炼过程中由于各个部位工作条件不同，因而工作层各部位的侵蚀情况也不一样，针对这一情况，视其损坏程度砌筑不同的耐火砖，容易损坏的部位砌高档镁碳砖，损坏较轻的地方可以砌筑中档或抵档的镁碳砖，这样整个炉衬的侵蚀情况较为均匀。

d 加强炉体维护

加强炉体维护，是延长炉衬寿命的重要措施之一。根据炉衬损坏的程度及部位情况，可采用不同的护炉、补炉方法。

（1）溅渣护炉。转炉溅渣护炉技术是目前炉体维护的重要方法之一。在转炉吹炼结束后，通过顶吹氧枪高速喷吹氮气射流，冲击残留在熔池内的部分高熔点炉渣，使熔渣均匀地喷溅黏附在转炉炉衬表面，形成炉渣保护层，达到护炉的目的。有效地利用高速氮气射流将炉渣均匀地喷溅在炉衬表面，是溅渣护炉的技术关键。其效果决定于以下因素：

1）熔池内留渣量和渣层厚度。

2）熔渣的物理状态，如炉渣熔点、过热度、表面张力与黏度等。

3）溅渣气动力学参数，如喷吹压力、枪位以及喷枪夹角和孔数等。

（2）渣补炉。转炉出钢后，部分炉渣留在炉内，加入适量的白云石，摇炉助熔，待白云石中的$CaCO_3$、$MgCO_3$充分分解后，再将渣倒掉，这样炉膛内壳可较均匀的附着层含MgO的炉渣。能减少冶炼前期炉渣碱度低对炉衬的侵蚀以及缓解兑铁水、加废钢时对炉衬的冲击。

（3）热补。将散状的耐火材料补到局部损坏的灼热的炉衬表面，使之形成补炉料层，从而达到保护炉衬，延长炉衬寿命的作用。

（4）湿法喷补。转炉炉帽、两侧耳轴及渣线以上部位的维护多采用湿法喷补。即将镁砂原料加结合剂搅拌成泥浆，用喷枪喷在炉衬损坏处进行维护修补。

（5）干法喷补。按制作沥青砖的生产工艺制作补炉料，将搅拌好的补炉料冷却后用喷枪喷射在炉衬的损坏部位。

（6）系统优化炼钢工艺，提高炉龄。

6.2　应知训练

6-1　什么是耐火材料？

6-2　什么是耐火度？

6-3　转炉炉衬组成是什么？

6-4　制作镁碳砖主要原材料是什么？

6-5　说明转炉炉衬各部位用砖情况。

6-6　影响转炉炉衬寿命的因素有哪些？

6-7　提高转炉炉龄的措施有哪些？

情境7　转炉车间布置与设备

7.1　知识准备

7.1.1　转炉车间

7.1.1.1　转炉车间设备

氧气顶吹转炉车间的主要设备较多，按用途一般可分为：

（1）原料供应设备。它包括铁水供应设备，如铁水车、混铁炉，废钢处理、运输、储存设备，散状料供应设备，用于钢水脱氧和合金化的铁合金设备等。

（2）转炉设备。它包括转炉炉体，炉体支撑装置和炉体倾动装置，修炉机械如补炉机、拆炉机和修炉机等。

（3）供氧系统设备。

（4）出渣、出钢及铸锭系统设备。出渣、出钢设备有盛钢桶和盛钢桶运输车、渣罐和渣罐车，铸锭系统包括铸锭起重机，浇铸平台，盛钢桶修理和脱模、整模设备，连铸设备等。

（5）烟气净化和回收设备。

（6）其他辅助设备。近年来许多国家应用电子计算机对冶炼过程进行静态和动态相结合的控制，采用了副枪装置，为提高钢水质量还采用了真空处理和炉外精炼技术。

7.1.1.2　转炉车间布置

我国某厂300t转炉车间平面图如图7－1所示。

300t转炉车间是一种较为典型的布置形式，它由炉子跨、原料跨和四个铸锭跨组成。炉子跨布置在原料跨和铸锭跨中间。在炉子跨转炉的左边和右边分别是铁水和废钢处理平台，正面是操作平台，平台下面是盛钢桶和渣罐车处的运行轨道。转炉上方的各层平台则布置着氧枪设备、散状原料供应设备和烟气处理设备。铸锭跨内设有模铸和连铸的设备。

7.1.2　转炉本体及倾动机构

氧气顶吹转炉炉体及倾动机械的总体结构如图7－2所示，它由炉体1、炉体支撑系统2及倾动机构3组成。

7.1.2.1　转炉炉体

A　炉体结构

转炉炉体包括炉壳和炉壳内的耐火材料炉衬，炉壳用钢板焊成。炉衬包括工作层、永

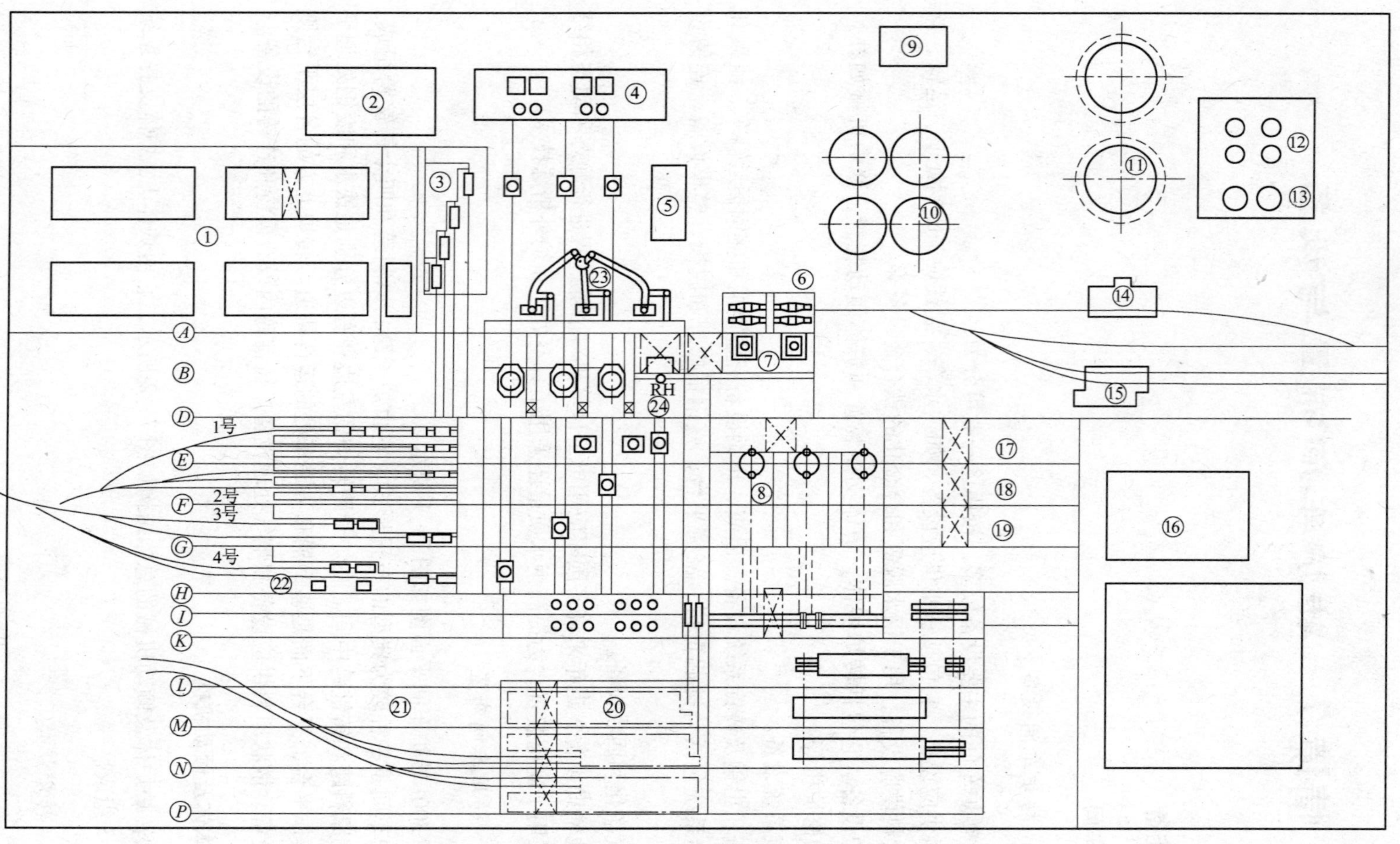

图7-1　我国某厂300t转炉车间平面图

A–B—加料跨；B–D—转炉跨；D–E1号，E–F2号，F–G3号，G–H4号—浇铸跨；H–K—钢罐修砌跨；
1—废钢堆场；2—磁选间；3—废钢装料跨；4—渣场；5—电气室；6—混铁车；7—铁水罐修理场；8—连铸跨；9—泵房；
10—除尘系统沉淀池；11—煤气柜；12—贮氧罐；13—贮氮罐；14—混铁车除渣场；15—混铁车脱硫场（铁水预处理）；16—萤石堆场；
17—中间罐修理间；18—二次冷却辊道修理间；19—结晶器辊道修理间；20—冷却场；21—堆料场；22—钢水罐干燥场；23—除尘烟囱；24—RH真空处理

久层及填充层三部分。工作层由于直接与炉内液体金属、炉渣和炉体接触，易受侵蚀，国内通用沥青白云石砖或沥青镁砖砌成。永久层紧贴炉壳，用于保护炉壳钢板。一般采用一层侧砌镁砖，或在镁砖与钢板间加一层石棉板。修炉时，永久层不拆除。在永久层和工作层之间设有填充层，多由焦油镁砂或焦油白云石砂组成。填充层的作用是减轻工作层热膨胀对炉壳压力和便于拆炉。炉壳与炉型如图 7 - 3 所示，由炉帽、炉身、炉底三部分组成。

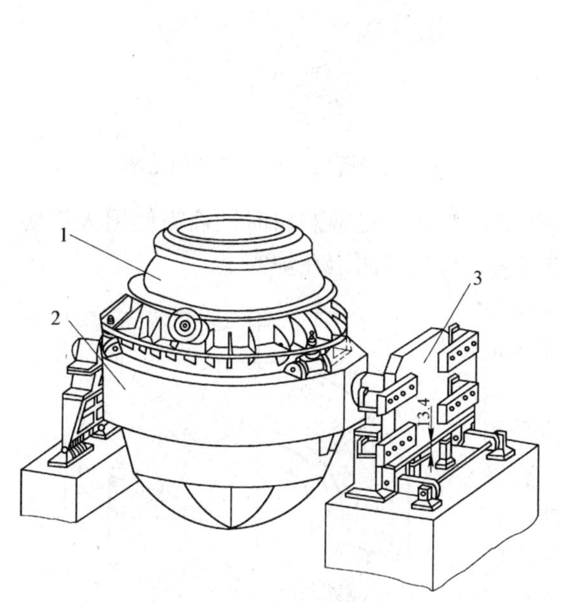

图 7 - 2 某厂 300t 转炉总体结构
1—炉体；2—支撑装置；3—倾动机构

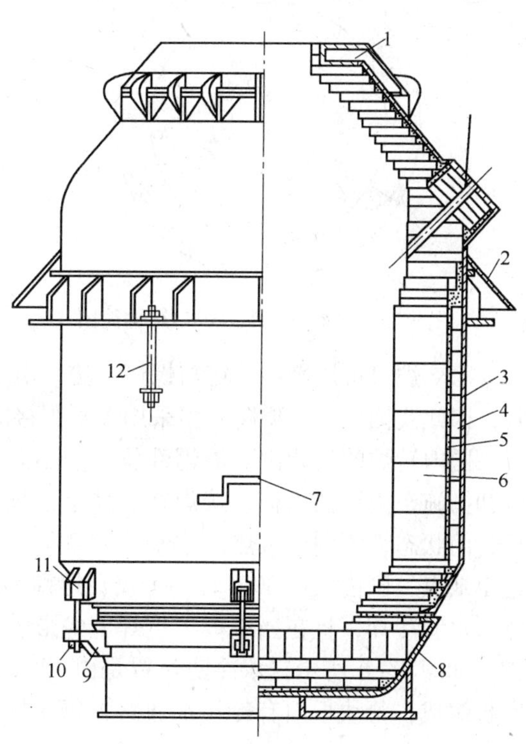

图 7 - 3 转炉炉壳与炉型
1—炉口冷却水箱；2—挡渣板；3—炉壳；4—永久层；
5—填料层；6—炉衬；7—制动块；8—炉底；
9—下吊架；10—楔块；11—上吊架；12—螺栓

a 炉帽

炉帽通常做成截锥形，这样可以减少吹炼时的喷溅损失以及热量损失，并有利于引导炉气排出。炉帽顶部为圆形炉口，用来加料，插入吹氧管，排出炉气和倒渣。为了防止炉口在高温下工作时变形和便于清除黏渣，目前普遍采用通入循环水强制冷却的水冷炉口。

水冷炉口有水箱式和埋管式两种结构。水箱式水冷炉口用钢板焊成，如图 7 - 4 所示，在箱内焊有 12 块隔水板，使冷却水进入炉口水箱能形成回流。这种结构的优点是冷却强度大，易于制造，成本较低。但易烧穿，增加了维修工作量，另外还可能造成爆炸事故。因此，设计时应注意回水管的进水口接近水箱顶部，以免水箱上部积聚蒸气而引起爆炸。

埋管式水冷炉口如图 7 - 5 所示，通常用通冷却水的蛇形管埋于铸铁炉口中。埋入的钢管一般使用 20 号无缝钢管。水冷炉口材料可以用灰口铸铁、球墨铸铁或耐热铸铁。这种结构的安全性和寿命均比水箱式高，但制造较繁，冷却强度比水箱式低。

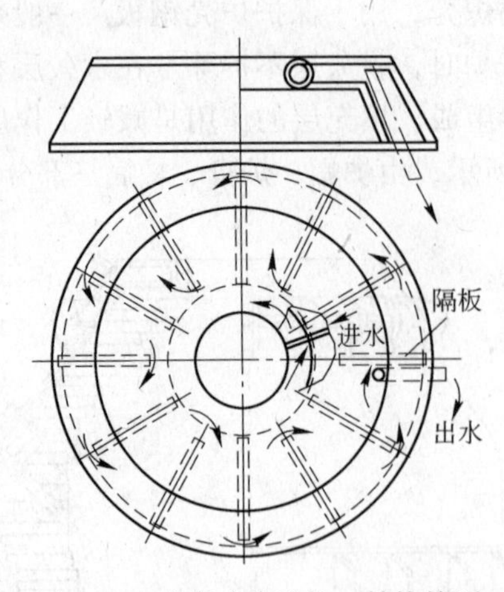

图7-4 水箱式水冷炉口结构简图

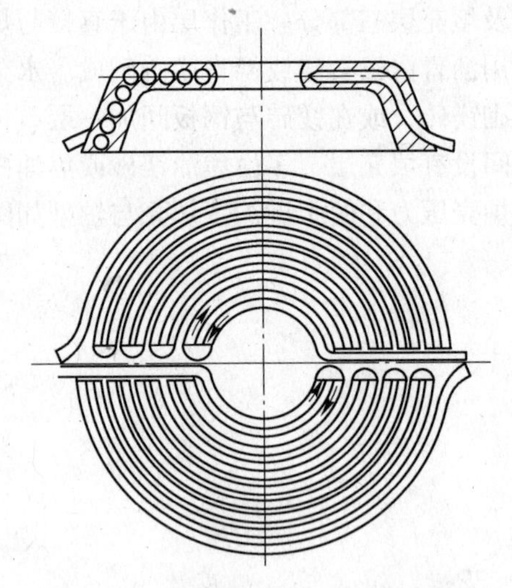

图7-5 埋管式水冷炉口结构简图

水冷炉口可用楔和销钉与螺帽连接，由于炉渣的黏结，更换炉口时往往需使用火焰切割，因此我国中、小型转炉多采用卡板焊接的方法，将炉口固定在炉帽上。

国内转炉的设计中，炉帽部位一般不采取任何冷却措施，由于挡渣板直接焊在炉体上，顶部又是呈封闭状态，不利于散热，易使炉帽变形。为克服这个缺点，国内某厂300t转炉不仅在螺帽部位采用盘形水管冷却，且在挡渣板上也焊上蛇形管进行冷却。如图7-6所示，水冷防热罩是由12块梯形挡铁板组成，每块板内有冷却水通路，每3块板串联成一个水路，整个罩有四组水冷通路并联，这样当某组水路断水后也不会影响正常生产。

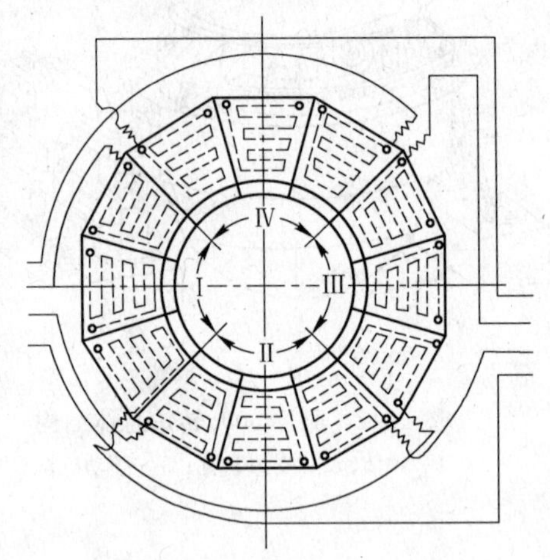

图7-6 水冷防热板结构

b 炉身

炉身是整个炉子的承载部分，一般为圆柱形。在炉帽和炉身耐火砖交界处设有出钢口，设计时应考虑使堵出钢口方便，保证炉内钢水倒尽和出钢时钢流应对盛钢桶内的铁合金有一定的冲击搅拌能力，且便于维修和更换。

c 炉底

炉底有截锥形和球形两种。截锥形炉底制造和砌砖都较为方便，但其强度比球形低，故在我国仅用于50t以下的中、小转炉。球形炉底虽然砌砖和制作较为复杂，但球形壳体受载情况较好，目前，多用于120t以上的炉子。

炉帽、炉身与炉底三段间的连接方式决定于修炉和炉壳修理的要求，有死螺帽活炉底和活炉帽死炉底等结构形式。

死螺帽活炉底结构是将炉帽与炉身焊死，而炉底和炉身是采用可拆连接的。此种结构适用于下修法，即修炉时可将炉底拆去，从下面往上修砌新砖。炉底和炉身多采用吊架丁字销钉和斜楔连接。实践证明，销钉和斜楔材料不宜采用碳素钢，最好用低合金钢，以增加强度。活炉帽死炉底结构如图7－7所示。死炉底具有质量轻、制造方便、安全可靠等优点，故大型转炉多采用死炉底。这种结构修炉时，采用上修法，即人和炉衬材料都经炉口进入。在有的转炉上为减少停炉时间，节约投资，提高钢产量，修炉时采用更换炉底的方法，将待修炉体移至炉座外修理，而将事先准备好的炉体装入炉座继续吹炼，这种称之为活炉座。为了在活炉座下不增加起重运输能力，且便于修理损坏了的炉帽，可将炉帽与炉身做成可拆连接，而炉身与炉底做成一体。

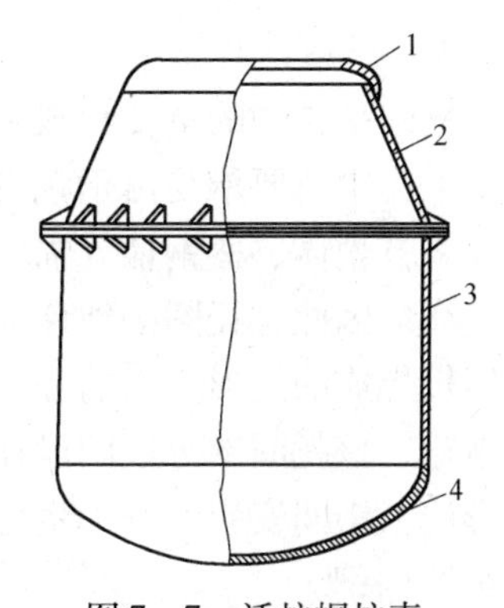

图7－7 活炉帽炉壳
1—炉口；2—炉帽；3—炉身；4—炉底

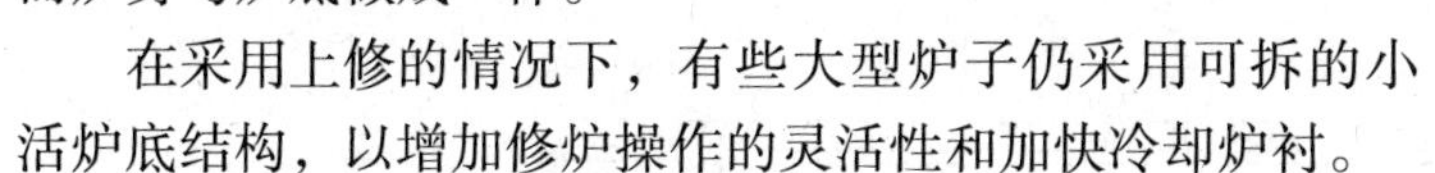

在采用上修的情况下，有些大型炉子仍采用可拆的小活炉底结构，以增加修炉操作的灵活性和加快冷却炉衬。

B 炉壳的负荷特点和炉壳钢板厚度的确定

转炉炉壳属于薄壳结构，由于高温、重载和生产操作等因素影响，炉壳工作时不仅承受静、动载荷，而且还承受热负荷。炉壳的厚度是根据其所受力的情况来决定的。由于炉壳的受力与很多因素有关，特别是热应力计算比较复杂，目前有用薄壳理论来计算外力作用下引起的炉壳应力，但实用性不大。因此对炉壳钢板厚度的确定，大多采用类比法，由经验公式选定。炉子容量和炉壳钢板厚度的关系见表7－1。炉壳的材料国内常用Q235、16Mn等材料。不同容量的转炉，炉壳的基本参数见表7－2。

表7－1 确定炉壳钢板厚度的经验公式/mm

炉子吨位	δ_1	δ_2	δ_3
<30t	$(0.8\sim1)\delta_2$	$\delta_2=(0.0065\sim0.008)D$	$0.8\delta_2$
>30t	$(0.8\sim0.9)\delta_2$	$\delta_2=(0.008\sim0.011)D$	$(0.8\sim1)\delta_2$

注：1. δ_1 为炉帽钢板厚度；2. δ_2 为炉身钢板厚度；3. δ_3 为炉底钢板厚度；4. D 为炉子外径。

表7－2 不同炉子容量炉壳的基本参数

炉子公称容量/t	15	30	50	120	150	300
炉壳全高/mm	5530	7000	7470	9750	8992	11575
炉壳外径/mm	3548	4220	5110	6670	7090	8670
炉帽钢板厚度/mm	24	30	55	55	58	750
炉身钢板厚度/mm	24	40	55	70	80	85
炉底钢板厚度/mm	20	30	45	70	62	80
材 质	16Mn	Q235	14MnNb		AST41	SA41C(日本)

7.1.2.2 转炉炉体支撑系统

转炉炉体的全部质量通过支撑系统传递到基础上去，支撑系统包括支撑炉体的托圈部件，将炉体与托圈连接起来的连接装置以及支撑托圈部件的轴承及其支座三部分。而托圈还担负着将倾动力矩传给使其倾转的任务。因此，它们都是转炉机械设备的重要组成部分。

A　托圈结构

托圈是转炉的重要承载和传动部件。它支撑着炉体全部质量，并传递倾动力矩到炉体。工作中还要承受由于频繁启动、制动所产生的动负荷和操作过程所引起的冲击负荷，以及来自炉体、盛钢桶等辐射作用而引起托圈在径向、圆周和轴向存在温度梯度而产生的热负荷。因此，托圈必须保证有足够的强度和刚度。图 7－8 为某厂转炉托圈结构，它是由钢板焊成的箱形断面的环形结构，两侧焊有铸钢的耳轴座，耳轴装在耳轴座内。为了便于运输，该托圈剖分成四段在现场进行装配。各段通过矩形法兰由高强度螺栓连接。各个矩形法兰中间安装有方形定位销，用它来承受法兰结合面上的剪力。托圈材质一般采用低合金结构钢。

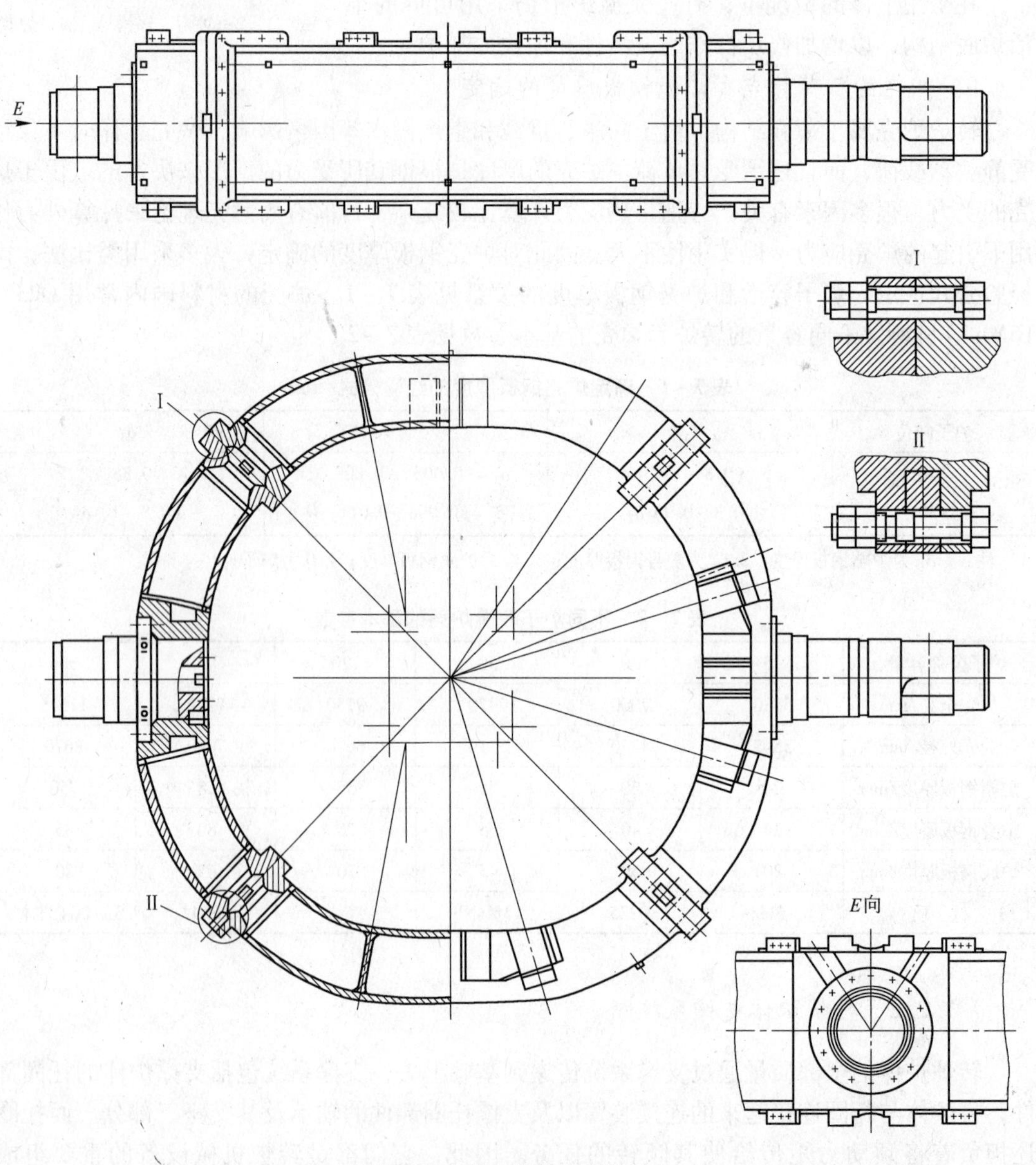

图 7－8　某厂转炉托圈结构

a 铸造托圈与焊接托圈

对于较小容量转炉的托圈，由于托圈尺寸小，不便用自动电渣焊，可采用铸造托圈。其断面形状可用封闭的箱形，也可用开式的半箱形断面。目前，对中等容量以上的转炉托圈都采用质量较轻的焊接托圈。焊接托圈做成箱形断面，它的抗扭刚度比开口断面大好几倍，并便于通水冷却。

b 整体托圈与剖分托圈

在制造与运输条件允许的情况下，托圈应尽量做成整体的。这样结构简单、加工方便，耳轴对中容易保证，结构受力大。例如国内某厂300t 转炉使用的整体托圈，它是钢板焊成的箱形结构，其断面形状为2740×835mm 矩形，材质为日本钢，钢号为 SM41C。内外侧钢板厚为 70mm。托圈耳轴座与耳轴是一个整体铸件，其材质为日本钢，钢号为SCW49。并与出钢侧和装料两瓣托圈焊成一体。为了增强耳轴座焊接处的强度和刚度，在耳轴座附近焊有横隔板，在耳轴两侧各一块。在两轴同一侧两块横隔板之间，还焊有多块均布的立筋板。

对于大型托圈，由于质量与外形尺寸较大，有时也做成剖分的，在现场进行装配。剖分面以尽量少为宜，一般剖分成两段较好，剖分位置应避开最大应力和最大切应力所在截面。剖分托圈的连接最好采用焊接方法，这样结构简单，但焊接时应保证两耳轴同心度和平行度。焊接后进行局部退火消除内应力。若这种方法受到现场设备条件的限制，为了安装方便，剖分面常用法兰热装螺栓固定。我国 120t 和 150t 转炉采用剖分托圈，为了克服托圈内侧在法兰上的配钻困难，托圈内侧采用工字形键热配合连接。其他三边仍采用法兰螺栓连接。

国外还有使托圈做成半圆形的开口式托圈（或马蹄形），炉体通过三支点支撑在托圈上。这种托圈炉体更换时从侧面退出，故降低了厂房和起升设备的高度，缺点是承载能力不如闭式托圈好。

c 耳轴与托圈的连接

耳轴多采用合金钢锻造毛坯，也可采用铸造毛坯加工。耳轴与托圈的连接通常有三种方式：

（1）法兰螺栓连接。其耳轴以过渡配合装入托圈的铸造耳轴座中，再用螺栓和圆销连接，以防止耳轴与孔发生转动和轴向移动。这种结构的连接件较多，而且耳轴需带一个法兰，增加了耳轴制造困难。但这种连接形式工作安全可靠，国内使用比较广泛。

（2）静配合连接，如图 7－9 所示。其耳轴具有过盈尺寸，装配时可将耳轴用液氮冷缩或将轴孔加热膨胀，耳轴在常温下装入耳轴孔。为了防止耳轴与耳轴座孔产生转动或轴向移动，在静配合的传动侧耳轴处拧入精制螺钉。由于游动侧传递力矩很小，故可采用带小台肩的耳轴限制轴向移动。这种连接结构比前一种简单，安装和制造较方便，但这种结构仍需在托圈上焊耳轴座，故托圈质量仍较重。而且装配时，耳轴座加热或耳轴冷却也较费事，故目前国内没广泛使用。

（3）耳轴与托圈直接焊接，如图 7－10 所示。这种结构由于采用耳轴与托圈直接焊接，因此，质量轻、结构简单、机械加工量小。在大型转炉上用得较多。为防止结构由于焊接的变形，制造时要特别注意保证两耳轴的平行度和同心度。

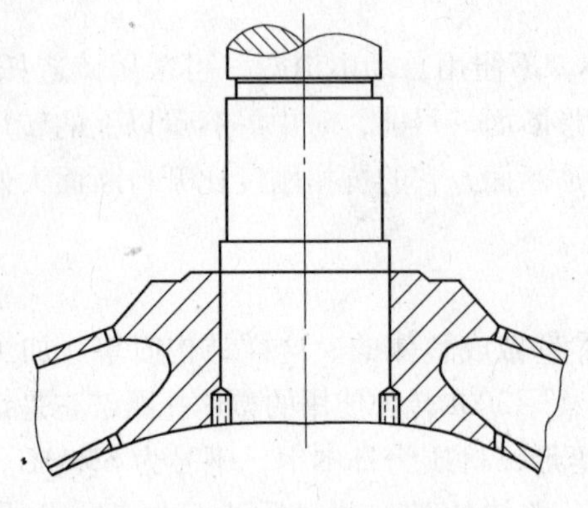
图 7－9　静配合连接

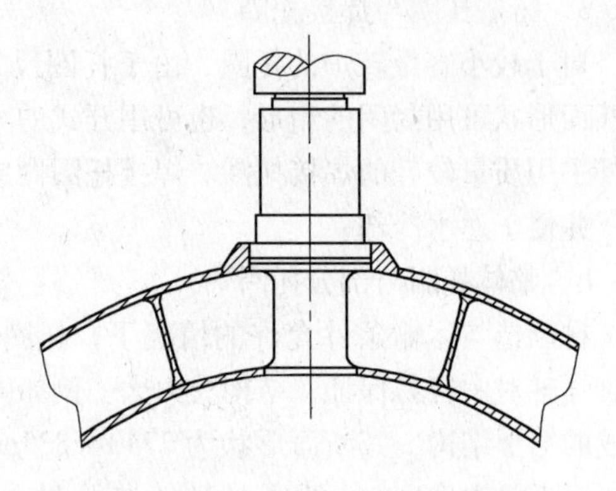
图 7－10　耳轴与托圈直接焊接

国内外几种托圈的主要参数见表 7－3。

表 7－3　不同炉容托圈的技术参数

转炉容量/t	120	150	300
断面形状	箱	箱	箱
断面高度/mm	1800	2400	2500
断面宽度/mm	900	760	835
盖板厚度/mm	100	83	150
腹板厚度/mm	80	75	70
耳轴直径/mm	850	900	约 1350
耳轴轴承型式	重型双列向心球面滚子轴承		
材质	16Mn		
质量/t	180		

B　炉体与托圈的连接装置

a　连接装置基本要求

炉体通过连接装置与托圈相连接。炉壳和托圈在机械载荷的作用下和热负荷影响下都将产生变形。因此，要求连接装置一方面将炉体牢固地固定在托圈上；另一方面，又要能适应炉壳和托圈热膨胀时，在径向和轴向产生相对位移的情况下，不使位移受到限制，以免造成炉壳或托圈产生严重变形和破坏。为此，有的资料提出，托圈和炉壳之间的间隙可取为 $0.03D_L$（D_L 为炉壳外径）。这些是设计连接装置必须考虑的。

例如 50t 转炉的托圈高度为 1650mm，直径为 6800mm，当炉壳平均温度为 300℃，托圈温度为 100℃时，炉壳在轴向膨胀量的理论计算值为 6.2mm，而托圈为 2.06mm，在径向膨胀则分别为 25.5mm 和 8.5mm。这样，在轴向将出现 4.16mm 的相对位移，在径向将出现 17mm 的相对位移。并且当炉壳温度大于 300℃时，相对位移将随温度升高进一步增加。

另外，随着炉壳和托圈变形，在连接装置中将引起传递载荷的重新分配，会造成局部过载，并由此引起严重的变形和破坏。所以一个好的连接装置应能满足下列要求：

（1）转炉处于任何倾转位置时，均能可靠地把炉体静、动负荷均匀地传递给托圈。

（2）能适应炉体在托圈中的径向和轴向的热膨胀而产生相对位移，同时不产生窜动。

（3）考虑到变形的产生，能以预先确定的方式传递载荷，并避免因静不定问题的存在而使支撑系统受到附加载荷。

（4）炉体的负重，应均匀地分布在托圈上，对炉壳的强度和变形的影响减少到最低限度。

b 连接装置的基本形式

目前在转炉上应用的连接装置形式较多，但从其结构来看大致归纳为两类：一类属于支撑托架夹持器；另一类属于吊挂式的连接装置。下面着重介绍目前设计中用得较多的吊挂式连接装置。

（1）法兰螺栓连接装置。法兰螺栓连接是早期出现的吊挂式连接装置，如图 7 - 11 所示。在炉壳上部周边焊接两个法兰，在两法兰之间加焊垂直筋板加固，以增加炉体刚度。在下法兰上均布 8 ~ 12 个长圆形螺栓孔，通过螺栓或销钉斜楔将法兰与托圈连接。在连接处垫一块经过加工的长形垫板，以便使法兰与托圈之间留出通风间隙。螺栓孔呈长圆形的目的是允许炉壳沿径向热膨胀并避免把螺栓剪断。炉体倒置时，由螺栓（或圆锁）承受载荷。炉体处于水平位置时，则由两耳轴下面的托架把载荷传给固定在托圈上的定位块。而在与耳轴连接的托圈平面上有一方块与大法兰方孔相配合，这样就能保证转炉倾动时，将炉体质量传递到托圈上。

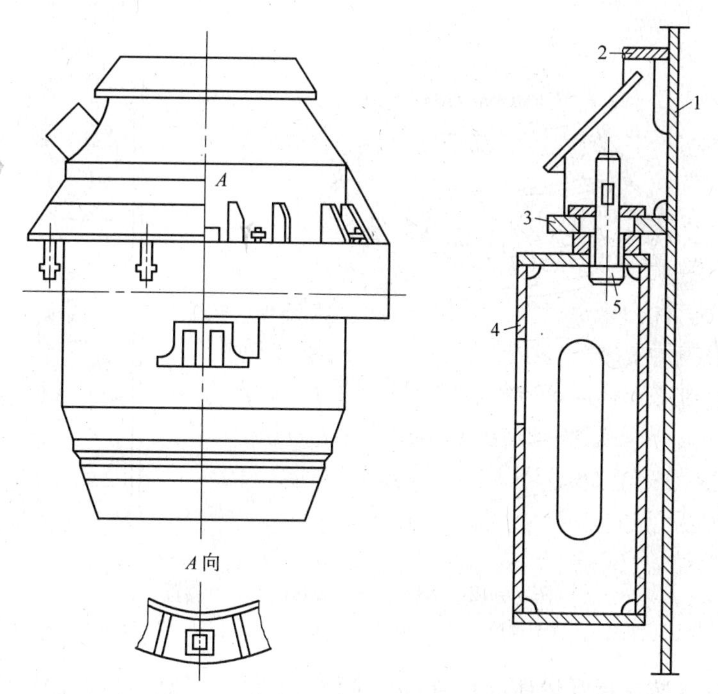

图 7 - 11 法兰螺栓连接装置

1—炉体；2—上法兰；3—下法兰；4—托圈；5—销钉

由于这种连接装置基本能适应炉壳胀缩，因此，工作中有松动现象，造成炉体倾动时的晃动，对设备不利。实践证明，对螺栓或销钉连接时，要注意合理的预紧力，既满足炉壳膨胀要求，又防止晃动。

（2）自调螺栓连接装置。自调螺栓连接装置是目前吊挂装置型式中比较理想的一种结构，图 7－12 为我国 300t 转炉自调螺栓连接装置的结构原理图。炉体 1 是通过下法兰圈和三个自调螺栓 3 在圆周上呈 120°布置，其中两个在出钢侧与耳轴轴线成 30°夹角的位置上。另一个在装料侧与耳轴轴线呈 90°的位置上。自调螺栓通过销用螺母和销将炉体与托圈 5 连接。当炉壳产生热胀冷缩时，由焊在炉壳上的法兰推动球面垫移动，从而使自调螺栓绕支座 9 摆动，故炉体径向位移不会受到约束，而且炉壳中心位置保持不变。图 7－12 中（c）、（d）表示了自调螺栓原始位置和炉壳相对托圈的径向位置达到极限位置时的工作状态。此外，由于炉壳只用下法兰通过自调螺栓支撑在托圈上面，托圈下部的炉壳上没有法兰与托圈连接，故托圈对炉壳在轴向没有任何约束，可以自由膨胀。

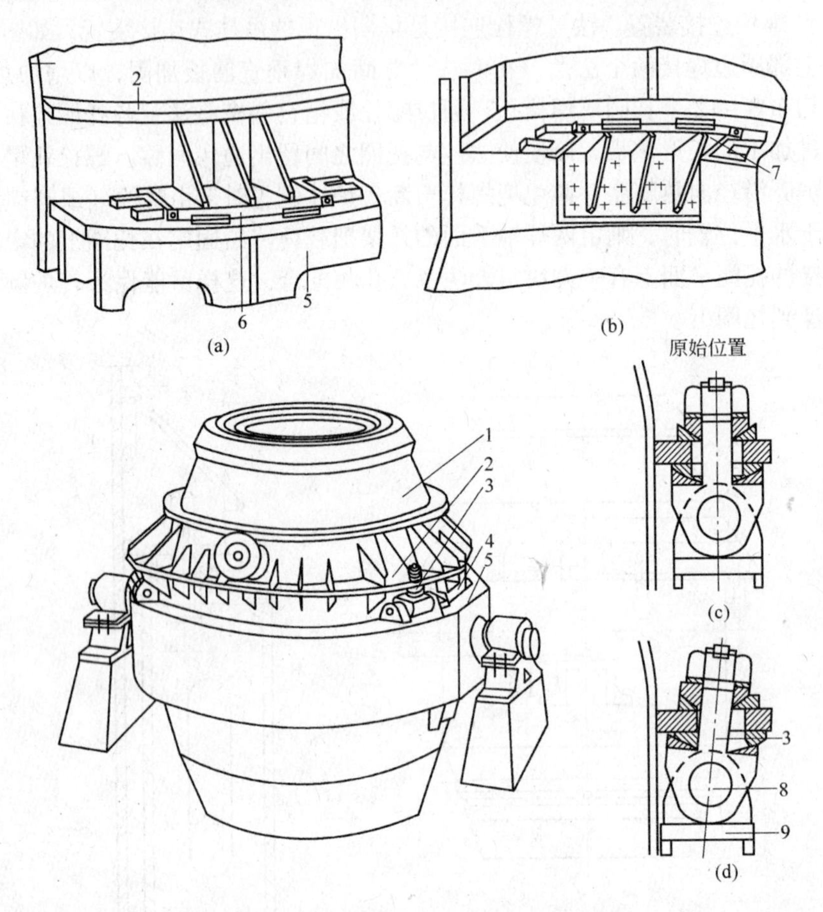

图 7－12　300t 转炉自调螺栓连接装置

1—炉体；2—下法兰圈；3—自调螺栓；4—筋板；5—托圈；6—上托架；7—下托架；8—销轴；9—支座

三组自调螺栓装置承受炉体的自重，其中位于出钢口对侧的自调螺栓装置，由于离耳轴中心距离最远，主要由它来承受倾动力矩。而炉体倾到水平位置时的载荷则由位于耳轴部位的两组止动托架传递到托圈，如图 7－12（a）、（b）所示。上托架 6 由焊在炉壳上的卡板，嵌入焊在托圈下表面上的卡座内，而下托架 7 的卡板则通过铰制螺钉固定在炉壳上，这样便于炉体的更换。卡板与卡座仅在侧面相接触，以制约其横向位移，承受平行于托圈平面方向的载荷。

这种连接装置能满足对连接装置的各项性能要求，且结构简单，制造安装容易，维护较方便，是一种运转可靠值得推广的连接装置，我国中小型转炉也已有应用。但这种连接装置还留用卡板装置，使用中仍存在限制炉壳相对于托圈的胀缩。此外，球铰连接处零件较多，使用时易磨损，使炉体倾动时产生摆动，卡板与炉壳用螺栓连接工作量很大。

7.1.2.3 转炉倾动装置

转炉倾动机械的作用是转动炉体，以使转炉完成兑铁水、取样、出渣、修炉等操作。因此，要求倾动机械能按炼钢生产操作，如能以一定的转速连续回转360°，能平稳倾动和准确停位等，并有足够强度和安全可靠，保证转炉正常连续生产。

A 转炉倾动机械的工作特点

a 低转速大减速比

炉体的对象是高温的液体金属，在兑铁水、出钢等操作时，要求炉体能平稳地倾动和准确地停位。因此，炉子应采取很低的倾动速度，并能有快慢两种以上速度以满足出钢和返回的操作。倾动速度通常取0.1～0.15r/min，故驱动机构传动比为700～1000，甚至达数千。例如我国120t转炉该值为753.35，300t转炉为638.245。

b 重载

转炉炉体自重很大，再加上料质量等，整个被倾动部分的质量达上百吨或上千吨，如300t炉子重达2000t。要使这样大的转炉倾动，就必须对它在耳轴上施加几百以至几千牛米的力矩。

c 启动制动频繁，承受较大的动载荷

在冶炼周期内，要进行兑铁水、取样、出钢、倒渣等操作，为完成这些操作，倾动机械要在30～40min冶炼周期内进行频繁的启动和制动。如某厂120t转炉，在一冶炼周期内，启动、制动可达30～50次，最多可达80～100次，且较多的操作是“点切”操作。因此，倾动机械承受着较大的动负荷。其次，当炉口进行顶渣等操作时，机构承受较大的冲击载荷，其数值为载荷的两倍以上。故进行倾动机构设计时这些因素都应考虑。

B 转炉倾动机构配制形式

a 落地式

落地式是转炉倾动机构最早采用的一种布置形式，多用于容量不大的转炉上。它的倾动机械除末级大齿轮安装在耳轴上外，其余都安装在地基上。而末级大齿轮与安装在地基上的小齿轮相啮合，如图7－13所示。这种布置形式结构简单，在炉子容量不大情况下较多采用。其主要问题是，当耳轴轴承磨损后，大齿轮产生下沉，或是托圈挠曲变形引起耳轴发生较大的偏斜时，都会影响大小齿轮的正常啮合。

图7－14为我国某厂转炉上采用的改进后的落地式结构。经使用证明，该机构很好地解决了末级齿轮副由于耳轴偏斜产生的不正常啮合问题。其结构主要特点是将末级齿轮副的小齿轮通过鼓形齿和花键与轴连接。以适应大齿轮由于耳轴偏斜而产生的不正常啮合。此外，该机构把耳轴的普通轴承改为自动调心式滑动轴承，从而延长了轴瓦的使用寿命。

b 半悬挂式

半悬挂式是在落地式基础上发展起来的。其特点是把末级齿轮副通过减速器箱体悬挂在转炉的耳轴上，而其余部分都安装在地基上，中间用万向接手或弧形齿接手相连接。图

7－15是我国某厂转炉采用的半悬挂配制的倾动机构。

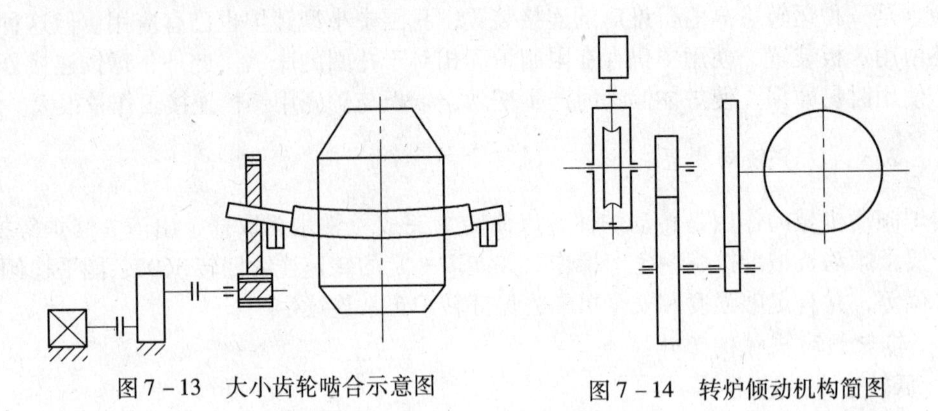

图7－13　大小齿轮啮合示意图

图7－14　转炉倾动机构简图

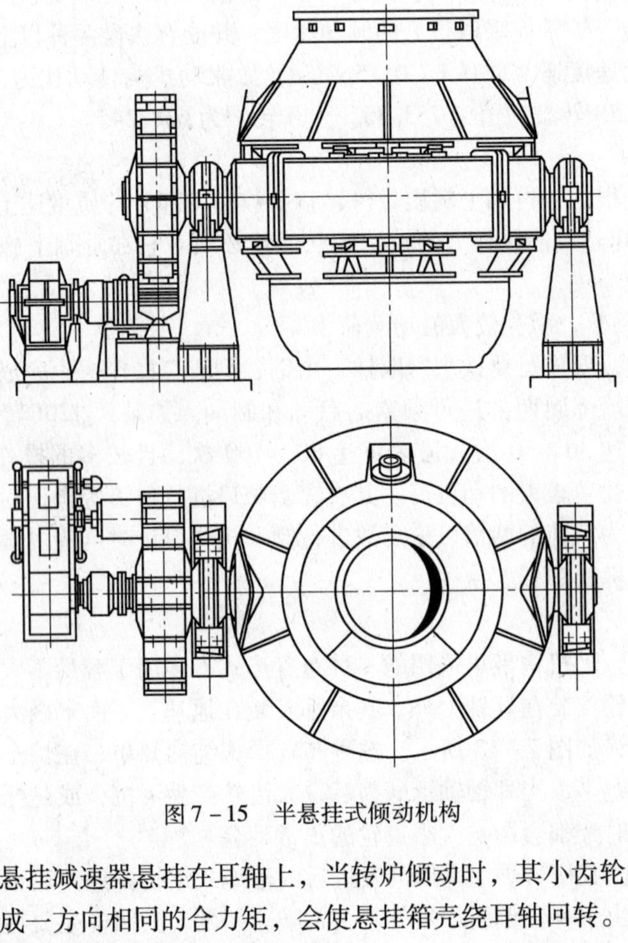

图7－15　半悬挂式倾动机构

半悬挂式由于悬挂减速器悬挂在耳轴上，当转炉倾动时，其小齿轮的输入力矩及炉体给耳轴的反矩，形成一方向相同的合力矩，会使悬挂箱壳绕耳轴回转。为此，在这种结构上必须设置抗扭装置，以防止箱壳绕耳轴回转。

这种配置形式，由于末级齿轮副通过箱壳悬挂在耳轴上，所以克服了落地式末级齿轮副啮合不良的缺点，省掉了笨重的末级联轴器。因此，设备质量和占地面积都有所减小。但这种结构抗冲击和抗扭振性能仍未很好解决，并且又多了一个方向接手或弧形齿接手，占地面积仍然较大。

c 全悬挂式

这种配置形式特点是，将整套传动机构全部挂在耳轴外伸端上。为了减少传动系统的尺寸和质量，并使其工作安全可靠，目前大型全悬挂式转炉倾动机构均采用多点啮合柔性传动，即在末级传动中由数个各自带有传动机构的小齿轮驱动同一个末级大齿轮，而整个悬挂减速器用抗扭器防止箱壳绕耳轴转动。

全悬挂多点啮合柔性传动倾动机构的优点是，结构紧凑，质量轻，占地面积小、运转安全可靠，工作性能好。目前采用的多点啮合一般为2~4点，有的多达12点以上，这样可以充分发挥大齿轮的作用，使单齿传动力减少。但啮合点数的增加，造成了结构复杂，安装空间狭小的问题，给安装维修带来许多不便。目前，国内外在大型转炉上已广泛使用四点啮合传动。

全悬挂四点啮合多柔传动装置，最初是由美国费城装配公司提出的，现已得到广泛推广和使用，并逐步得到完善。

7.1.3 原料输送系统

转炉车间原料的输送包括铁水、废钢，散状材料、铁合金等的运输。

7.1.3.1 铁水的供应

A 混铁车供应铁水

混铁车又称鱼雷罐车如图7-16所示，由铁路机车牵引，兼有运送和贮存铁水的两种作用。其工艺流程为：高炉铁水流入鱼雷罐，经机车牵引，鱼雷罐车进入炼钢车间，当转炉需要铁水时，将鱼雷罐中铁水倒入铁水包，经过称量后，用天车将铁水包送入转炉炉前。

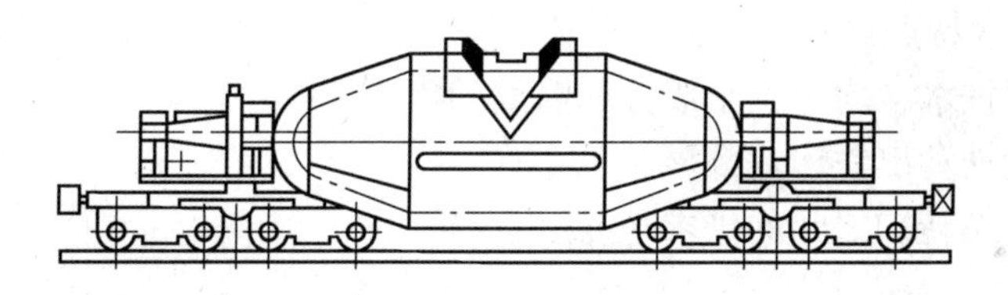

图7-16 鱼雷罐车

混铁车外壳由钢板焊接而成，内砌耐火衬砖。罐体中部为圆筒形，较长；两端为截圆锥形，以便从直径较大的中间部位向两端耳轴过渡。罐体中部上方开口，供受铁、出铁、修砌和检查出入之用。罐口上部设有罐口盖保温。

混铁车的容量根据转炉的吨位确定，一般为转炉吨位的整数倍，并与高炉出铁量相适应，目前，我国使用的混铁车最大公称吨位为300t，国外最大公称吨位为600t。

混铁车供应铁水的特点是：

（1）设备和厂房的基建投资以及生产费用较低。

（2）铁水在运输过程中的热量损失较小。

（3）混铁车的容量受铁路轨距和弯道曲率半径的限制。

B 铁水罐供应铁水

高炉铁水流入铁水罐后，由铁水罐车送至转炉车间，转炉需要铁水时，将铁水倒入转炉车间的铁水包经称量后由天车吊运送至转炉炉前。

铁水罐车供应铁水的特点是设备简单，投资少。铁水在运输过程中热量损失较大，而且有黏罐现象。铁水成分波动较大。这种供应铁水形式主要适用于小型转炉炼钢车间。

C 混铁炉供应铁水

高炉铁水由铁水罐车送至转炉车间加料跨，用铁水吊车将铁水兑入混铁炉。当转炉需要铁水时，从混铁炉将铁水倒入转炉车间的铁水包内，经称量后用天车吊至转炉炉前。

混铁炉由炉体、炉盖开闭机构、炉体倾动机构三部分组成，如图 7－17 所示。

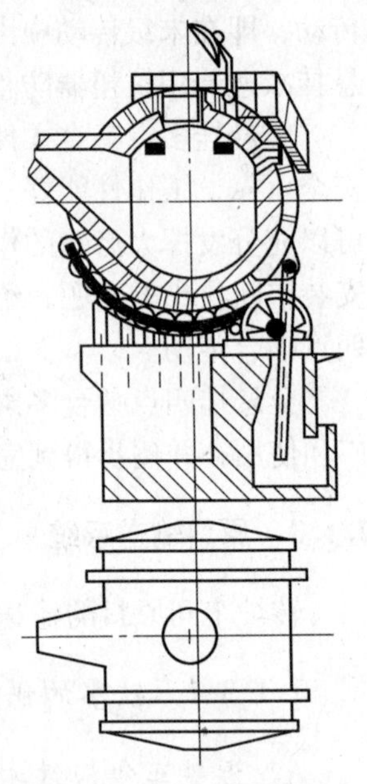

图 7－17 混铁炉构造

混铁炉的炉体一般采用短圆柱炉形，其中段为圆柱形，两端端盖近于球面形，炉体长度与圆柱部分外径之比近于 1。炉壳用 20～40mm 厚的钢板焊接或铆接而成。两个端盖通过螺钉与中间圆柱形主体连接，以便于拆装修炉。炉内耐火砖衬由外向内依次为硅藻土砖、黏土砖和镁砖。

混铁炉倒入口和倒出口皆有炉盖。通过地面绞车放出的钢绳绕过炉体上的导向滑轮去独立地驱动炉盖的开闭。

目前混铁炉普遍采用的一种倾动机构是齿条传动倾动机构。齿条与炉壳凸耳铰接，由小齿轮传动，小齿轮由电动机通过四对圆柱齿轮减速后驱动。

国内混铁炉容量有 300t、600t、1300t。混铁炉容量应与转炉容量相配合。要使铁水保持成分的均匀和温度的稳定，要求铁水在混铁炉中的贮存时间为 8～10h，即混铁炉容量相当于转炉容量的 15～20 倍。

混铁炉供应铁水特点：

（1）具有贮存铁水、均匀铁水成分和温度的作用。

（2）混铁炉受铁和出铁作业频繁。

（3）调节高炉与转炉之间的供求平衡。

7.1.3.2 废钢的供应

废钢应尽量分类存放，特别是含有合金元素的废钢。场地的大小取决于转炉每炉所需废钢加入量及储存天数。

废钢料间的布置方式有设置单独的废钢间，用火车或汽车运送，需要料时用热力或电力料斗天车运送废钢料斗到加料跨，再用吊车加入。一般适用于大型转炉。另一种布置方式是在原料跨一端设立废钢间，由磁盘或大钳天车向废钢料斗装入废钢。

目前在氧气顶吹转炉车间，向转炉加入废钢的方式有两种。

A 直接用桥式吊车吊运废钢槽倒入转炉

这是目前最主要的加入废钢形式，此种加入方式是用普通吊车的主钩和副钩吊起废钢料槽，靠主、副钩的联合动作把废钢加入转炉。这种方式的平台结构和设备都比较简单，废钢吊车与兑铁水吊车可以共用，但一次只能吊起一槽废钢，并且废钢吊车与兑铁水吊车之间的干扰较大。

B 用废钢加料车装入废钢

这种方法是在炉前平台上专设一条加料线，使加料车可以在炉前平台上来回运动。废钢料槽用吊车事先吊放到废钢加料车上，然后将废钢加料车开到转炉前并倾动转炉，废钢加料车将废钢料槽举起，把废钢加入转炉内。这种方式废钢的装入速度较快，并可以避免废钢与兑铁水吊车之间的干扰，但平台结构复杂。

7.1.3.3 散状材料的供应

转炉用散状材料有造渣材料、调渣剂和部分冷却剂，如石灰、萤石、铁矿石、白云石等。转炉用散状材料供应特点是种类多、批量小、批数多，因此要求供料迅速、及时、准确、连续，设备可靠，所以都采用全胶带输送机供料，也称全皮带供料系统，如图 7－18 所示。

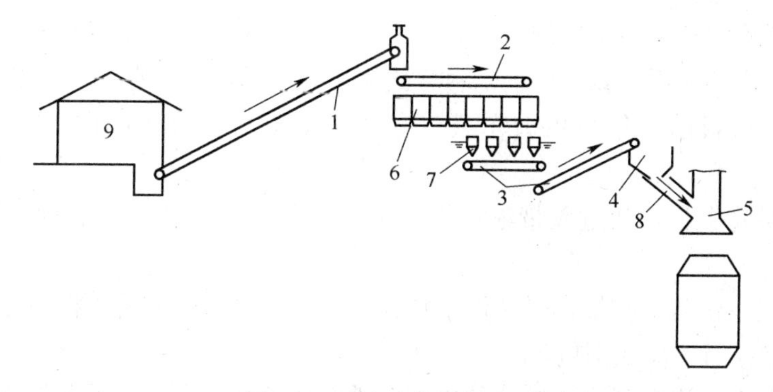

图 7－18 全皮带上料系统

1—固定胶带运输机；2—可逆式胶带运输机；3—汇集胶带运输机；4—汇集料斗；5—烟罩；6—高位料仓；7—称量料斗；8—加料溜槽；9—散状材料间

全皮带上料系统具有结构轻便，运输能力大等特点，工作可靠，有利于自动化，原料破损少，但占地面积大，投资大，适用于大中型转炉车间。

A 地下料仓

地下料仓设在靠近主厂房的附近，它兼有贮存和转运的作用。料仓设置形式有地下式、地上式和半地下式三种，其中采用地下式料仓较多。

B 高位料仓

高位料仓设置的目的在于起到临时储料作用（24h），并利用重力，通过电磁振动给料器、称量料斗、汇集料斗以及密封溜槽向转炉及时可靠地供料，保证转炉正常生产。

高位料仓沿炉子跨纵向布置，可以两座转炉共用高位料仓，此方式优点是料仓数目减少，可以相互支持供料，并避免转炉停炉后料仓内剩余石灰的粉化。但称量及下部给料器作业频繁，设备检修频繁。也可以每座转炉单独使用高位料仓或部分共用高位料仓。图 7－19 ~ 图 7－21 分别为共用高位料仓结构图、独用高位料仓结构图和部分共用高位料仓结构图。

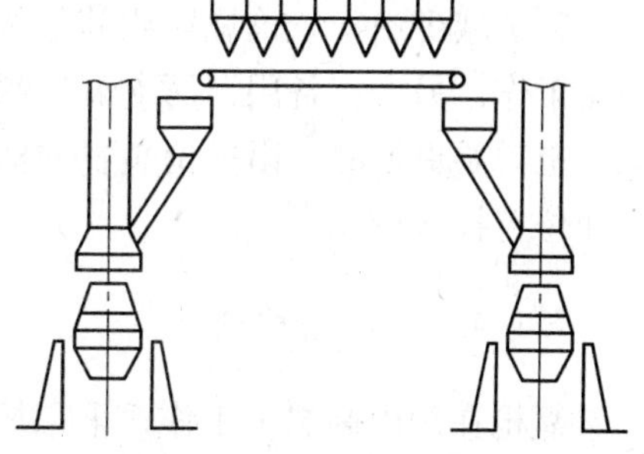

图 7－19 共用高位料仓

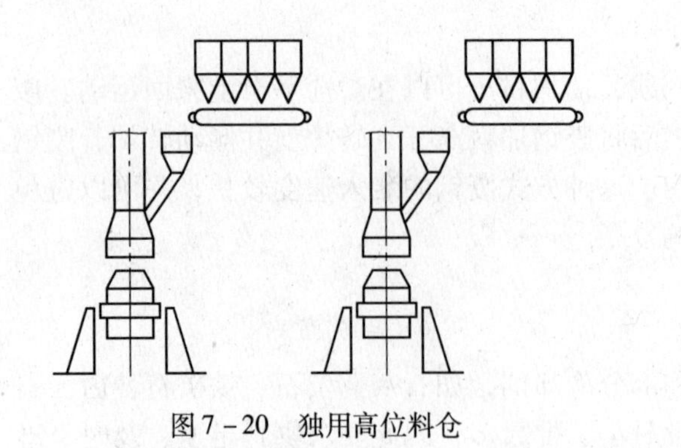

图 7 – 20　独用高位料仓

图 7 – 21　部分共用高位料仓

7.1.3.4　合金料的供应

随着冶炼优质钢和合金钢比例的提高，所用铁合金的种类增多，用量也大，铁合金供应方式要适应生产的需要。铁合金的供料方式为车间外部供料和车间内部供料。

车间外部供料目前一般可由火车或汽车送至地下料仓或车间内。车间内部供料方式有：

(1) 高位料仓供料。通过胶带输送机送至高位料仓，经称量、溜槽，加到钢包或转炉内。

(2) 平台料仓供料。在操作平台设置料仓，由胶带输送机或吊车将铁合金送入料仓暂存，需用时称量经溜槽加入钢包。

(3) 高位料仓与平台料仓相结合的供料。铁合金由高位料仓、平台料仓、称量、溜槽加入钢包中。

大型转炉采用高位料仓供料的方式供应铁合金者居多。

7.1.4　供氧系统

吹氧装置是氧气顶吹转炉车间的关键工艺设备之一，它完成向转炉内吹送氧气的工作，吹氧装置是由氧枪（又称吹氧管）、氧枪升降装置和换枪装置三部分组成。

吹炼时，与车间内供氧管路相连的氧枪由升降装置带动送入炉膛内，在距金属熔池表面一定高度上将氧气喷向液态金属，以实现金属熔池的冶炼反应。氧气的工作压力为0.8 ~ 1.2MPa。停吹时，氧枪由升降装置带动升起，至一定高度时自动切断氧气，氧枪从炉内抽出后，转炉可进行其他操作。

为了减少由于氧枪烧坏或其他故障影响正常吹炼，通常的吹氧装置都带有两支氧枪，一支工作，另一支备用，两支氧枪都借助金属软管与供氧、供水和排水固定管路相连。当工作枪需要更换时，由换枪装置的横移机构迅速将其移开，同时将备用枪移至转炉上方的工作位置投入使用。

7.1.4.1　氧枪构造

氧枪在炉内高温下工作，采用循环水冷却，它是由枪头、枪体和枪尾所组成。

水冷氧枪的基本结构是由三根同心圆管将带有供氧、供水和排水通路的枪尾与决定喷出氧流特征的枪头连接而成的一个管状空心体。

带有供氧、供水和排水通路的枪尾是焊接的。它有使氧和水的通路分离的结构，及与外部氧、水管路连接的接头，同时还用以固定着三个同心圆管。

三个同心管中的内管是氧气的通路。氧气流经内管由枪头吹入金属熔池，其上端被压紧密封装置牢固地装在枪尾，下端被焊固在枪头上。外管牢固地固定在枪尾和枪头之间。中间管是分离流过氧枪的进、出水之间的隔板。冷却水由内管和中间管之间的环状通路进入，下降至枪头后转180°经中间管与外管形成的环状通路上升至枪尾流出。枪头工作时处于炉内最高温度区。因此，要求具有良好的导热性并有充分的冷却。枪头决定着冲向金属熔池的氧流特征并直接影响吹炼效果。枪头与管体的内管用螺纹连接，与外管采用焊接方法连接。

氧枪构造详见4.1.2.1。

7.1.4.2 氧枪升降装置

氧枪固定在升降小车上，由升降机械带动升降。工作时，十几米到二十几米长的氧枪穿过烟罩插入炉内供氧吹炼。为了保证氧枪正常工作，氧枪升降机械应能满足如下要求：

（1）有完善的安全装置，保证当事故停电时，氧枪可自炉内提出，以及为防止其他事故所必需的电器联锁装置和安全措施。

（2）氧枪严格保持铅垂位置，避免由于橡胶软管或其他原因造成管体歪斜。吹炼时，管体应能牢固地固定在铅垂轴线上，若固定不牢，管体会产生摆动或较大振动。

（3）为了缩短辅助时间和停位准确，升降装置能够变速。通常要求有10m/min的慢速和40m/min的快速升降。

（4）升降机械和固定装置能保证吹氧管的快速更换。

A 升降小车

升降小车由车轮、车架、制动装置及管位调整装置组成。车架是钢板焊接件。在前后和左右各有两对车轮实现车架升降的支撑导向作用。由于氧枪及其软管偏心安装于车架上，故升降小车车轮除起导向作用外，还承受偏心重量产生的倾翻力矩。

车轮与轨道磨损后，氧枪中心线即随着间隙的增加而歪斜，但小车运行时由于偏心重量，车轮始终靠紧轨道平稳升降而不会晃动。氧枪的歪斜可以借调整氧枪在支承处的位置来纠正。

为了测量升降重量和检测钢丝绳的松弛或过张力情况，在钢丝绳吊挂处装有负荷传感器。

如正在吹炼时发生停电事故，则立即切断氧气供给，同时由蓄电池供电，使氧枪自动升至等待工作位置。此时的提升速度约为10m/min。

B 升降导轨

升降导轨是保证氧枪做垂直升降运动的重要构件，通常由三段导轨垂直组装而成，它们固装在车间厂房承载构件上。导轨下端装有弹簧缓冲器用以吸收小车到达下极限位置时的冲击动能导轨的段数应尽可能减少，在各段连接处应注意连接好。以免在使用过程中由于某些螺栓松动产生导轨偏斜现象。

C 换枪装置

换枪装置的作用是在氧枪损坏时，能在最短时间里将其迅速移开，并将备用氧枪送入工作位置，其采用的是双卷扬传动装置，即A、B两套独立的升降机构，其特点是承载能力大，且由于分别安装在各自的横移小车上，当需换枪或工作位置卷扬机出现故障时，一台横移小车能即时脱离工作位，备用枪能马上投入，方便快捷，且便于实现自动化控制。

换枪装置基本都是由横移换枪小车、小车座架和小车驱动机构三部分组成。但由于采用的升降装置形式不同，小车座架的结构和功用也明显不同，氧枪升降装置相对横移小车的位置也截然不同。单升降装置的提升卷扬与换枪装置的横移小车是分离配置的；而双升降装置的提升卷扬则装设在横移小车上，随横移小车同时移动。横移小车的驱动采用一套电机直联型摆线针轮减速器传动，再经链轮带动主动轮实现驱动。横移台车轨道内侧设有弹性缓冲器，其主要由斜形碰头，缓冲弹簧及固定套组成，主要作用是缓冲氧枪冲顶的冲击力，并在冲顶后钢绳被拉断情况下，卡住升降小车，而不致发生坠枪事故。

7.1.4.3 氧枪配套装置

A 氧枪刮渣器

氧枪刮渣器是氧枪的主要辅助设备，其主要作用是及时清除氧枪吹炼过程中，氧枪本体上黏附的渣，保证氧枪的正常工作。其主要由刮刀及其支撑转臂、驱动元件组成。一般刮渣器有两种形式，第一种炉刮渣器主要由刮刀、转臂、气缸及连接件、转臂支座及各连接销轴、连接螺栓组成，这种刮渣器结构较简单，各部件的连接处基本上都采用的是直销连接，拆卸和更换都较方便，便于维护检修，但整体强度欠佳，故障率偏高。第二种刮渣器主要由刮刀、刮刀环及其固定刀架、气缸及连接件、支座等部件组成，其结构较第一种要好些，特别是将刮渣动作分解为两步进行（两步为连续进行的），有利于降低刮渣对刀片的磨损和冲击，其整体强度及刀片和刮刀环的安装精度较第一种要高，寿命较长，故障率低，但需要换刀片且刮刀环的时间相对长得多，安装也有要求。

B 氧枪标尺装置

a 设备组成

氧枪标尺系统主要由标尺及支架、滑轮组、钢绳、导向滑筒、配置块及拔叉、升降小车上的拔叉杆组成，标尺工作过程为：氧枪下降进入待吹点后，升降小车上拔叉带动拔叉向下运动，标尺通过钢绳与拔叉连在一起，这样拔叉运动过程直接反映到标尺上，给操作工指示枪位，提枪后，标尺靠配重块回位。

b 主要性能参数

氧枪在最低位置即8.300m处时，标尺应在零位；氧枪标尺行程为5500m。

C 能源介质系统

氧枪配套能源介质主要包括氧气、高压氧、中压氮及高压水。

a 供氧系统

氧气为转炉炼钢最主要能源介质，经调节阀调节后吹炼时保持在0.9 ~ 1.2MPa之间。

氧气通过氧气阀门室内管网，分配到每支枪上，其管路上主要包括快切阀、调节阀、手阀、逆止阀及氧压、流量测量仪表等。

b 供氮系统

氧枪系统的供氮包括中压 N_2，中压 N_2 压力为0.6MPa，主要供氧枪口、下料口及汇总斗的氮封装置，其主要作用是防止冶炼过程中火焰及烟气从氧枪口和下料管中溢出；中压氮的使用还包括各切断阀、调节阀的控制气源；而高压 N_2 压力为3.0MPa，大部分用于溅渣护炉。

c 供水系统

氧枪供水为净循环水系统中的高压水，压力不小于1.8MPa，由水站供水至炼钢厂房氧气阀门室内，其系统水质在循环中不受污染，仅水温升高，冷却氧枪的水靠余压进入水站热水并经冷却。

7.1.5 烟气处理系统

在氧气顶吹转炉的吹炼过程中，当氧气经氧枪喷入熔池后，与铁水中的碳等发生激烈氧化生成大量的 CO 和 CO_2，随同其他少量气体构成炉气。同时，在吹炼过程中，由于熔池温度很高，使部分铁与杂质蒸发，铁蒸汽随即被氧化和冷却而生成极细的氧化铁微粒。另外，当大量 CO 从熔池中浮出时引起熔池沸腾也带出微细的液滴，这些液滴同样随即被氧化而随炉气排出炉外。

根据国内生产实践统计，平均每吨钢烟气量（标态）为 $60\sim80m^3$，当烟气中 CO 占 60%～80%时，其发热量波动在 $7745.95\sim10048.8kJ/m^3$。炉气中含尘量为 $80\sim120g/m^3$，出炉口后烟尘被氧化生成 Fe_2O_3，其含量在90%以上，可见转炉烟尘是含铁很高的精矿粉，可作为高炉原料或转炉自身的冷却剂和造渣剂。这些含有大量炉尘和 CO 的炉气直接排入大气中，不仅会造成厂区周围的严重污染，危害人的身体健康和其他生物的繁殖生长，而且也是资源的一种极大浪费。因此，有必要对氧气转炉的炉气进行处理（降温、除尘），回收其余热、煤气和炉尘。

转炉炉气的处理有燃烧法和未燃法两种。

燃烧法是指炉气从炉口进入烟罩，令其与空气成分混合，使可燃成分完全燃烧形成高温废气，经过冷却、净化后，通过风机抽引放散。处理后的炉气温度可高达1800～2400℃。燃烧法烟尘为红棕色，Fe_2O_3 含量达到90%以上，尘粒接近雾，较难去除。

未燃法是炉气从炉口进入烟罩，通过某种方法，使空气尽量少进入炉气，CO 少量燃烧，经过冷却、净化后，通过风机抽入回收系统贮存利用，炉气的温度与燃烧法相比较低，约为1400～1800℃。未燃法的烟气量较少，燃烧法的烟气量是其4～6倍。未燃法烟尘为黑色，FeO 含量60%以上，烟尘接近灰尘，容易清除。

烟气烟尘回收系统主要设备是烟罩、烟道、除尘器、脱水器等。烟气净化方式有全湿法、全干法、干湿结合法。

7.1.5.1 烟罩

A 活动烟罩

为了收集烟气，在转炉上面装有烟罩。烟气经烟罩之后进入汽化冷却烟道或废热锅炉以利用废热，再经净化冷却系统。目前烟气处理方法均为未燃法，因此要求烟罩能够上、下升降，以保证烟罩内外气压大致相等，既避免炉气的外逸恶化炉前操作环境，也不吸入空气而降低回收煤气的质量，因此在吹炼各阶段烟罩能调节到需要的间隙。吹炼结束出钢、出渣、加废钢、兑铁水时，烟罩能升起，不妨碍转炉倾动。当需要更换炉衬时，活动烟罩又能平移出炉体上方。这种能升降调节烟罩与炉口之间距离，或者既可升降又能水平移出炉口的烟罩称为“活动烟罩”。

a　裙式活动单烟罩

裙式活动单烟罩，如图 7－22 所示。罩口内径略大于水冷炉口外缘，当活动烟罩下降至最低位置时，烟罩与炉口缝隙约为 50mm，使罩口内外形成合适的微压差，有利于回收煤气。

b　活动双烟罩

活动双烟罩由固定部分即下烟罩与升降部分即罩裙组成。下烟罩与罩裙通过水封连接。其结构如图 7－23 所示。

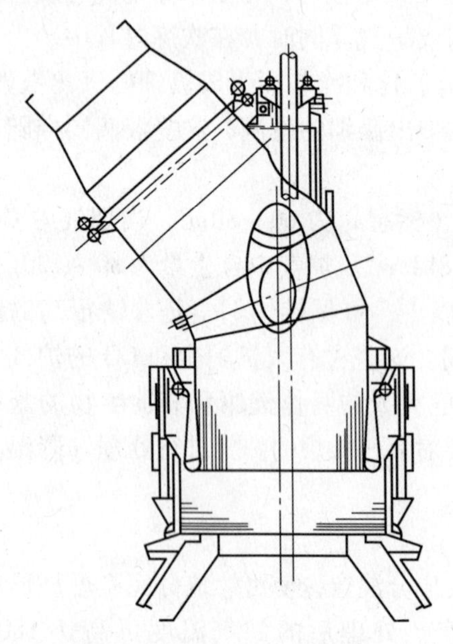

图 7－22　裙式活动单烟罩

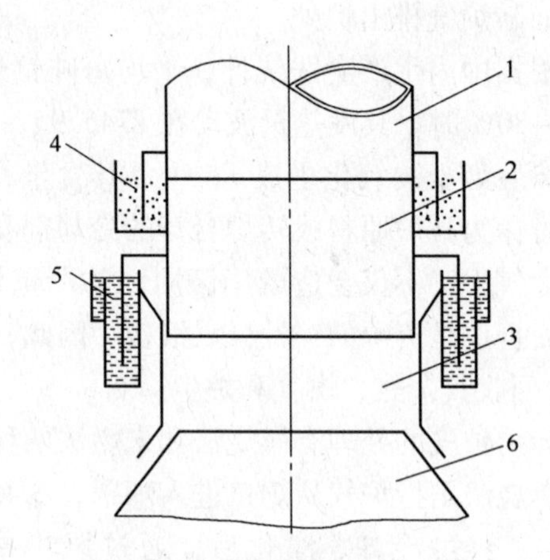

图 7－23　活动双烟罩

1—上部烟罩；2—下部烟罩；3—罩裙；4—沙封；5—水封；6—转炉炉口

B　固定烟罩

固定烟罩即上部烟罩，固定烟罩装于活动烟罩与汽化冷却烟道或废热锅炉之间，也是水冷结构件。固定烟罩上开设有三个孔，分别是散状材料投入孔、氧枪孔和副枪插入孔。为了防止烟气外逸，均采用蒸汽或氮气密封。

7.1.5.2　汽化冷却烟道

汽化冷却烟道（如图 7－24 所示）起到回收热量及冷却烟气从而维护设备的作用。回收热量的介质是水。水经过软化处理及除氧处理。汽化冷却原理是汽化冷却烟道内由于汽化产生的蒸汽形成汽、水混合物，经上升管进入汽包，汽与水分离，然后，热水从下降管

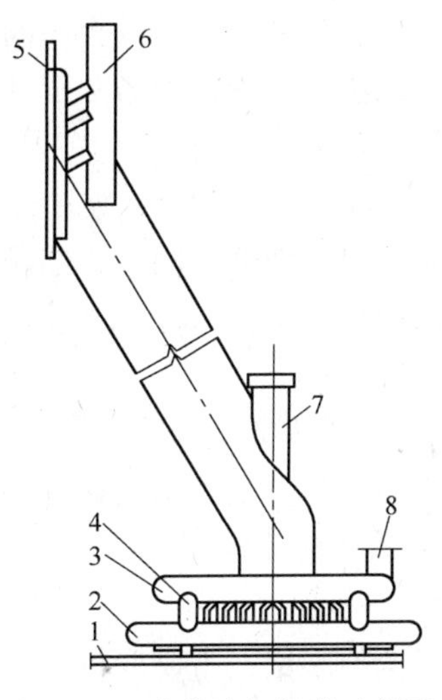

图 7－24　汽化冷却烟道示意图

1—排污集管；2—进水集箱；
3—进水总管；4—分水管；
5—出口集箱；6—出水（汽）总管；
7—氧枪水套；8—进水总管接头

经循环泵，又被送入汽化冷却烟道继续使用。汽化冷却系统流程如图 7－25 所示。

汽化冷却烟道是用无缝钢管围成的筒形结构，其断面为方形或圆形，钢管的排列有水管式、隔板管式和密排管式，如图 7－26 所示。

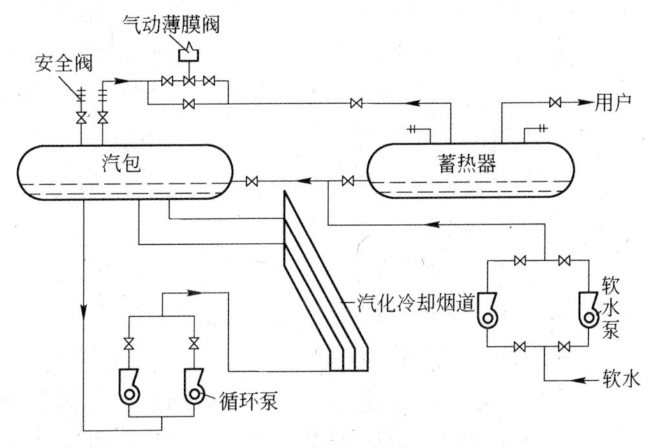

图 7－25　汽化冷却系统流程图

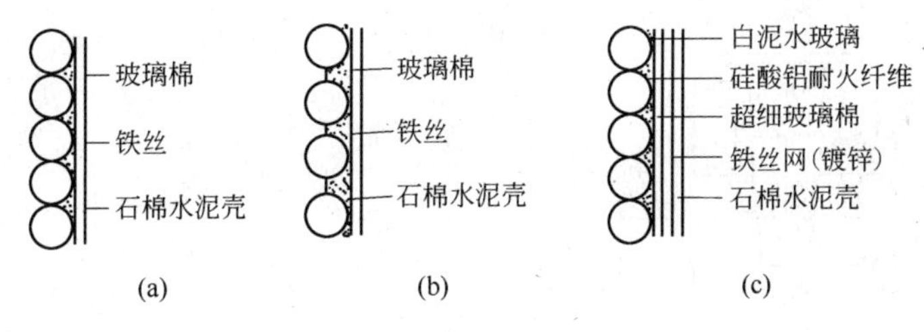

图 7－26　烟道管壁结构

（a）水管式；（b）隔板管式；（c）密排管式

7.1.5.3　文氏管净化器

文氏管净化器是一种湿法除尘设备，也兼有冷却降温作用。文氏管是当前效率比较高的湿法除尘净化设备。文氏管由雾化器、文氏管本体、脱水器三部分构成。文氏管本体由收缩段、喉口、扩张段三部分构成。文氏管净化除尘原理是水流经雾化器雾化后，雾化水在喉口处形成水幕。煤气流经文氏管收缩段到达喉口时气流已加速，高速煤气冲击水幕，使水得到二次雾化，形成了小于或等于烟尘粒径 100 倍的细小水滴。细小水滴捕捉烟尘，在文氏管的喉口段和扩张段内相互撞击而凝聚成较大的颗粒。经过脱水器，使含尘水滴与气体分离，烟气得到降温与净化。

按文氏管的构造可分成定径文氏管和调径文氏管。在湿法净化系统中采用双文氏管串联，通常以定径文氏管为一级除尘装置并加溢流水封，以调径文氏管为二级除尘装置。

A　溢流文氏管

溢流文氏管在低喉口流速和低压头损失的情况下不仅可以部分地除去煤气的灰尘，而且可以有效地冷却。它是由煤气入口管、溢流水箱、收缩管、喉口和扩张管等几部分组成。溢流水箱是避免灰尘在干湿交接面集聚，防止喉口堵塞的必备措施。溢流水箱的水不断沿溢流口流入收缩段，以保证收缩段至喉口不断地有一层水膜，防止灰尘堵塞。其结构图如图7－27所示。

溢流文氏管的工作原理是：当煤气以高速通过喉口时，与净化煤气的用水发生剧烈的冲击，使水雾化而与煤气充分接触，两者进行热交换后，煤气温度降低；同时，细颗粒的水使煤气中所带灰尘湿润而彼此凝聚沉降后，随水排除，以达到净化煤气的目的。

溢流文氏管在生产实践中收到了良好的效果，它有如下特点：

（1）构造简单，节省钢材，其钢材消耗量仅是洗涤塔的1/3～1/2。

（2）体积小，高度大大降低。因此，相应要求供水压力低，减少了动力消耗。

（3）除尘效率比较高，水消耗比较低，一般为4kg/m³（标准状态）。

B　调径文氏管

当喷水量一定的条件下，文氏管除尘器内水的雾化和烟尘的凝聚，主要取决于烟气在喉口处的速度。吹炼过程中烟气量变化很大，为了保持喉口烟气速度不变，以稳定除尘效率，可采用调径文氏管，如图7－28所示，它能随烟气量变化相应增大或缩小喉口断面积，保持喉口处烟气速度一定。还可以通过调节风机的抽气量控制炉口微压差，确保回收煤气质量。现用的矩形调径文氏管，调节喉口断面大小的方式有很多，常用的有阀板、重砣、矩形翼板、矩形滑块等。

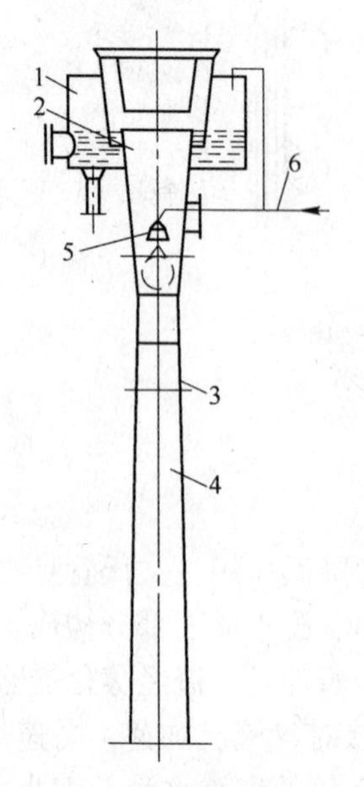

图7－27　溢流文氏管
1—溢流水封；2—收缩段；3—喉口；4—扩张段；5—碗形喷嘴；6—溢流供水管

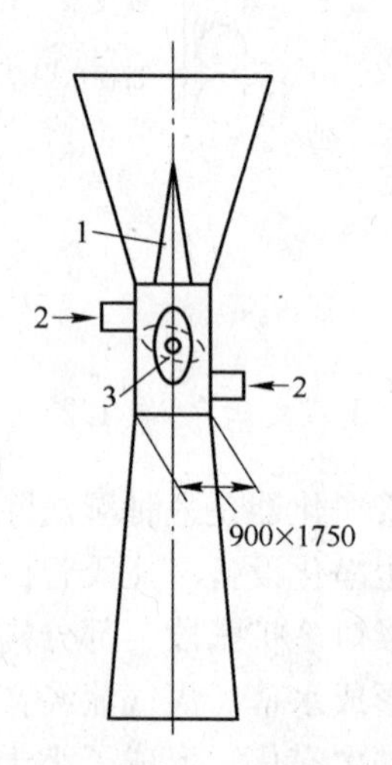

图7－28　圆弧形－滑板调径文氏管
1—导流板；2—供水；3—可调阀板

C　脱水器

在湿法净化器后面必须有汽水分离装置，即脱水器。脱水器能够进一步净化烟气，同时对后续设备起到保护作用。目前脱水器有重力脱水器、弯头脱水器和丝网脱水器几种方式。

a　重力脱水器

重力脱水器结构图如图7－29所示。烟气进入脱水器后流速下降，流向改变，靠含尘水滴自身重力实现汽水分离，脱水效果一般。重力脱水器的入口气体流速一般不小于12m/s，筒体内流速一般为4～5m/s。

b　弯头脱水器

含尘水滴进入脱水器后，受惯性及离心力作用，水滴被甩至脱水器的叶片及器壁，沿叶片及器壁流下，通过排污水槽排走。弯头脱水器按其弯曲角度不同，可分为90°和180°弯头脱水器两种。弯头脱水器能够分离粒径大于30μm的水滴，脱水效率可达95%～98%。进口速度为8～12m/s，出口速度为7～9m/s，阻力损失为294～490Pa。弯头脱水器中叶片多，故脱水效率高，但叶片多容易堵塞。弯头脱水器如图7－30所示。

c　丝网脱水器

用于脱除雾状细小水滴，由于丝网的自由体积大，气体很容易通过，烟气中夹带的细小水滴与丝网表面碰撞，沿丝与丝交叉结扣处聚集逐渐形成大液滴脱离而沉降，实现汽、水分离。如图7－31所示。

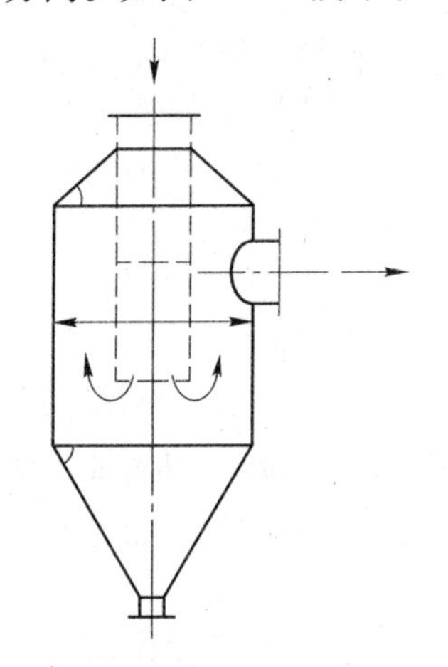
图7－29　重力脱水器

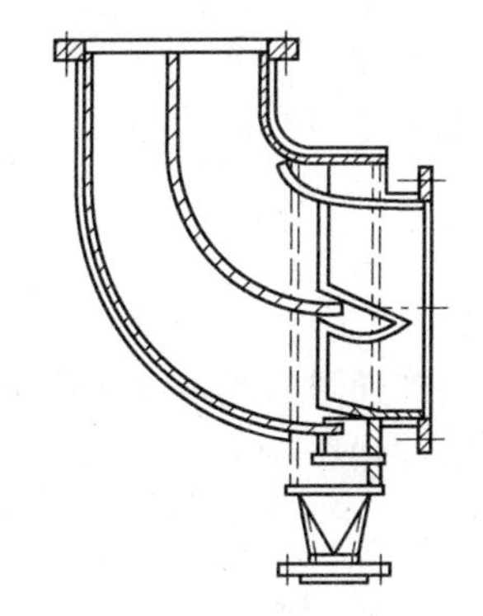
图7－30　弯头脱水器

图7－31　丝网脱水器

丝网脱水器是一种高效率的脱水装置，能有效地除去粒径为2～5μm的雾滴。它阻力小、质量轻、耗水量少，一般用于风机前做精脱水设备。但丝网脱水器长期运转容易堵塞，一般每炼一炉钢冲洗一次，冲洗时间为3min，为防止丝网腐蚀，丝网选用不锈钢丝、紫铜丝或磷铜丝等材料编织。其规格为0.1mm×0.4mm。丝网厚度有100mm和150mm两种规格。

7.1.5.4　静电除尘设备

静电除尘器的工作原理是利用高压电场使烟气发生电离，气流中的粉尘荷电在电场作用下与气流分离，如图7－32所示。负极由不同断面形状的金属导线制成，称为放电电极。正极由不同几何形状的金属板制成，称为集尘电极。

静电除尘器的性能受粉尘性质、设备构造和烟气流速三个因素的影响。粉尘的比电阻是评价导电性的指标，它对除尘效率有直接的影响。比电阻过低，尘粒难以保持在集尘电极上，致使其重返气流；比电阻过高，到达集尘电极的尘粒电荷不易放出，在尘层之间形成电压梯度会产生局部击穿和放电现象。这些情况都会造成除尘效率下降。

静电除尘器的电源由控制箱、升压变压器和整流器组成。电源输出的电压高低对除尘

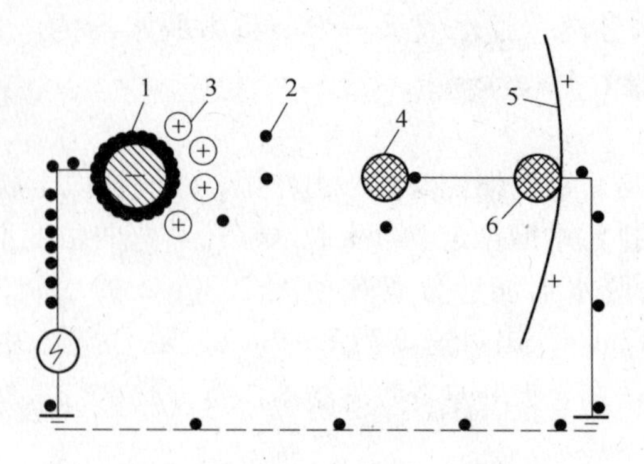

图 7－32　静电除尘器工作原理

1—放电电极；2—烟气电离后产生的电子；3—烟气电离后产生的正离子；
4—捕获电子后的尘粒；5—集尘电极；6—放电后的尘粒

效率也有很大影响。因此，静电除尘器运行电压需保持 40 ~ 75kV 乃至 100kV 以上。

静电除尘器与其他除尘设备相比，耗能少，除尘效率高，适用于除去烟气中粒度为 0.01 ~ 50μm 的粉尘，而且可用于烟气温度高、压力大的场合。实践表明，处理的烟气量越大，使用静电除尘器的投资和运行费用越经济。

7.1.5.5　布袋除尘器

A　布袋除尘器工作原理

布袋除尘器工作机理是含尘烟气通过过滤材料，尘粒被过滤下来，过滤材料捕集粗粒粉尘主要靠惯性碰撞作用，捕集细粒粉尘主要靠扩散和筛分作用。滤料的粉尘层也有一定的过滤作用。

含尘气体从风口进入灰斗后，一部分较粗尘粒和凝聚的尘团，由于惯性作用直接落下，起到预收尘的作用。进入灰斗的气流折转向上涌入箱体，当通过内部装有金属骨架的滤袋时，粉尘被阻留在滤袋的外表面。净化后的气体进入滤袋上部的清洁室汇集到出风管排出。除尘器的清灰是逐室轮流进行的，其程序是由控制器根据工艺条件调整确定的。合理的清灰程序和清灰周期保证了该型除尘器的清灰效果和滤袋寿命。清灰控制器有定时和定阻两种清灰功能，定时式清灰适用于工况条件较为稳定的场合；工况条件如经常变化，则采用定阻式清灰即可实现清灰周期与运行阻力的最佳配合。除尘器工作时，随着过滤的不断进行，滤袋外表的积尘逐渐增多，除尘器的阻力亦逐渐增加。当达到设定值时，清灰控制器发出清灰指令，将滤袋外表面的粉尘清除下来，并落入灰斗，然后再打开排气阀使该室恢复过滤。经过适当的时间间隔后除尘器再次进行下一室的清灰工作。

B　布袋除尘器滤料

布袋除尘器是一种干式除尘装置。它适用于捕集细小、干燥、非纤维性粉尘。滤袋采用纺织的滤布或非纺织的毡制成，利用纤维织物的过滤作用对含尘气体进行过滤，当含尘气体进入布袋除尘器后，颗粒大、密度大的粉尘，由于重力的作用沉降下来，落入灰斗，含有较细小粉尘的气体在通过滤料时，粉尘被阻留，使气体得到净化。

布袋除尘器除尘效果的优劣与多种因素有关，但主要取决于滤料。布袋除尘器的滤料就是合成纤维、天然纤维或玻璃纤维织成的布或毡。根据需要再把布或毡缝成圆筒或扁平形滤袋。根据烟气性质，选择出适合于应用条件的滤料。通常，在烟气温度低于120℃，要求滤料具有耐酸性和耐久性的情况下，常选用涤纶绒布和涤纶针刺毡；在处理高温烟气（120~250℃）时，主要选用石墨化玻璃丝布；在某些特殊情况下，选用炭素纤维滤料等。

布袋除尘器运行中控制烟气通过滤料的速度（称为过滤速度）颇为重要。一般取过滤速度为0.5~2m/min，对于粒度大于0.1μm的微粒效率可达99%以上，设备阻力损失约为980~1470Pa。布袋除尘器由排列整齐的过滤布袋组成，布袋的数目由几十个至数百个不等。废气通过滤袋时粒状污染物附在滤层上，再定以振动、气流逆洗或脉动冲洗等方式清除。其除尘效果与废气流量、温度、含尘量及滤袋材料有关。

一般新滤料的除尘效率是不够高的。滤料使用一段时间后，由于筛滤、碰撞、滞留、扩散、静电等效应，滤袋表面积聚了一层粉尘，这层粉尘称为初层，在此以后的运动过程中，初层成了滤料的主要过滤层，依靠初层的作用，网孔较大的滤料也能获得较高的过滤效率。随着粉尘在滤料表面的积聚，除尘器的效率和阻力都相应增加，当滤料两侧的压力差很大时，会把有些已附着在滤料上的细小尘粒挤压过去，使除尘器效率下降。另外，除尘器的阻力过高会使除尘系统的风量显著下降。因此，除尘器的阻力达到一定数值后，要及时清灰。清灰时不能破坏初层，以免效率下降。

C　布袋除尘器清灰方法

布袋除尘器性能的好坏，除了正确选择滤袋材料外，清灰系统对布袋除尘器起着决定性的作用。为此，清灰方法是区分布袋除尘器的特性之一，也是布袋除尘器运行中重要的一环。

目前常用的清灰方法有：

（1）气体清灰。气体清灰是借助于高压气体或外部大气反吹滤袋，以清除滤袋上的积灰。气体清灰包括脉冲喷吹清灰、反吹风清灰和反吸风清灰。

（2）机械振打清灰。分顶部振打清灰和中部振打清灰（均对滤袋而言），是借助于机械振打装置周期性轮流振打各排滤袋，以清除滤袋上的积灰。

（3）人工敲打。是用人工拍打每个滤袋，以清除滤袋上的积灰。

D　布袋除尘器的结构形式

（1）按滤袋的形状分为：扁形袋（梯形及平板形）和圆形袋（圆筒形）。

（2）按进出风方式分为：下进风上出风、上进风下出风和直流式（只限于板状扁袋）。

（3）按袋的过滤方式分为：外滤式及内滤式。

E　布袋除尘器的优点

（1）除尘效率高，可捕集粒径大于0.3μm的细小粉尘，除尘效率可达99%以上。

（2）使用灵活，处理风量可由每小时数百立方米到每小时数十万立方米，可以作为直接设于室内、机床附近的小型机组，也可作成大型的除尘室，即“袋房”。

（3）结构比较简单，运行比较稳定，初投资较少（与电除尘器比较而言），维护方便。

7.1.5.6　煤气回收系统设备

A　煤气柜

经过前期净化后的煤气贮存在煤气柜中，以便后续使用。煤气柜犹如一个大钟罩扣在水槽中，随煤气进出而升降，通过水封使煤气柜内煤气与外界空气隔绝，结构示意图如图 7－33 所示。

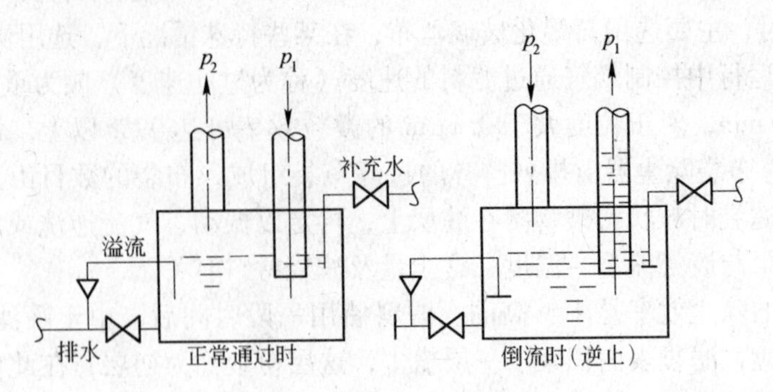

图 7－33　逆止水封器

B　水封器

水封器的作用是防止煤气外逸或空气渗入系统，阻止各污水排出管之间相互窜气，阻止煤气逆向流动，也可以调节高温烟气管道的位移，还可以起到一定程度的泄爆和柔性连接器的作用。因此它是严密可靠的安全设施。根据其作用原理分为正压水封、负压水封和连接水封。

逆止水封器是转炉煤气回收管路上防止煤气倒流的部件。其工作原理示意如图 7－33 所示。当气流 $p_1 > p_2$ 时，煤气流冲破水封从排气管排出，气流正常通过。当气流 $p_1 < p_2$ 时，水封器水液面下降，水被压入进气管中阻止煤气倒流。

C　煤气柜自动放散装置

图 7－34 是 10000m³ 煤气柜的自动放散装置示意图。它由放散阀、放散烟囱、钢绳等组成。

钢绳的一端固定在放散阀顶上，经滑轮导向，另一端固定在第三级煤气柜边的一点上，该点高度经实测得出。当气柜上升至贮存量 9500m³ 时，钢绳 2 呈拉紧状态，提升放散阀 5，脱离水封面而使煤气从放散烟囱 6 放散。当贮存量小于 9500m³ 时，放散阀在自重下落在水封中，钢绳呈松弛状，从而稳定煤气柜的贮存量。

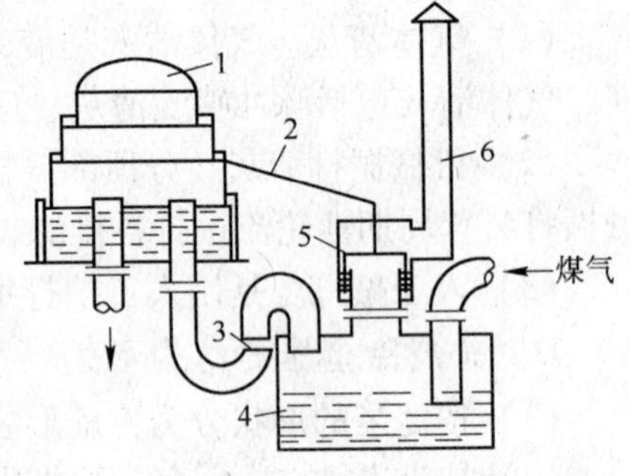

图 7－34　10000m³ 煤气柜自动放散装置
1—煤气柜；2—钢绳；3—正压连接水封；4—逆止水封；5—放散阀；6—放散烟囱

7.1.5.7　风机与放散烟囱

A　风机

煤气经冷却净化后，风机又将其排入煤气柜中。风机的工作环境比较恶劣，因此对其要求严格，如：

（1）调节风量时其压力变化不大，同时在小风量运转时风机不喘振。

（2）叶片、机壳应具有较高的耐磨性和抗腐蚀性。

（3）具有良好的密封性和防爆性。

（4）应设有水冲洗喷嘴，以清除叶片和机壳内的积泥。

(5) 具有较好的抗震性。

B 放散烟囱

a 放散烟囱高度

氧气转炉烟气中含有可燃成分，因此其排放与一般工业废气不同。一般工业用烟囱只高于方圆100m内最高建筑物3~6m即可。氧气转炉的放散烟囱的标高应根据距附近居民区的距离和卫生标准来决定。根据国内各厂情况来看，放散烟囱的高度均高出厂房屋顶3~6m。

b 放散烟囱结构形式

一座转炉设置一个专用放散烟囱。钢质烟囱防震性能好，又便于施工，但北方寒冷地区要考虑防冻措施。

c 烟囱直径

烟囱直径的确定应考虑以下因素：

(1) 防止烟气发生回火，为此烟气的最低流速（12~18m/s）应大于回火速度。

(2) 无论是放散或回收，烟罩口应处于微正压状态，以免吸入空气。关键是提高放散系统阻力，与回收系统阻力相平衡。可采取的办法是在放散系统管路中装一水封器，既可增加阻力又可防止回火，或在放散管路上增设阻力器等。

7.2 应知训练

7-1 转炉炼钢车间主要设备有哪些？

7-2 转炉车间由哪些跨间组成？

7-3 说明水冷炉口的结构。

7-4 转炉炉壳负荷特点是什么？

7-5 炉体与托圈连接的基本要求是什么？

7-6 转炉倾动机械的工作特点是什么？

7-7 混铁车供应铁水的特点是什么？

7-8 简述氧枪主要构造。

7-9 氧枪升降机械应该满足什么样的要求？

7-10 转炉炼钢系统主要的除尘设备有哪些？

7-11 布袋除尘器的工作原理是什么？

7.3 设计与计算

7.3.1 项目一 转炉炉型设计

7.3.1.1 炉型设计目的

(1) 通过转炉炉型设计，使学生充分了解转炉炉型结构、炉型设计参数，了解转炉各部位尺寸由来。

(2) 认知炉衬材料，掌握炉衬砌筑。

(3) 提高绘图能力。

7.3.1.2 炉型设计理论依据

A 转炉公称容量

公称容量（T），对转炉容量大小的称谓，即平时所说的转炉的吨位。它是转炉生产能力的主要标志和炉型设计的重要依据。目前国内外对公称容量的含义的解释还很不统一，归纳起来，大体上有以下三种表示方法。

（1）以平均金属装入量（t）表示。

（2）以平均出钢量（t）表示。

（3）以平均炉产良坯量（t），表示。

这三种表示方法各有其优缺点，但以平均出钢量表示公称容量其数值正介于两者之间，其产量不受操作方法和浇铸方法的影响，便于炼钢后步工序的设计，也比较容易换算成平均金属转入和平均炉产良坯量。设计的公称容量与实际生产的炉产量基本一致。所以在进行炉型设计时采用以平均出钢量表示公称容量比较合理。

B 转炉炉型种类及其选择

吹炼过程中炉膛内进行着极其复杂而又激烈的物理化学反应和机械运动，因此转炉的炉型必须适应这些反应特点和运动规律。否则就不能保证冶炼过程的正常进行。

a 炉型种类的选择原则

选样炉型时应考虑以下几条基本原则：

（1）炉型应能适应炉内钢液、炉渣和炉气的循环运动规律，使熔池得到激烈而又均匀的搅拌，从而加快炼钢过程的物理化学反应。

（2）有利于提高供氧强度，缩短冶炼时间，减少喷溅，降低金属损耗。

（3）新砌好的炉型要尽量接近于停炉以后残余炉衬的轮廓，减少吹炼过程中钢液、炉渣和炉气对炉衬的冲刷侵蚀及局部侵蚀，提高炉龄，降低耐火材料的消耗。

（4）炉壳应容易制造，炉衬砖的砌筑和维护要方便，从而改善工人的劳动条件，缩短修炉时间，提高转炉作业率。

总之应能使转炉炼钢获得较好的经济效益，达到优质、高产、低耗的目标。

b 炉型种类及其选择

目前国内外氧气顶吹转炉所采用的炉型，依据熔池（容纳金属液的那部分容积）的形状不同来区分，炉帽、炉身部位都相同，大体上归纳为以下三种炉型：筒球形、锥球形和截锥形。见图7－35。

（1）筒球形炉型：该炉型的熔池由一个圆筒体和一个球冠体两部分组成，炉帽为截锥形，炉身为圆筒形。其特点是形状简单，砌砖简便，炉壳容易制造。在熔池直径 D 和熔池深度 h 相同的情况下，与其他两种炉型相比，这种炉型熔池的容积大，金属装入量大，其形状接近于金属液的循环运动轨迹，适用于大型转炉。美国、日本采用的较多，中国120t转炉也有采用这种炉型的。如攀钢120t、本钢120t、鞍钢150t转炉都采用了筒球形炉型。

（2）锥球形炉型（国外又称橄榄形）：该炉型的熔池由一个倒置截锥体和一个球冠体两部分组成。炉帽和炉身与筒球形炉型相同。其特点是，与同容量的其他炉型相比，在相同熔池深度 h 下，其反应面积大，有利于钢、渣之间的反应，适用于吹炼高磷铁水。熔池形状比较符合钢、渣环流的要求，熔池侵蚀均匀，熔池深度 h 变化小，新炉炉型接近于停

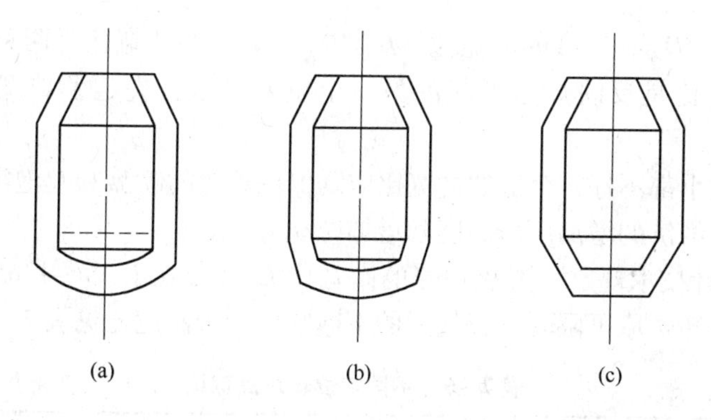

图7-35 转炉炉型
（a）筒球形；（b）锥球形；（c）截锥形

炉后残余炉衬的轮廓，炉型上下对称（橄榄形），空炉重心接近于炉体的几何重心位置，使得转炉的倾动力矩小。

我国中型转炉采用锥球形炉型的比较多，并取得了一些经验，特别是80t左右转炉，尚未发现明显的缺点。中国的宝钢300t、唐钢150t转炉采用的是锥球形炉型。国外说法不一样，有的认为适合大型转炉；有的认为适合于小型转炉。产生不同看法的原因，可能是各国的铁水条件（P含量）不一样。这种炉型德国和日本采用的较多。总的来说，生铁含P较高的国家采用的较多。

（3）截锥形炉型：该炉型的熔池由一个倒置的截锥体组成。其特点是，形状简单，炉底砌筑简便；其形状基本上能满足于炼钢反应的要求，与相同容量的其他炉型相比，在熔池直径相同的情况下，熔池最深，适用于小型转炉。

总之，结合中国已建成的转炉的设计经验，在选择炉型时，可以考虑：大型转炉，采用筒球形炉型；中型转炉，采用锥球形炉型；小型转炉，采用截锥形炉型。

但是也不绝对，还要根据当地的铁水条件，主要是P、S含量，来考虑确定最合适的转炉炉型。对于顶底复吹转炉，可以采用截锥形炉型。

C 转炉炉型主要参数的确定

转炉炉型主要参数的确定方法，通常采用推荐的方法。

a 炉容比（*V/T*，容积比或容积系数）

炉容比 *V/T* 是指新炉时转炉的炉膛有效容积 *V* 与公称容量 *T* 的比值（m^3/t）。

“炼钢工艺设计技术规定”要求转炉新砌炉衬的炉容比 *V/T* 应在0.9~0.95m^3/t，小容量转炉取上限，大容量转炉取下限。推荐炉容量越大，炉容比越小，不同转炉炉容比见表7-4。

表7-4 不同容量转炉炉容比

炉容量/t	中型转炉	大型转炉	
	80~100	100~200	>200
炉容比/$m^3 \cdot t^{-1}$	0.95~1.00	0.90~1.0	0.90~0.95

b 高宽比 *H/D*

定义：炉子的高度与直径之比。

表示方法：$H_{内}/D_{膛}$，炉型的高宽比；$H_{壳}/D_{壳}$，炉壳的高宽比。两种表示方法相差一个炉衬厚度。高宽比是反映炉型形状的另一个重要参数，决定了炉型是瘦长型还是矮胖型。

高宽比过大过小都不好，合适的高宽比应既保证炉渣的喷溅和起泡需要的高度，又不因炉体过高造成不经济的增加厂房高度和增加倾动力矩。

"炼钢工艺设计技术规定"要求炉壳的高宽比 H/D 应在 1.35 ~ 1.65 范围，小容量转炉取上限，大容量转炉取下限。推荐使用的不同吨位转炉高宽比见表 7 - 5。

表 7 - 5　不同吨位转炉高宽比

吨位/t	80 ~ 130	>130	宝钢 300
$H_{壳}/D_{壳}$	1.5 ~ 1.4	1.4 ~ 1.3	1.35
$H_{内}/D_{膛}$	1.85 ~ 1.6	1.6 ~ 1.4	1.54

从表 7 - 5 中的数据可以看出：转炉越小，高宽比越大。有的厂为了减少喷溅，争取较好的操作指标，宁可选用较大的高宽比。

c　熔池深度直径比（h/D）

熔池直径 D：熔池处于平静状态时金属液面的直径。

熔池深度 h：熔池处于平静状态时金属液面到炉底的深度。

h/D 反映了熔池的深浅，讨论 h/D 的目的在于确定合适的熔池深度。据统计大多数转炉的 h/D 在 0.23 ~ 0.54 范围内波动。要根据转炉大小，炉型种类的不同，喷枪类型（单、多孔），原料条件等因素综合考虑来确定 h/D。熔池深度直径比 h/D 也可以用下式计算：

$$h/D = (0.17 \sim 0.19) \frac{K}{(V/T)^{1/3}}$$

式中　K——$H_{内}/D$。

d　炉口直径比（d_0/D）

d_0 为炉口直径。因为在确定炉口直径比之前 D 已经确定，所以炉口直径比的大小决定了炉口的大小。总结已投产的转炉，炉口直径比在 0.31 ~ 0.69 范围内波动，多数在 0.5 左右。设计部门推荐 $d_0/D = 0.43 \sim 0.53$，大型转炉取下限，小型转炉取上限。

炉口直径比也可以用下式计算：

$$d_0/D = 0.5\sqrt[3]{K/(2.65/T^{0.1})} + 0.5S + 0.75$$

式中　K——$H_{内}/D$；

T——公称容量，t；

S——按月计最大废钢比。

e　帽锥角

指炉帽锥与炉身交接处，炉帽与转炉水平线之间的夹角，确定帽锥角的原则如下：

（1）便于炉气逐渐收缩逸出，减少炉气对炉帽衬砖的冲刷侵蚀。

（2）使帽锥段各层砌砖逐渐收缩，缩短砌砖的错台长度，增加砌砖的牢固性。太小砌砖错台，太长容易塌落。

推荐值帽锥角 60° ~ 68°，大型转炉取下限，小型转炉取上限，一般炉帽部分的体积占炉膛体积的30%。

f 出钢口参数（位置、大小、长度和出钢口倾角）

（1）出钢口倾角

定义：炉子处于直立位置时，出钢口中心线与炉子水平线之间的夹角。

出钢口倾角的大小，原则上讲应在开堵出钢口方便的情况下尽量减小角度。国内已建成的转炉多数值在15°~20°之间，如鞍钢150t转炉为20°，攀钢150t转炉为20°。近几年新建大、中型转炉有些采用0°角。国外也有不少转炉采用0°角，如日本新日铁君津厂的220t、300t，福山的180t、250t、280t、300t转炉都采用了0°角。

（2）出钢口直径，包括出钢口内径和出钢口外径。

1）出钢口内径（d_T）。其大小要满足出钢所需要的时间（2~8min），依转炉大小而不同。出钢口内径太大，出钢时间短，铁合金加入时机不容易掌握，并且容易带渣；若出钢口内径过小，则出钢时间过长，钢液的热损失、二次氧化以及吸气均严重；钢流的冲量小，搅拌作用小，不能在钢包内冲成足够的漩涡和形成足够的搅拌力，铁合金熔化上浮慢。

出钢口内径推荐值见表7-6。

表7-6 出钢口内径

容量/t	80	120	150	宝钢300
d_T/m	0.12	0.17	0.18	0.20

出钢口内径也可以采用经验公式计算：

$$d_T = \sqrt{63 + 1.75T}$$

式中 T——公称吨位。

2）出钢口外径（衬砖+钢壳的厚度）。出钢口外径一般为出钢口内径的6倍左右，即

$$d_{ST} = 6d_T$$

（3）出钢口长度L_T。出钢口长度一般为出钢口内径的7~8倍，即

$$L_T = (7 \sim 8)d_T$$

D 炉型设计计算

设计程序：

①确定所设计炉子的公称容量。

②选择炉型（筒球形、锥球形、截锥形）。

③确定炉型主要设计参数。

④计算熔池尺寸。

⑤确定整个炉型尺寸。

a 熔池尺寸的计算

（1）熔池直径（D）。推荐采用如下计算公式：

$$D = K\sqrt{\frac{G}{t}}$$

式中 D——熔池直径，m；

G——新炉金属装入量，t；

t——吹氧时间，min；

K——比例系数，见表7-7。

表7-7　不同吨位下的K值

吨位/t	80~120	200	250
K	1.75~1.85	1.55~1.60	1.5~1.55

上式是根据如下原理推导出来的：增加单位时间供氧量需要相应的扩大熔池面积，因为增加单位时间供氧量，熔池中产生的CO气体量也增加，单位熔池表面上的CO气体逸出量增大，将导致喷溅加剧，要想保持不喷溅，就必须随着炉容量的增大，相应的扩大熔池面积，所以单位时间供氧量与熔池表面积成正比。

此式并不能真正反应复杂的炼钢工艺条件对炉型的要求。因此用此式计算出熔池直径以后还应根据实际情况并参照已生产的同类转炉做适当的调整（依炉建炉）。

由平均出钢量T换算G：

由于

$$T=\frac{m_1+m_2}{2}$$

$$B=\frac{m_2-m_1}{m_1}\times 100\%$$

$$G=m_1\eta$$

$$\eta=\frac{1}{\eta_{金}}$$

所以

$$G=\frac{2T}{2+B}\cdot\frac{1}{\eta_{金}}$$

式中　T——平均出钢量，t；

m_1——新炉时炉产钢水量，t；

m_2——老炉时炉产钢水量，t；

B——老炉比新炉多产钢水系数，一般$B=10\%\sim40\%$，大型转炉取下限，小型转炉取上限；

η——金属消耗系数，一般P08生铁$\eta=1.07\sim1.15$，J13生铁1.15~1.20；

$\eta_{金}$——金属收得率。

吹氧时间计算如下：

$$吹氧时间\ t(\mathrm{min})=\frac{吨钢耗氧量(\mathrm{m^3/t})}{供氧强度[\mathrm{m^3/(t\cdot min)}]}$$

吹氧时间的经验值选取可参照表7-8。

表7-8　不同吨位下吹氧时间推荐值

转炉吨位/t	50~80	>120	宝钢300
时间 t/min	14~18	16~20	16

（2）熔池深度（h）。它是另一个比较重要的熔池尺寸参数，对于一定容量的转炉，

在炉型和熔池直径确定以后，可以利用几何公式计算熔池深度，三种炉型的熔池形状及参数如图 7－36 所示。

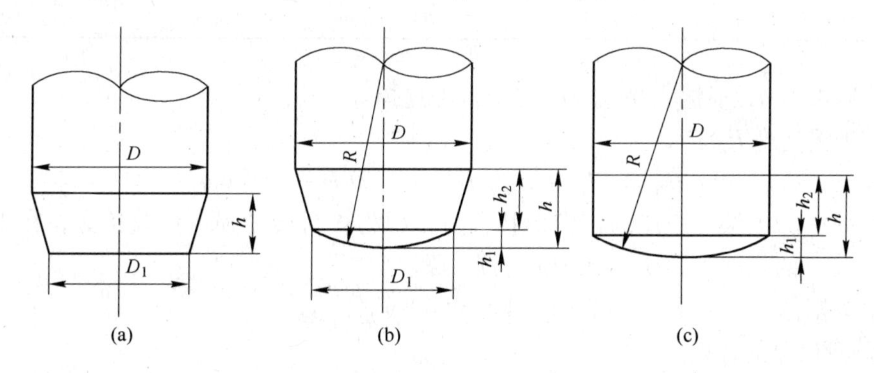

图 7－36 熔池形状

（a）截锥形熔池；（b）锥球形熔池；（c）筒球形熔池

1）截锥形熔池，利用截锥形的体积公式：

$$V_{池} = \frac{\pi}{12}h(D^2 + DD_1 + D_1^2)$$

将 $D_1 = 0.7D$ 代入上式化简后得：

$$V_{池} = 0.574D^2h$$

2）锥球形熔池。利用截锥体积和球冠的公式：

$$V_{池} = \frac{\pi}{12}(h - h_1)(D^2 + DD_1 + D_1^2) + \pi h_1\left(R - \frac{h}{3}\right)$$

取 $R = 1.1D$，$h_1 = 0.09D$，$D_1 = 0.895D$ 代入上式化简后得：

$$V_{池} = 0.70D^2h - 0.0363D^2$$

3）筒球形熔池。利用圆柱体和球冠体体积公式：

$$V_{池} = \frac{\pi}{4}D^2(h - h_1) + \pi h_1^2\left(R - \frac{h_1}{3}\right)$$

取 $R = 1.1D$，$h_1 = 0.12D$ 代入上式化简后得：

$$V_{池} = 0.79D^2h - 0.046D^3$$

熔池直径 D 已求出，若能知道 $V_{池}$ 就可以利用以上公式求出各种炉型的 h 值。

根据熔池的定义，熔池体积 $V_{池}$ 应等于金属液体积 $V_{金}$，即：$V_{池} = V_{金}$，而 $V_{金} = G/\rho_{金}$，$\rho_{金}$ 为金属液密度，取 6.8～7.0t/m³。

求出 D 和 h 后，校核 h/D 是否符合推荐值 $h/D = 0.23 \sim 0.54$。

b 炉帽尺寸的计算

炉帽主要尺寸包括炉口直径，帽锥角，炉帽高度。如图 7－37 所示。

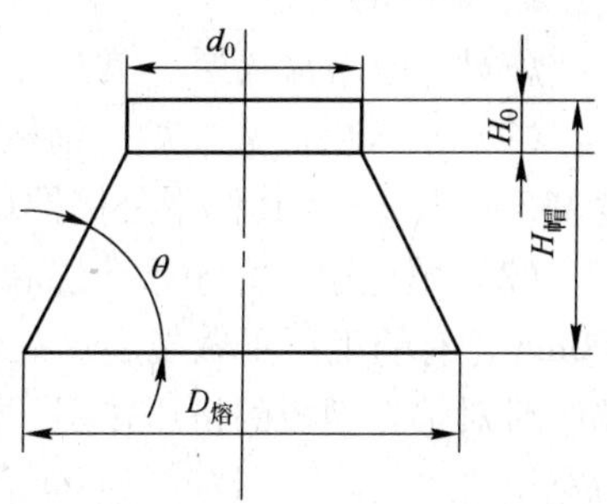

图 7－37 炉帽示意图

（1）炉口直径 d_0：按参数 $d_0/D = 0.43 \sim 0.54$ 计算或根据同类炉子 d_0 值选取，部分转炉的炉口直径见表 7－9。

表7-9　部分转炉的炉口直径

转炉吨位/t	80	120	150	300
d_0/mm	1850	2200	2500	3600

（2）帽锥角 θ，根据大小在60°~68°范围选择。

（3）炉帽高度 $H_{帽}$：

$$H_{帽} = H_{口} + H_{锥},\ H_{锥} = 1/2(D - d_0)\tan\theta$$

式中　$H_{口}$——为了保持炉口的正常形状，防止因为炉衬砖蚀损而使其扩大，在炉口设置的高度为300~400mm的直线段。

（4）炉帽体积　$V_{帽} = V_{口} + V_{锥}$

c　炉身尺寸的计算

（1）炉膛直径 $D_{膛}$：炉身为圆筒形，对于炉衬无加厚段的转炉其炉膛直径与熔池直径相同，即 $D_{膛} = D_{熔}$。

（2）炉身高度 $H_{身}$：　$H_{身} = \dfrac{4V_{身}}{\pi D^2}$

（3）炉身体积 $V_{身}$：　$V_{身} = \dfrac{\pi}{4} D^2 H_{身}$

$$V_{身} = V - V_{池} - V_{帽}$$

式中　V——炉膛体积，由炉容比 V/T 和公称容量 T 确定，$V=(V/T)\ T$。

求出炉身高度后，整个炉型就计算出来了（出钢口还未确定），要对炉型进行校核：计算出来的炉型尺寸应同时满足 V/T 和 $H_{内}/D_{膛}$ 的要求，如果不在推荐数值范围内，则要对炉型尺寸进行适当调整使之符合炉型主要参数推荐值。

d　出钢口尺寸计算确定

按照炉型工艺参数中的出钢口参数确定方法来确定。

E　炉衬的组成，材质选择及厚度确定

转炉的炉衬寿命反映了一个企业的管理水平和技术水平，并且直接影响转炉的生产率，因此炉衬寿命也是炉型设计中不可忽视的一个问题。提高炉衬寿命，从工艺方面考虑，就是要坚持合理的操作制度，从设计角度应注意：

（1）选择优质的耐火材料做炉衬。

（2）确定最佳炉衬厚度。

a　炉衬的组成

炉衬一般由永久层、填充层和工作层三层组成。

（1）永久层。紧贴炉壳钢板（或绝热层），通常是用一层镁砖或高铝砖砌筑而成，厚度113~115mm，其作用是保护炉壳钢板，修炉时不拆除。

（2）填充层。介于永久层和工作层之间，一般是用焦油镁砂捣打而成。厚度一般80~100mm，有的工厂不做规定，只要达到找平的目的即可。填充层的作用是减轻工作层受热膨胀时对炉壳钢板的挤压作用，便于修炉时迅速拆除工作层和砌炉操作。也有的转炉不设填充层。

（3）工作层。它的工作条件相当恶劣，炉衬寿命即指工作层的寿命。当工作层被侵蚀损坏后（残余厚度约100mm左右）就要更换炉衬了。

b 材质选择

根据国内外多年来的生产实践证明：工作层的炉衬砖采用镁碳砖是比较理想的。

c 各层厚度的确定

一般炉身工作层厚度400～800mm，炉底工作层比炉身略薄一些，约350～600mm，填充层80～100mm，炉身永久层113～200mm，多数为113～115mm，炉底永久层300～500mm。转炉各层炉衬厚度见表7－10。

表7－10 转炉各层炉衬厚度

容量/t	<100	100～200	>200
炉帽工作层/mm	400～600	500～600	550～650
炉身工作层/mm	550～700	700～800	750～850
炉底工作层/mm	550～600	600～650	600～750
炉身永久层/mm	115～150	115～200	115～200
炉底耐材总厚/mm	850～1050	950～1100	950～1200

F 炉壳厚度和转角半径的确定

a 炉壳厚度

炉壳厚度的确定目前尚无成熟的计算公式，炉身受力最大，使用最厚的钢板，炉底为炉身厚度的80%左右。不同容量转炉的炉壳钢板厚度见表7－11。

经验公式：

$$\delta_{身壳} = (0.0089 \sim 0.0115) D_{壳} \ (D_{壳}\text{ 为炉壳外径})$$

$$\delta_{帽壳} = (0.7 \sim 1.0)\delta_{身壳}$$

$$\delta_{底壳} = (0.75 \sim 0.94)\delta_{身壳}$$

表7－11 不同容量转炉的炉壳钢板厚度

容量/t	50～90	100～150	160～200	210～250	≥250
炉帽/mm	50～60	53～60	60～65	65～70	70～75
炉身/mm	50～65	52～70	70～75	76～80	80～85
炉底/mm	50～60	53～60	60～65	65～70	70～75

b 转角半径

$$SR_1 = SR_2 \leqslant \delta_{身}$$

$$SR_3 = 0.5\delta_{底}$$

式中 SR_1——炉壳帽锥与直筒段相接处转角半径；

SR_2——炉壳池锥与直筒段相接处转角半径；

SR_3——炉壳池锥与炉底球冠连接处转角半径；

$\delta_{身}$，$\delta_{底}$——炉身、炉底的衬砖总厚度。

7.3.1.3 转炉炉型设计案例

以200t氧气顶吹转炉为例进行炉型设计。

A 原始条件

炉子平均出钢量为200t，钢水收得率取92%，最大废钢比取20%，采用废钢矿石法冷却；铁水采用P08低磷生铁[$w(Si) \leqslant 0.85\%$, $w(P) \leqslant 0.2\%$, $w(S) \leqslant 0.05\%$]；氧枪采用四孔拉瓦尔型喷头，设计氧压为1.0MPa。

B 炉型选择

根据原始条件采用筒球形炉型作为本设计炉型。

C 炉容比

炉容比取$V/T = 1.05$。

D 熔池尺寸的计算

a 熔池直径的计算

熔池直径的计算公式：

$$D = K\sqrt{\frac{G}{t}}$$

确定初期金属装入量G。取$B = 15\%$，则

$$G = \frac{2T}{2+B} \cdot \frac{1}{\eta_{金}} = \frac{2 \times 200}{2 + 15\%} \times \frac{1}{0.92} = 202\text{t}$$

$$V_{金} = \frac{G}{\rho_{金}} = \frac{202}{6.8} = 29.7\text{m}^3$$

确定吹氧时间。根据生产实践，吨钢耗氧量，一般低磷铁水约为50～57m³/t，高磷铁水约为62～69m³/t，本设计采用低磷铁水，取吨钢耗氧量为57m³/t，并取吹氧时间为14min。则供氧强度＝57/14＝4.07m³/(t · min)，取$K = 1.57$，则

$$D = 1.57\sqrt{\frac{202}{14}} = 5.960\text{m}$$

b 熔池深度计算

筒球形熔池深度的计算公式为：

$$h = \frac{V_{金} + 0.046D^3}{0.79D^2} = \frac{29.7 + 0.046 \times 5.96^3}{0.79 \times 5.96^2} = 1.405\text{m}$$

c 熔池其他尺寸确定

(1) 球冠的弓形高度：$h_1 = 0.15D = 0.15 \times 5.96 = 0.894\text{m}$

(2) 炉底球冠曲率半径：$R = 0.91D = 0.91 \times 5.96 = 5.414\text{m}$

E 炉帽尺寸的确定

(1) 炉口直径d_0：$d_0 = 0.48D = 0.48 \times 5.96 = 2.86\text{m}$

(2) 炉帽倾角θ：$\theta = 64°$

(3) 炉帽高度$H_{帽}$：

$$H_{锥} = 1/2(D - d_0)\tan\theta = 1/2(5.96 - 2.86)\tan 64° = 3.18\text{m}$$

取$H_{口} = 400\text{mm}$，则整个炉帽高度为：

$$H_{帽} = H_{口} + H_{锥} = 3.18 + 0.4 = 3.58\text{m}$$

在炉口处设置水箱式水冷炉口。

炉帽部分容积为：

$$V_{帽}=\frac{\pi}{12}H_{锥}(D^2+Dd_0+d_0^2)+\frac{\pi}{4}d_0^2H_{口}$$

$$=\frac{\pi}{12}\times3.18\times(5.96^2+5.96\times2.86+2.86^2)+\frac{\pi}{4}\times2.86^2\times0.4=48.35\text{m}^3$$

F 炉身尺寸确定

（1）炉膛直径 $D_{膛}$：$D_{膛}=D$（无加厚段）。

（2）根据选定的炉容比为1.05，可求出炉子总容积为 $V_{总}=1.05\times200=210\text{m}^3$

故 $$V_{身}=V_{总}-V_{池}-V_{帽}=210-29.7-48.35=131.95\text{m}^3$$

（3）炉身高度：

$$H_{身}=\frac{V_{身}}{\frac{\pi}{4}\times D^2}=\frac{131.95}{\frac{\pi}{4}\times5.96^2}=4.73\text{m}$$

则炉型内高： $$H_{内}=h+H_{帽}+H_{身}=1.405+4.73+3.58=9.715\text{m}$$

G 出钢口尺寸的确定

（1）出钢口直径：

$$d_T=\sqrt{63+1.75T}=\sqrt{63+1.75\times200}\approx20\text{cm}=0.2\text{m}$$

（2）出钢口衬砖外径：

$$d_{ST}=6d_T=6\times0.2=1.2\text{m}$$

（3）出钢口长度：

$$L_T=7d_T=7\times0.2=1.4\text{m}$$

（4）出钢口倾角 β：取 $\beta=18°$。

H 炉衬厚度确定

炉身工作层选700mm，永久层115mm，填充层100mm，总厚度为700+115+100=915mm。

炉壳内径为 $D_{壳内}=5.96+0.915\times2=7.79\text{m}$

炉帽和炉底工作层均选600mm，炉帽永久层为150mm，炉底永久层用标准镁砖立砌一层230mm，黏土砖平砌三层 65×3=195mm，则炉底砖衬总厚度为600+230+195=1025mm。

故炉壳内型高度为 $H_{壳内}=9.715+1.025=10.740\text{m}$

工作层材质全部采用镁碳砖。

I 炉壳厚度确定

炉身部分选75mm厚的钢板，炉帽和炉底部分选用65mm厚的钢板，则

$$H_{总}=10740+65=10805\text{mm}$$

$$D_{壳}=7790+2\times75=7940\text{mm}$$

炉壳转角半径 $SR_1=SR_2=900\text{mm}$

$$SR_3=0.5\delta_{底}=0.5\times1025=510\text{mm}$$

J 验算高宽比

$$\frac{H_{总}}{D_{壳}}=\frac{10805}{7940}=1.36$$

可见 $H_{总}/D_{壳}$ 在 1.35 ~ 1.65 范围内，符合高度比的推荐值，因此认为所设计的炉子基本上是合适的，能够保证转炉的正常冶炼进行。根据上述计算的炉型尺寸绘制出炉型图，如图 7 – 38 所示。

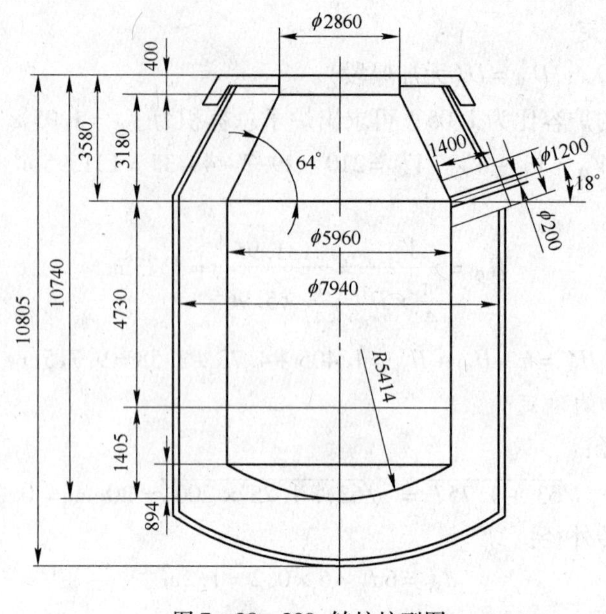

图 7 – 38　200t 转炉炉型图

7.3.1.4　实训场地

转炉炼钢车间、炼钢仿真实训室。

7.3.1.5　组织安排

（1）校内实训教师和现场工作人员带领学生观看转炉炉体。
（2）由现场人员讲解转炉各部位构造。
（3）学生分组讨论，制定设计计划，列出转炉炉型设计任务的分配情况。
（4）结合炼钢仿真操作系统虚拟界面及 3D 动画，设计转炉炉体。

7.3.1.6　检查与评价

（1）学生自评，通过现场参观学习及炉型设计总结个人实训收获及不足。
（2）根据学生实训情况，小组内部互评打分。
（3）教师根据炉型设计结果及随机抽查学生口头提问设计情况，为学生打分。
（4）教师根据以上评价打出综合分数，列入学生的过程考核。

7.3.2　项目二　供气系统设计

7.3.2.1　供气系统设计目的

（1）了解氧枪结构。

（2）能够进行氧枪结构设计。

7.3.2.2 供气系统设计案例

氧气转炉炼钢要消耗大量的工业纯氧，氧气纯度要求在99.5%以上。因此，现代钢铁厂都有相当大规模的空气分离（制氧）设备。

A 氧气的供应

a 钢车间需氧量计算

氧气转炉炼钢车间耗氧量主要决定于车间吹炼座数、炉容量、每吨钢耗氧量和吹炼周期长短。故需根据工艺过程计算出转炉生产中的平均耗氧量和高峰耗氧量，以此为依据确定制氧机的能力和台数。

一座转炉吹炼时的小时耗氧量：平均小时耗氧量 Q_1（m^3/h）（标态）：

$$Q_1 = \frac{60GW}{t_1}$$

式中 G——平均炉产钢水量，250t；

W——吨钢耗氧量，47.67m^3/t；

t_1——平均每炉冶炼时间，42min。

故 $$Q_1 = \frac{60 \times 250 \times 47.67}{42} = 17025 m^3/h$$

高峰小时耗氧量 Q_2（m^3/h）（标态）：

$$Q_2 = \frac{60GW}{t_2}$$

式中 t_2——平均每炉纯吹氧时间，18min。

故 $$Q_2 = \frac{60 \times 250 \times 47.67}{18} = 39725 m^3/h$$

车间平均小时耗氧量 Q_3（m^3/h）（标态）：

$$Q_3 = NQ_1$$

式中 N——车间经常吹炼的炉座数。

$$Q_3 = 2 \times 17025 = 34050 m^3/h$$

车间高峰小时耗氧量 Q_4（m^3/h）是指炼钢车间内基座转炉同时处于吹氧期所需供氧量。本设计采用“二吹二”制，所以两座炉子不会同时处于吹氧期，所以车间高峰耗氧量 $Q_4 = Q_2 = 39725 m^3/h$。

b 制氧机能力的选择

制氧机的生产能力必须根据转炉车间需氧量进行选择。制氧机的总容量根据炼钢车间小时平均耗氧量确定，并通过在制氧机和转炉之间设置储氧罐来满足炼钢车间高峰用氧量。制氧机的总容量除满足炼钢用氧外，还应考虑车间其他工序的小额用氧量。根据本设计所需氧量，选择容量为35000m^3/h（标态）的制氧机一台。

B 氧枪设计

氧枪设计的内容包括喷头设计、水冷系统设计、枪身和尾部结构系统设计。

a 喷头设计

喷头是氧枪的核心部分，其基本功能是充当能量转换器，它将氧管中氧气的高压能力转化为动能，并通过氧气射流完成对熔池的作用。而氧气射流的参数由喷头参数决定。

喷头参数选择的原则：

（1）氧流量或供氧强度。氧流量，是指单位时间通过氧枪的氧量，单位为 m^3/min 或 m^3/h（标态）。供氧强度是指单位时间每吨钢的供氧量，在转炉设计中常用单位时间转炉每公称吨位的供氧量，单位为 $m^3/(t \cdot min)$。氧气流量与供氧强度分别为：

$$\text{氧流量} = \frac{\text{每吨钢耗氧量} \times \text{出钢量}}{\text{吹氧时间}} = \frac{47.67 \times 250}{18} = 662.08 m^3/min$$

$$\text{供氧强度（标态）} = \frac{662.08}{250} = 2.65 m^3/(t \cdot min)$$

采用五孔喷头，喷孔采用拉瓦尔喷头。

单孔氧气流量 $$q = \frac{662.08}{5} = 132.416 m^3/min$$

（2）喷头出口处马赫数（M）与设计工况氧压。喷孔出口的马赫数的大小决定了喷孔氧气出口速度，也决定了氧气射流对熔池的冲击搅拌能力，目前国内外氧枪喷孔出口马赫数多在1.95~2.20。大转炉，喷孔数目多，马赫数可取上限，本计算取马赫数 $M=2.0$，喷孔夹角13°。

炉膛压力指氧枪喷头在炉膛内的环境压力。一般炉膛压力为0.99~0.102MPa，且选取喷孔出口压力等于炉膛压力，炉膛压力取 $p_e = 0.102MPa$。

工况氧压又称理论计算氧压，它是指喷头出口处的氧气压强，它近似等于滞止氧压 p_0（绝对压力）。利用可压缩气体等熵流公式，计算出工况氧压 p_0。

$$\frac{p_e}{p_0} = \left(1 + \frac{K-1}{2}M^2\right)^{\frac{K}{K-1}}$$

式中 K——氧气的热容比，取1.4，整理得，

$$p_0 = 0.102 \times 7.82 = 0.798 MPa$$

（3）喷管流量系数。喷管氧气流量的公式是根据等熵流理论导出的，但是，即使设计和加工都良好的氧枪喷管，也不可能实现等熵流。生产上所用氧枪喷管当氧流流过时必定有摩擦，不完全绝热。因此，必然存在一定的偏差。通常喷管流量系数 C_D，表示实际流量和理论流量的偏差。

喷管的实际氧气流量计算式应是：

$$q = 17.64 C_D \frac{A_{喉} p_0}{\sqrt{T_0}}$$

五孔喷头取 $C_D = 0.93$，$T_0 = 298K$，$p_0 = 0.798MPa = 7.9kg/cm^2$，$q = 132.416m^3/min$，将上述数据带入上式：

$$132.416 = 17.64 \times 0.93 \times \frac{7.9 A_{喉}}{\sqrt{298}} = 17.64 \times 0.93 \times \frac{7.9}{\sqrt{298}} \times \frac{\pi}{4} d_{喉}^2$$

则 $$d_{喉} = 4.74cm = 47.4mm$$

（4）确定喷孔出口直径。根据 $M=2.0$，查等熵流表得：

$$A_{出}/A_{喉} = 1.688，\text{即} \frac{\pi}{4} d_{出}^2 = 1.688 \times \frac{\pi}{4} d_{喉}^2$$

则 $$d_{出}=\sqrt{1.688}d_{喉}=\sqrt{1.688}\times 47.4=61.58\text{mm}$$

（5）确定喷孔其他尺寸。取喷孔喉口的直线段长度为5mm，扩散段的半锥角取5°，则扩张段的长度为：

$$L=\frac{d_{出}-d_{喉}}{2\tan 5^{\circ}}=\frac{61.58-47.4}{2\times\tan 5^{\circ}}=81.03\text{mm}$$

收缩段的直径：为使整个喷头能够分布五个喷孔，收缩孔应尽可能取大一点，因此，取收缩段进口尺寸 $d_{收}=58\text{mm}$。

收缩段的进口尺寸： $L_{收}=1.2d_{喉}=1.2\times 47.4=56.88\text{mm}$

喷嘴喉口长度： $L_{喉}=10\text{mm}$

收缩段的半锥角：$\theta_{锥}=\arctan\dfrac{d_{收}-d_{喉}}{2L_{收}}=\arctan\dfrac{58-47.4}{2\times 56.88}=5.31^{\circ}$

b 枪身水冷系统

氧枪枪身尺寸的确定：氧枪枪身由三层同心无缝钢管组成，其长度决定于炉子尺寸与工艺布置要求。枪身各层钢管的直径和厚度的计算如下：

（1）中心钢管直径的确定。已知氧流量 $Q=662.08\text{m}^3/\text{min}$。氧气流在中心管内的流速按40～60m/s考虑，这样较为经济和安全。根据中心钢管内的实际状态下的氧流量：

$$Q_{实}=\frac{1\times Q_{氧}}{273}\times\frac{T_0}{p_0}=\frac{1\times 662.08}{273}\times\frac{298}{7.9}=91.48\text{m}^3/\text{min}=\frac{91.48}{60}=1.52\text{m}^3/\text{s}$$

又取中心钢管内氧气流速为50m/s，则中心钢管直径为：

$$d_{内}=\sqrt{\frac{4}{\pi}\times\frac{1.52}{50}}=0.197\text{m}=197\text{mm}$$

故中心钢管的直径及壁厚根据无缝钢管产品规格选定为 $\phi 200\times 5$，理论质量为21.59kg/m。

（2）中层钢管和外层钢管直径的确定。中层及外层钢管的直径主要根据冷却水的速度和流量来选定。为保证良好的冷却效果，进水流速可按5～6m/s选取，出水流速按6～7m/s选取。

根据生产实践统计，冷却水在氧枪中的温升控制小于20℃，出水温度小于50℃。氧枪受热表面所受的平均最大热负荷值大约为（0.96～1.71）$\times 10^6$kJ/(h · m^2)。

对于本文中250t转炉，冷却水消耗量取290t，则：

进水环缝截面积 $$F_1=\frac{Q_{水}}{V_{进}}=\frac{290}{6\times 3600}=0.01343\text{m}^2$$

出水环缝截面积 $$F_2=\frac{Q_{水}}{V_{出}}=\frac{290}{7\times 3600}=0.01151\text{m}^2$$

已知中心钢管外径 $d_{内1}$ 为200mm，则中层钢管的内径为：

$$d_{中}=\sqrt{\frac{4F_1}{\pi}+(d_{内1})^2}=\sqrt{\frac{4\times 0.01343}{3.14}+0.20^2}=0.239\text{m}=239\text{mm}$$

同理，外层钢管内径为：

$$d_{外}=\sqrt{\frac{4F_2}{\pi}+(d_{中1})^2}=\sqrt{\frac{4\times 0.01151}{3.14}+0.239^2}=0.268\text{m}=268\text{mm}$$

故选取中层钢管为 $\phi239\times6$，理论质量为 31.52kg/m；选取外层钢管为 $\phi268\times7$，理论质量为 41.09kg/m。

7.3.2.3　实训场地

转炉炼钢车间、炼钢仿真实训室。

7.3.2.4　组织安排

（1）校内实训教师和现场工作人员带领学生观看氧枪及底部供气系统。
（2）由现场人员讲解氧枪及底部供气系统各部位构造。
（3）学生分组讨论，制定设计计划，列出氧枪及底部供气系统设计任务的分配情况。
（4）结合炼钢仿真操作系统虚拟界面及 3D 动画，设计氧枪及底部供气系统。

7.3.2.5　检查与评价

（1）学生自评，通过现场参观学习及设计总结个人收获及不足。
（2）根据学生实训情况，小组内部互评打分。
（3）教师根据氧枪及底部供气系统设计结果及随机抽查学生口头提问设计情况，为学生打分。
（4）教师根据以上评价打出综合分数，列入学生的过程考核。

7.3.3　项目三　冶炼 40Mn 钢的物料平衡计算

7.3.3.1　物料平衡计算目的

（1）通过物料平衡和热平衡计算，掌握冶炼重要工艺参数。
（2）为学生日后上岗分析改进冶炼工艺提供理论计算基础。

7.3.3.2　物料平衡计算案例

A　计算所需原始数据

计算所需各原始数据见表 7-12～表 7-15。

表 7-12　钢种、铁水、废钢和终点钢水的各成分质量分数设定值　（%）

类别 \ 成分	C	Si	Mn	P	S
钢种 40Mn 设定值	0.43	0.25	0.85	≤0.035	≤0.035
铁水设定值	4.20	0.80	0.60	0.200	0.035
废钢设定值	0.40	0.25	0.85	0.030	0.030
终点钢水设定值①	0.35	0	0.18	0.020	0.021

①w[C] 和 w[Si] 按实际生产情况选取；w[Mn]、w[P] 和 w[S] 分别按铁水中相应成分含量的 30%、10% 和 60% 留在钢水中设定。

表 7－13 原材料各成分质量分数 （%）

类别＼成分	CaO	SiO_2	MgO	Al_2O_3	Fe_2O_3	CaF_2	P_2O_5	S	CO_2	H_2O	C	灰分	挥发分
石灰	88.0	2.50	2.60	1.50	0.50		0.10	0.06	4.46	0.10			
萤石	0.30	5.50	0.60	1.60	1.50	88.0	0.90	0.10		1.50			
生白云石	36.4	0.80	25.60	1.00					36.2				
炉衬	1.20	3.00	78.80	1.40	1.60						14.00		
焦炭										0.58	81.50	12.40	5.52

表 7－14 铁合金成分/回收率 （%）

类别＼成分/回收	C	Si	Mn	Al	P	S	Fe
硅　铁		73.00/75	0.50/80	2.50/0	0.50/100	0.03/100	23.92/100
锰　铁	6.60/90①	0.50/75	67.80/80		0.23/100	0.13/100	24.74/100

①10%的 C 与氧生成 CO_2。

表 7－15 其他工艺参数设定值

名　称	参　数	名　称	参　数
终渣碱度	$w[CaO]/w[SiO_2]=3.5$	渣中铁损（铁珠）	渣量的 6%
萤石加入量	铁水量的 0.5%	氧气纯度	99%，其余为 N_2
生白云石加入量	铁水量的 2.5%	炉气中自由氧含量	0.5%（体积比）
炉衬蚀损量	铁水量的 0.3%	气化去硫量	总去硫量的 1/3
终渣 Σ(FeO) 质量分数（按 (FeO) = 1.35 (Fe_2O_3) 折算）	15%，而 (Fe_2O_3)/Σ(FeO) =1/3 即 (Fe_2O_3) =5%，(FeO) =8.25	废钢量	90% 的 C 氧化成 CO，10% 氧化成 CO_2
烟尘量	铁水量的 1.5%（其中 FeO 占 75%，Fe_2O_3 占 20%）		
喷溅铁损	铁水量的 1%		

本计算设定的冶炼钢种为 40Mn 钢，其物料平衡基本项目见表 7－16。

表 7－16 物料平衡基本项目

收　入　项	支　出　项	收　入　项	支　出　项
铁水	钢水	氧气	渣中铁珠
废钢	炉渣	炉衬蚀损	炉气
熔剂（石灰、萤石、轻烧白云石）	烟尘	铁合金	喷溅

B　计算步骤（以 100kg 铁水为基础进行计算）

第一步：计算脱氧和合金化前的总渣量及其成分，见表 7－17～表 7－20。

第二步：计算氧气消耗量，见表 7－21。

第三步：计算炉气量及其成分，见表7－22。

表7－17　铁水中元素的氧化产物及其成渣量

元素	反应产物	元素氧化量/kg	耗氧量/kg	产物量	备注
C	[C] → {CO}	3.85×90% =3.465	4.620	8.085	
	[C] → $\{CO_2\}$	3.85×10% =0.385	1.027	1.412	
Si	[Si] → (SiO_2)	0.800	0.914	1.714	入渣
Mn	[Mn] → (MnO)	0.420	0.122	0.542	入渣
P	[P] → (P_2O_5)	0.180	0.232	0.412	入渣
S	[S] → $\{SO_2\}$	0.014×1/3 =0.005	0.005	0.010	
	[S] +(CaO) → (CaS) +(O)	0.014×2/3 =0.009	－0.005 *	0.02(CaS)	入渣
Fe	[Fe] → (FeO)	1.076×56/72 =0.239	0.239	1.08	入渣（见表7－20）
	[Fe] → (Fe_2O_3)	0.606×112/160 =0.424	0.182	0.609	入渣（见表7－20）
合　计		5.927	7.336		
成渣量				4.37	入渣组分之和

表7－18　炉衬蚀损的成渣量

炉衬蚀损量/kg	成渣组分/kg					气态产物/kg		耗氧量/kg
	CaO	SiO_2	MgO	Al_2O_3	Fe_2O_3	C→CO	$C→CO_2$	$C→CO，CO_2$
0.3（据表7－15）	0.004	0.009	0.236	0.004	0.005	0.3×14% ×90% ×28/12 =0.088	0.3×14% ×10% ×44/12 =0.015	0.3×14%（90% ×16/12 +10% ×32/12） =0.062
合计	0.258					0.103		

表7－19　加入熔剂的成渣量

类别	加入量/kg	成渣组分/kg								气态产物/kg		
		CaO	MgO	SiO_2	Al_2O_3	Fe_2O_3	P_2O_5	CaS	CaF_2	H_2O	CO_2	O_2
萤石	0.5（据表7－15）	0.002	0.003	0.028	0.008	0.008	0.005	0.0008	0.440	0.008		
生白云石	2.5（据表7－15）	0.910	0.640	0.020	0.025						0.905	
石灰	6.69①	5.88②	0.174	0.167	0.100	0.033	0.007	0.007		0.007	0.298	0.002③
合计		6.792	0.817	0.215	0.133	0.041	0.012	0.008	0.440	0.015	1.203	0.002
成渣量		8.458										

①石灰加入量计算如下：

由表7－17～表7－19可知，渣中已含（CaO）= －0.016 +0.004 +0.002 +0.910 =0.900kg；渣中已含（SiO_2）= 1.714 + 0.009 + 0.028 + 0.020 = 1.771kg。因设定的终渣碱度 R = 3.5；故石灰加入量为 $[R\sum m(SiO_2) - \sum m(CaO)]/[w(CaO)_{石灰} - R\times w(SiO_2)_{石灰}]$ =5.299/(88.00% －3.5×2.50%) =6.69kg。

②（石灰中CaO含量）－（石灰中S→CaS自耗的CaO量）。

③由CaO还原出的氧量，计算方法同表7－17。

表7－20　总渣量及其成分

炉渣成分/kg	CaO	SiO_2	MgO	Al_2O_3	MnO	FeO	Fe_2O_3	CaF_2	P_2O_5	CaS	合计
元素氧化成渣量		1.714			0.542	1.08①	0.609②		0.412	0.02	
石灰成渣量	5.88	0.167	0.174	0.100			0.033		0.007	0.007	6.37

续表 7-20

炉渣成分/kg	CaO	SiO_2	MgO	Al_2O_3	MnO	FeO	Fe_2O_3	CaF_2	P_2O_5	CaS	合计
炉衬蚀损成渣量	0.004	0.009	0.236	0.004			0.005				0.258
生白云石成渣量	0.910	0.020	0.640	0.025							1.595
萤石成渣量	0.002	0.028	0.003	0.008			0.008	0.440	0.005	0.0008	0.495
总渣量	6.796	1.938	1.053	0.137	0.542	1.08	0.655	0.440	0.424	0.0278	13.095①
%	51.97	14.83	8.07	1.05	3.99	8.25	5.00	3.37	3.23	0.24	100.00

①总渣量计算如下：因为表 7-20 中除（FeO）和（Fe_2O_3）以外的渣量为 6.796 + 1.938 + 1.053 + 0.137 + 0.542 + 0.440 + 0.424 + 0.0278 = 11.36kg，而终渣 $\sum w(\text{FeO})$ = 15%（表 7-15），故总渣量为 11.36/86.75% = 13.095kg。

②$m(\text{FeO})$ = 13.095 × 8.25% = 1.08kg。

③$m(\text{Fe}_2\text{O}_3)$ = 13.095 × 5% − 0.033 − 0.005 − 0.008 = 0.609kg。

表 7-21 实际耗氧量

耗氧项		供氧项/kg	实际氧气消耗量/kg
名 称	数量/kg		
铁水中元素氧化耗氧量 炉衬中碳氧化耗氧量 烟尘中自由氧含量 炉气中自由氧含量	7.336 0.062 0.034 0.060	铁水中 S 与 CaO 反应还原出的氧量 0.005 石灰中 S 与 CaO 反应还原出的氧量 0.002	7.492 − 0.007 + 0.073① = 7.558
合 计	7.492	0.007	7.558

①炉气中 N_2 的质量，详见表 7-22。

炉气中含有 CO，CO_2，O_2，N_2，SO_2 和 H_2O。其中 CO，CO_2，SO_2 和 H_2O 可由表 7-17 ~ 表 7-19 查得，O_2 和 N_2 则由炉气总体积来确定。现计算如下。

炉气总体积 V_Σ：

$$V_\Sigma = V_g + 0.5\% V_\Sigma + \frac{1}{99}\left(\frac{22.4}{32}G_G + 0.5\% V_\Sigma - V_x\right)$$

$$V_\Sigma = \frac{99V_g + 0.7G_g - V_x}{98.51} = 7.993\text{m}^2$$

式中 V_g——CO，CO_2，SO_2 和 H_2O 组分之总体积，m^3，本计算中，其值为：8.173 × 22.4/28 + 2.641 × 22.1/44 + 0.010 × 22.4/64 + 0.012 × 22.4/18 = 7.901m^3；

G_g——不计自由氧的氧气消耗量，kg。本计算中，其值为 7.424kg（见表 7-21）；

V_x——铁水与石灰中的 S 与 CaO 反应还原出的氧量，m^3。本计算中，其值为 0.007kg（见表 7-21）；

0.5%——炉气中自由氧含量，m^3；

99——由氧气纯度为 99% 转换得来。

计算结果列于表 7-22。

表 7-22 炉气量及其成分

炉气成分	炉气量/kg	体积/m^3	体积/%
CO	8.173	8.173 × 22.4/28 = 6.538	81.73
CO_2	2.630	2.63 × 22.4/44 = 1.339	16.81

续表 7－22

炉气成分	炉气量/kg	体积/m^3	体积/%
SO_2	0.010	0.010×22.4/64＝0.004	0.05
H_2O	0.015	0.015×22.4/18＝0.019	0.19
O_2	0.057①	0.040①	0.50
N_2	0.073②	0.058②	0.72
合计	10.958	7.998	

①炉气中 O_2 的体积为：7.993×0.5%＝0.040m^3；质量为0.040×32/22.4＝0.057kg。

②炉气中 N_2 的体积系炉气总体积与其他成分的体积之差；质量为0.058×28/22.4＝0.073kg。

第四步：计算脱氧和合金化前的钢水量。

钢水量 Q_g ＝铁水量－铁水中元素的氧化量－烟尘、喷溅和渣中的铁损

＝100－5.927－[1.50×（75%×56/72＋20%×112/160）＋1＋13.095×6%]

＝91.20kg

据此可以编制脱氧和合金化前的物料平衡表，见表7－23。

表7－23　未加废钢时的物料平衡表

收入			支出		
项目	质量/kg	%	项目	质量/kg	%
铁水	100.00	85.09	钢水	91.20	76.84
石灰	6.69	5.68	炉渣	13.095	11.06
萤石	0.5	0.43	炉气	10.958	9.32
生白云石	2.5	2.13	喷溅	1.00	0.85
炉衬	0.30	0.26	烟尘	1.5	1.27
氧气	7.558	6.42	渣中铁珠	0.78	0.66
合计	117.548	100.00	合计	118.533	100

注：计算误差为（118.533－117.548）/118.533×100%＝－0.8%。

第五步：计算加入废钢的物料平衡。

如同“第一步”计算铁水中元素氧化量一样，利用表7－12的数据先确定废钢中元素的氧化量及其耗氧量和成渣量（见表7－24），再将其与表7－23归类合并，遂得加入废钢后的物料平衡表7－25和表7－26。

表7－24　废钢中元素的氧化产物及其成渣量

元素	反应产物	元素氧化量	耗氧量	产物量	进入钢中的量
C	[C]→{CO}	11.51×0.08%×90%＝0.008	0.011	0.019（入气）	
	[C]→{CO_2}	11.51×0.08%×10%＝0.001	0.003	0.004（入气）	
Si	[Si]→(SiO_2)	11.51×0.25%＝0.029	0.033	0.062	
Mn	[Mn]→(MnO)	11.51×0.37%＝0.043	0.013	0.056	
P	[P]→(P_2O_5)	11.51×0.01%＝0.001	0.001	0.002	
S	[S]→{SO_2}	11.51×0.009%×1/3＝0.0003	0.0003	0.0006（入气）	
	[S]+(CaO)→(CaS)+(O)	11.51×0.009%×2/3＝0.0007	－0.0004	0.0016（CaS）	
合计		0.083	0.061		11.51－0.083＝11.43
成渣量				0.145	

表 7－25 加入废钢的物料平衡表（以 100kg 铁水为基础）

收入			支出		
项目	质量/kg	%	项目	质量/kg	%
铁水	100.00	77.44	钢水	91.2＋11.43＝102.63	78.54
废钢	11.51	8.91	炉渣	13.095＋0.2＝13.295	10.19
石灰	6.69	5.17	炉气	10.958＋0.362＝11.32	8.74
萤石	0.50	0.39	喷溅	1.00	0.77
轻烧白云石	2.50	1.94	烟尘	1.50	1.15
炉衬	0.30	0.23	渣中铁珠	0.78	0.60
氧气	7.558＋0.1003＝7.65	5.92			
合计	129.158	100.00	合计	130.525	100.00

表 7－26 入废钢的物料平衡表（以 100kg（铁水＋废钢）为基础）

收入			支出		
项目	质量/kg	%	项目	质量/kg	%
铁水	89.68	77.44	钢水	91.53	78.54
废钢	10.32	8.91	炉渣	11.87	10.19
石灰	5.98	5.17	炉气	10.19	8.74
萤石	0.45	0.39	喷溅	0.90	0.77
轻烧白云石	2.24	1.94	烟尘	1.35	1.15
炉衬	0.27	0.23	渣中铁珠	0.70	0.60
氧气	6.86	5.92			
合计	115.80	100.00	合计	116.53	100.00

第六步：计算脱氧和合金化后的物料平衡。

先根据钢种成分设定值（表 7－12）和铁合金成分及其烧损率（表 7－14）算出锰铁和硅铁的加入量，再计算其元素的烧损率。将所得结果与表 7－26 归类合并，即得冶炼一炉钢的总物料平衡表。

锰铁加入量 W_{Mn} 为：

$$W_{Mn} = \frac{w[\mathrm{Mn}]_{钢种} - w[\mathrm{Mn}]_{终点}}{锰铁含\ \mathrm{Mn} \times \mathrm{Mn}\ 回收率} \times 钢水量 = \frac{0.85\% - 0.18\%}{67.80\% \times 80\%} \times 91.53 = 1.14\mathrm{kg}$$

硅铁的加入量 W_{Si} 为：

$$W_{Si} = \frac{(w[\mathrm{Si}]_{钢种} - w[\mathrm{Si}]_{终点}) \times 加锰铁后的钢水量 - [\mathrm{Si}]_{FeMn}}{硅铁含\ \mathrm{Si}\ 量(质量分数) \times \mathrm{Si}\ 回收率}$$

$$= \frac{0.25\% \times (91.53 + 0.98) - 0.004}{73.00\% \times 75\%} = 0.42\mathrm{kg}$$

脱氧和合金化后的钢水成分如下：

C

$$0.42\%\left(0.35\% + \frac{0.068}{92.84} \times 100\%\right)$$

Si

$$0.25\%\left(\frac{0.004 + 0.230}{92.84} \times 100\%\right)$$

Mn

$$0.85\%\left(0.180\% + \frac{0.618 + 0.002}{92.84} \times 100\%\right)$$

P

$$0.023\%\left(0.020\% + \frac{0.003}{92.84} \times 100\%\right)$$

S

$$0.022\%\left(0.021\% + \frac{0.001}{92.84} \times 100\%\right)$$

铁合金中元素的烧损量和产物量列于表 7－27。

表 7－27　铁合金中元素烧损量及产物量　　(kg)

类别	元素	烧损量	脱氧量	成渣量	炉气量	入钢量
锰	C	1.14×6.60%×10%＝0.008	0.012		0.032(CO_2)	1.14×6.60%×90%＝0.068
	Mn	1.14×67.80%×20%＝0.155	0.045	0.200		1.14×67.80%×80%＝0.618
	Si	1.14×0.50%×25%＝0.001	0.001	0.002		1.14×0.50%×75%＝0.004
	P					1.14×0.23%＝0.003
	S					1.14×0.13%＝0.001
铁	Fe					1.14×24.74%＝0.282
	合计	0.124	0.058	0.202	0.032	0.976
硅	Al	0.42×2.50%×100%＝0.011	0.010	0.006		
	Mn	0.42×0.50%×20%＝0.004	0.0001①	0.0005		0.42×0.50%×80%＝0.002
	Si	0.42×73.00%×25%＝0.077	0.088	0.165		0.42×73.00%×75%＝0.230
	P					0.42×0.05%＝0.0002①
	S					0.42×0.03%＝0.0001①
铁	Fe					0.42×23.92%＝0.100
	合计	0.088	0.098	0.172		0.332
总计		0.212	0.214	0.374	0.032	1.308

①可以忽略。

可见，含碳量尚未达到设定值。为此需在钢包内加碳粉增碳。其加入量：

$$W_t = \frac{(0.43\% - 0.42\%) \times 钢水量}{焦炭含\,C\,量（质量分数）\times C\,回收率} = \frac{0.01\% \times 92.84}{81.50\% \times 75\%} = 0.015\text{kg}$$

焦粉生成的产物量见表 7－28。

表 7－28　焦粉生成的产物量　　(kg)

碳烧损量	耗氧量	气体量①	成渣量	碳入钢量
0.015×81.50%×25%＝0.003	0.008	0.011＋0.015×(0.58＋5.52)%＝0.012	0.015×12.40%＝0.002	0.015×81.50%×75%＝0.009

①系 CO_2、H_2O 和挥发分之总和（未计挥发分燃烧的影响）。

由此可得冶炼过程（即脱氧合金化后）的总物料平衡表 7－29。

表 7-29　总物料平衡表

收入			支出		
项　目	质量/kg	%	项　目	质量/kg	%
铁　水	84.13	71.14	焦　粉	0.015	0.01
废　钢	15.87	13.61	钢　水	92.84	79.62
石　灰	5.61	4.81		(92.00 + 1.308 + 0.009)	
萤　石	0.42	0.36	炉　渣	11.52	9.83
轻烧白云石	2.10	1.80		(11.14 + 0.374 + 0.002)	
炉　衬	0.25	0.21	炉　气	9.614	8.20
氧　气	6.66	5.71		(9.57 + 0.032 + 0.012)	
	(6.44 + 0.214 + 0.008)①		喷　溅	0.84	0.72
锰　铁	1.14	0.98	烟　尘	1.26	1.07
硅　铁	0.42	0.36	渣中铁珠	0.66	0.56
合　计	116.62	100.00		116.73	100.00

①可以近似认为（0.214 + 0.008）之氧量系出钢时钢水二次氧化所带入。

计算误差：$(116.62 - 116.73)/116.62 \times 100\% = -0.094\%$。

7.3.3.3　实训场地

转炉炼钢车间、炼钢仿真实训室。

7.3.3.4　组织安排

（1）校内实训教师和现场工作人员带领学生参观转炉炼钢生产过程。
（2）企业技术科人员向学生讲解物料平衡计算。
（3）学生分组讨论，制定物料计算计划，列出物料平衡计算任务的分配情况。

7.3.3.5　检查与评价

（1）学生自评，通过现场参观学习及物料平衡计算总结个人收获及不足。
（2）根据学生实训情况，小组内部互评打分。
（3）教师根据炉型设计结果及随机抽查学生口头提问计算情况，为学生打分。
（4）教师根据以上评价打出综合分数，列入学生的过程考核。

情境 8　安全生产与事故处理

8.1　知识准备

8.1.1　转炉工段交接班制度

8.1.1.1　交接班总则

交接班总则包括：

（1）本交接班制度适合本工段全岗位。

（2）各班提前半小时参加分厂调度组织的班前会，然后根据调度安排布置各班组的生产任务。

（3）各岗位必须提前 10min 到岗，然后接各自负责的卫生区域和设备、原材料、安全设施文明生产等进行检查。

（4）各岗交接班必须对口交接，无异议后在交班记录上签名。

（5）交班人必须向接班人交清本岗位有关生产、质量、操作安全和文明生产等方面的内容。

（6）未达到规定的交班条件，交班人不得下岗，经上级领导提出处理意见后方可离岗。

（7）接班人员没有到岗情况下交班人员不得离岗。

（8）在交接班过程发现的问题由交班人员负责，交班后发现的问题有接班人员负责，产生异议由上一级领导解决。

（9）所有场地交接班时必须清扫干净无杂物，主控室、操作室内操作柜、仪表盘、玻璃门窗干净无杂物。

（10）交接班每一项不合格扣交班者 50 元，由接班者负责处理，并嘉奖接班者。（特殊情况除外）

（11）本制度下发之日起执行，解释权归本工段。

8.1.1.2　各岗位交接班区域与职责范围

A　混铁炉

班长：当班生产状况、设备状况及全班组交接班。

兑铁工：兑铁小车周围卫生、兑铁小车状况，各种工具准备。

摇炉工：炉内铁水数量级操作室卫生。

铁水车：铁水车周围卫生，铁水包使用状况。

B　转炉

一助手：主体使用设备，各氧枪使用情况以及文明生产。

合金工：各合金料加料平台，出钢加料流槽周围及各中种辅料准备。

三助手（乙）：渣车、渣道、炉体两侧。

三助手（丙）：平台上所有地砖，废钢料灌，铁水状况。

三助手（丁）：工具、样勺、测温枪及出钢坑周口。

8.1.2 转炉冶炼单元安全检查内容

8.1.2.1 设备与相关设施安全检查内容

设备与相关设施安全检查内容包括：

（1）150t 以下的转炉，最大出钢量不超过公称容量的 120% 以上的转炉，按定量法操作。转炉的炉容比应合理。

（2）转炉设有副枪时，副枪应与供水系统、转炉倾动设备、烟罩等联锁。

（3）转炉氧枪与副枪升降装置，应配备钢绳张力测定、钢绳断裂防坠、事故驱动等安全装置；各枪位停靠点，应与转炉倾动、氧气开闭、冷却水流量和温度等联锁；当氧气压力小于规定值、冷却水流量低于规定值、出水温度超过规定值、进出水流量差大于规定值时，氧枪应自动升起，停止吸氧。转炉氧枪供水，应设置电动或气动快速切断阀。氧枪（或副枪）应有可靠的防治坠落、张力保护和钢绳松动报警装置。

（4）不大于 150t 的转炉，按全正力矩设计，靠自重回复零位；150t 以上的转炉，可采取正负力矩，但必须确保两路供电。若采用直流电机，可考虑设置备用蓄电池组，以便断电时强制低速复位。

（5）大、中型转炉倾动设备除应满足转炉正常操作时要求的最大力矩外，还应考虑发生事故时所产生的过载力矩。

（6）氧枪供水系统应设进、出口冷却水量检测器和冷却水出口温度测定仪，并应有自动报警装置。

（7）氧气阀门站至氧枪软管接头的氧气管，应采用不锈钢管，并应在软管接头前设置长 1.5m 以上的钢管，氧枪软管接头应有防脱落装置。

（8）转炉宜采用铸铁盘管水冷炉口；若采用钢板焊接水箱形式的水冷炉口，应加强经常性检查。

（9）从转炉工作平台至上层平台之间，应设置转炉围护结构；炉前后应设活动挡火门。

（10）烟道上的氧枪孔与加料口，应设可靠的氮封。转炉炉子跨炉口以上的各层平台，宜设煤气检测与报警装置。上述各层平台，人员不应长时间停留，以防煤气中毒。

（11）30t 以上的转炉应实施煤气净化回收。

（12）转炉煤气回收，应设一氧化碳和氧含量连续测定和自动控制系统；煤气的回收与放散，应采用自动切换阀，煤气放散的烟囱上部应设自动点火装置。转炉煤气回收系统，应合理设置泻爆、放散、吹扫等设施。

（13）转炉煤气回收，风机房的设计应采取防火、防爆措施，设置固定式煤气检测装置，配备消防设备、火警信号、通信及通风设施。

（14）转炉煤气回收系统的设备、风机房、煤气柜以及可能泄漏煤气的其他设备，应位于车间常年最小频率风向的上风侧。转炉煤气回收时，风机房属乙类生产厂房、二级危险场所，其设计应采取防火、防爆措施，配备消防设备、火警信号、通信及通风设施；风机房正常通风换气每小时应不少于 7 次，事故通风换气每小时应不少于 20 次。

（15）铁水预处理应有防喷溅措施。铁水脱硫用的电石粉的料仓、运输系统和喷吹料罐应有防潮湿、防爆措施。

（16）转炉跨厂房的各层平台均应设一氧化碳浓度监测和报警装置。

（17）对 30t 以上的转炉在兑铁水、出钢、出渣时所产生的烟尘宜设二次除尘系统。

8.1.2.2　生产操作安全检查内容

生产操作安全检查内容有：

（1）转炉留渣操作时，应采取防喷渣措施。

（2）烘炉应严格执行烘炉操作规程。

（3）转炉生产期间需到炉下区域作业时，应通知转炉控制室停止吹炼，并不得倾动转炉。

（4）倒炉测温取样和出钢时，人员应避免正对炉口，待炉子停稳，无喷溅时，方可作业。

（5）有窒息性气体的低吹阀门站，应加强加检查，发现泄漏及时处理。进入阀门站应预先打开门窗与排气扇，确认安全后方可进入，维修设备时应始终打开门窗和排风扇。

8.1.3　各岗位安全操作规程

8.1.3.1　通则

各岗位安全操作规程的通则有以下 14 项：

（1）凡进入岗位的人员必须经过四级安全教育，考试合格后方能上岗。劳保用品穿戴齐全。班前、班中不许饮酒，班中不许打架、看书报、睡觉、脱岗、串岗、干私活，要精力集中，安全操作。

（2）工作前要检查工具、机具、吊具，确保一切用具安全可靠。

（3）各岗位操作人员，对本岗操作的按钮在确认正确后，方可操作。

（4）严格执行“指挥天车手势规定”，并配用口哨指挥，注意自身保护。

（5）任何人不得在天车吊运的重物下站立、通过或工作。

（6）挂物必须牢固，确认超过地面或设备等一定安全距离之后，方可指挥运行。

（7）吊铁水包、废钢斗，必须检查两侧耳轴，确认挂好后，方能指挥运行。

（8）在放铁水包时，地面一定要平坦，确认包腿是否完好，确认放好后，才能指挥脱钩走车。

（9）严禁在废钢斗外部悬挂废钢等杂物。外挂物清理好后方可起吊、运行。

（10）铁水包、钢水包的金属液面要低于包沿 300mm。

（11）在高氧气含量区域不得抽烟或携带火种；在煤气区域人员不得停留穿行；必须在高氧气含量区域或煤气区域工作时，要有安全措施。氧气、煤气管道附近，严禁存放易燃、易爆物品。

（12）转炉吹炼中炉前、炉后、炉下不得有人员工作或停留。转炉在兑铁水及加废钢时，炉前严禁通行。转炉出钢时，炉后严禁通行。

（13）交接班时，接班者未经交班者允许时，不得操作任何设备。

（14）消防器材、空气呼吸器上禁止放任何物品，设有专人负责看管，严禁丢失和损坏，不合理使用。

8.1.3.2 值班工长安全操作规程

值班工长安全操作规程有：

（1）向职工认真宣传贯彻公司和厂部制定的安全方针，确保每班安全，生产顺畅。

（2）进入生产现场，劳保着装必须安全可靠，班中、班前严禁饮酒。

（3）模范遵守安全生产的各项规章制度，发现违章冒险作业时，立即制止，并对其进行批评教育。

（4）认真执行安全生产负责制，发现问题及时解决，解决问题不拖拉、不留尾巴。

（5）指挥天车吊运时，要通知平台上人员注意安全。

（6）严禁违章指挥天车严禁蛮干。

8.1.3.3 炼钢工安全操作规程

炼钢工安全操作规程有：

（1）上岗前，劳保用品穿戴齐全。凡新炉或停炉进行大中修以及停炉八小时后的转炉，开始生产前均按照开新炉的要求进行准备，开炉前，必须检查炉衬是否有掉砖、断砖或因漏水炉衬受潮等现象。不得有不明杂物。

（2）停炉后要及时提氧枪至氮封口，把高压水、氮气、氧气全部关闭，并把氮封口、氧枪及转炉口上的黏渣处理干净；开炉前，倾动系统、炉下车辆、氧枪升降、散装料及合金料下料系统、炉前炉后等所有机械设备、电器设备和所有报警联锁设备等安全装置必须经过试运转，确认正常后方可兑铁生产。

（3）新炉口或干净的炉口严禁兑回炉钢，以防烧穿炉口，造成爆炸；新炉子、补炉钢渣面（大小面）补炉底第一炉倒渣和出钢时必须通知炉子平台周围人员让开，防止补炉料塌落造成事故，同时测温，取样要迅速；确认水冷却系统的流量、压力正确后，方可兑铁生产。

（4）倒炉时，转炉主任、技师应到炉前指挥，发现炉内反应激烈、火焰大，要立即摇起转炉，防止钢、渣涌出伤人。

（5）在钢水试样由炉内取出后，炼钢工必须用干燥的木板（或纸管）拔除样勺内的炉渣，炉渣黏稠时不要用力过大。不得对着人拨渣，避免烫伤其他人员。

（6）大补炉后要缓慢兑铁，防止大喷；兑铁水加废钢要有专人指挥，炉前禁止站人，不准大炉口出钢，严禁倒渣时炉口下钢；钢样模要保持干燥、无油、无杂物。

（7）当在钢包内加入大量增碳剂（100kg 以上）时，要在增碳剂反应完成后再靠近钢包。向钢包内加脱氧剂、增碳剂或出钢时，必须告知钢包周围的人员离开。

（8）不得使用潮湿的脱氧剂；脱氧剂应在出钢过程中加入，不得在出钢前加入钢包底部。用氧枪烧钢口时，手不准握在氧气管与胶管连接处。

（9）为避免吹炼过程中钢水升温过快而引起的大喷，造成烧坏设备、烧烫伤人等事故的发生，应严格遵守操作规程。

（10）底吹氮前，对管道阀门检查是否漏气。向包热内加调温废钢和底吹氮时小心烫伤，告知炉下周围人员离开。

8.1.3.4　一助手安全操作规程

一助手安全操作规程有：

（1）上岗前，劳保用品穿戴齐全。在雨雪天，加废钢后要先点吹 30s 再兑铁水，防止爆炸。兑铁水时，在确认铁水包离开炉口后，方可摇炉。

（2）氧枪黏冷钢严重，需要割枪时，首先要用钢丝把已割开的上端捆住或上端留有一段暂不割开。

（3）氧枪枪位测量的安全规范包括：

1）首先检查枪身有无可能脱落的残渣，如果有，必须在处理后才可作业。

2）测量氧枪枪位必须是两人以上在氧枪口平台操作。氧枪头进入氧枪口后，应该在人离开氧枪口，再降枪测量。

3）补炉后第一炉严禁测量枪位。

（4）如发现氧枪升降系统有异常现象，应立即停止作业，并通知调度室及设备维修人员检查处理，确认正常后再动枪。

（5）在正常作业时，如发现倾动系统有异常现象，应立即停止操作，通知主控室及有关人员检查处理，确认正常后再操作。

（6）妥善保存工作牌，做到认真交接。倒炉取样时禁止快速摇炉。

（7）出完钢时，钢水液面应距钢包上口留有 300mm 的安全高度。

（8）在吹炼期间，如果炉口火焰突然增大，需提枪检查，确认无误后才可生产。倒炉取样时禁止快速摇炉。在离开摇炉岗位时，须切断所有操作设备的电源。

（9）氧枪在吹炼过程中，如出现升降系统失灵，须立即将氧压改为 0.2～0.3MPa，并及时通知调度室和维修人员（过吹时间小于 2min，否则应及时关闭氧气），提枪后认真检查氧枪，确认无误后方可生产。

（10）在吹炼过程中，如果氧枪供水系统报警或炉内反应异常，应立即提枪关氧至等候点以上，停止供氧、供水、下料。经确认不是氧枪漏水后，立即找维修人员进行维修。如果是氧枪漏水，不得动炉，设好警戒线和安全哨，炉前、炉后不得有人和吊车停留或通过，经确认炉内无水后，在专人指挥人，将炉子缓慢摇出烟罩，确认一切正常后，才可生产。

8.1.3.5　二助手安全操作规程

二助手安全操作规程有：

（1）上岗前，劳保用品穿戴齐全。在装铁前将挡火门开至两侧，并注意不要撞坏烟罩和挡火门，通知周围的人员回避后，方可装铁。指挥天车兑铁时，站位要安全，要明确，手势清楚；当铁水罐口不规则时，要调整好炉口与罐口角度，小流兑水，视线不清楚不得盲目指挥。装铁前要掌握炉内状况，严禁留渣。补炉后第一炉在装铁时要告知周围人员回避，装铁人员自己要站在安全位置，并指挥天车人员小流慢装，以防喷溅伤人。在指挥装铁量大的铁水罐兑铁时，当铁水罐倾斜20°~30°，铁水没有流出，要放下铁水罐重复以上动作；连续重复两次，铁水仍不能流出，结束此罐的兑铁工作。未出钢时，重铁水包不许放置炉前等装铁。

（2）班前检查倾动机械、电器，有故障时，不得摇炉，及时找有关部门处理。

（3）炉下有人工作时，禁止摇炉。出钢前，确认钢包引流砂是否加好，开出钢车前，进行安全确认。严禁在冶炼后期向炉内添加铁水。重铁水包不许开至炉前等候。不许用铁水包压炉嘴或烟罩。铁水包尾钩必须良好挂牢，要经常检查，更换尾钩轴销。

（4）班前了解废钢情况，如潮湿及时转告一助手，要与废钢工勤联系。每班检查废钢吊链、环、天车钩、铁水包嘴、包耳轴、包下钩销子。

（5）熟练掌握炉子与氧枪的联锁装置情况。并经常检查各种联锁装置及事故报警装置状况，发现问题立即找有关人员处理。严禁解除联锁操作。

（6）在离开出钢摇炉位时，须切断操作设备的电源。

（7）不得在炉子倾动时交接班，摇炉控制器未复零位，操作人员不得离开岗位。在装铁前一定要了解炉内是否有炉渣，如果留渣为稀渣，须进行稠化处理，加第一批渣料后再兑铁，并且要小流慢兑，通知人员回避，防止喷溅。

（8）严禁将钢水倒入渣斗中。每班检查炉下溜渣板黏渣情况并处理。

（9）有人处理氧枪黏钢时，不得兑铁加废钢。

8.1.3.6 三助手安全操作规程

三助手安全操作规程有：

（1）上岗前，劳保用品穿戴齐全。检查炉后物料，料斗四周要清理干净，把各种用具摆放有序，随用随清，检查合金料斗开关。

（2）散装料斗卡住时，不得用手直接处理，须使用工具。

（3）在吹炼过程中，散装料系统出现故障需要上平台处理时，必须两人以上。

（4）配料数字要准确，检查称的准确性，合金料仓下、称周围的料块要清理干净。

（5）推拉料车注意安全，特别是从称上向下撤时注意人员。

（6）拉碳取样时，时刻观察炉渣液面是否平稳，防止因炉内剧烈反应而发生钢渣喷溅伤人事故。身体必须侧身在炉门一侧取样。在取样时，样勺、样模必须干燥，取样者身体应侧对取样孔；在每次取样后，样勺须放在干燥的地方。

（7）出钢、拉碳禁止从炉口穿行和正对炉口。出钢加合金料时小心烫伤、烧伤。

8.1.3.7 炉前工安全操作规程

炉前工安全操作规程有：

（1）上岗前，劳保用品穿戴齐全；在测温时，时刻观察炉渣液面是否平稳，防止因炉内剧烈反应而发生钢渣喷溅伤人事故。

（2）把各种用具摆放有序，随用随清。

（3）在测温时，测温者身体侧对取样孔，避免溅渣伤人。

（4）在向炉内加挡渣球之前，必须确认挡渣球干燥。

（5）用氧气烧出钢口时，不得用手握在烧氧管与氧气带接口处，手套不得有油污。当胶管发生回火时，不得将燃烧的胶管乱扔，应立即关闭氧气阀门，用水将燃烧的胶管浸灭，确认无残火后，切去已碳化的胶管。不得使用破损的胶管烧出钢口。

（6）开新炉或出钢口过长打不开时，要在外面把吹氧管点燃，不得过早将吹氧管放在出钢口内。

（7）禁止单人上转炉各层平台，禁止在平台休息，在平台打氧枪黏渣确认周围及氧枪上方是否安全，随时观察一氧化碳煤气报警仪数字，确认风向。检修清理炉上杂物要确认炉下是否有人。

（8）打氧枪黏钢时，要看清楚底下是否有人，检查风镐无故障方可使用。

（9）用氧气烧黏渣时注意安全，用完后氧气阀门及时关闭，氧管禁止跑气。

8.1.3.8　炉坑工安全操作规程

炉坑工安全操作规程有：

（1）上岗前，劳保用品穿戴齐全，特别是戴好风帽和安全帽。检查溜渣板挡渣墙黏渣情况，炉坑、渣盆是否有水，如有要采取安全措施并通知班长；清渣前，确认炉子摇直，在开始吹炼前期和溅渣时清渣。检查钢包、渣盆耳轴磨损情况。

（2）在动车前要确认过跨线内是否有人作业，防止挤伤他人，或造成触电事故。机修对渣、钢车巡检时要做好现场监督。

（3）到转炉炉下作业时，要通知操作室，防止动炉时掉物伤人。在兑铁吹炼，倒炉及出钢过程中严禁到转炉炉下作业。

（4）在处理双车故障时，须停电并挂牌或在双车工操作室设监护人，防止动车；不得用手或非绝缘物接触滑线，防止触电。

（5）设备水冷件漏水，造成炉坑潮湿或积水，倒炉倒渣要稳妥缓慢，防止爆炸伤人。吊摆渣盆要安全，放平放正；吊满渣盆时，要严格安全确认两侧耳轴已挂牢靠，注意躲避。

（6）在准备出钢开车前，应确认炉坑内是否有人，确认安全后方可开车。

（7）开双车时，要精力集中，避免翻罐、翻包伤人。开车禁止打倒车。

（8）在吹炼过程中，严禁炉下作业。必须在炉下作业时，应停止吹炼，并将黏渣、悬挂物打掉。拉碳、出钢、加铁时禁止到炉坑周围，注意躲避，并告知其他人员离开，做好监督，防止无关人员进入和通过烫伤。

（9）严禁在炉下、道旁坐卧停留。禁止到接铁区。工作前检查钢、渣车电缆，有漏电情况，及时找电工处理。

（10）渣罐潮湿或有积水以及炉渣潮湿时，须通知炉前并处理干净，否则不得使用。

（11）接底吹管时要确认站位、站稳；快速接头要插牢插实。接好后告知周围人员离开。

8.1.3.9　接铁工安全操作规程

接铁工安全操作规程有：

（1）进入车间，所有劳动保护必须穿戴齐全。

（2）班前、班中不许饮酒，班中不许打架、看书报、睡觉、脱岗、串岗、干私活，要精力集中，安全操作。

（3）检查接铁场地面是否平整，指挥放包要摆放平稳。检查包腿是否牢固、缺失。记好包号及吨数。

（4）铁水包尾钩轴销、销钉班班都要经常检查。检查钢包耳轴磨损情况。

（5）不准用大钩子压包盖。打扫接铁场地卫生时，上面的接铁工要监护指挥吊包、摆包。区域四周20m内禁止有易燃易爆物品。禁止有积水。

（6）向包内兑铁时察看四周是否有人，禁止过满，铁水液面应距钢包上口留有300mm的安全高度，加好保温稻壳，做好区域安全监管，无关人员进入要及时制止。

（7）起吊铁水包时，应确认挂好后，方可起吊。测温时要站稳。

（8）铁水包铁水在2/3以上时，不许钩铁水包盖，以防包倒洒铁。

（9）发现铁水包有缺陷，威胁设备或人身安全时，禁止使用。

8.1.3.10 拖车司机安全操作规程

拖车司机安全操作规程有：

（1）上岗前，劳保用品穿戴齐全。

（2）开车前，检查各种仪表是否正常，确认正常后，启动。

（3）检查发动机机油、水和刹车、方向、轮胎、各部件螺丝是否正常安全，确认无误后，方能开车。

（4）行车时注意厂区各道路炉口要慢行，过火车道口要加强安全确认。

（5）拉运物料时要装稳，倒车注意不要过快。夜间行车加强安全防范。

（6）协助各车间拉运物料工作。

（7）用电葫芦上料时，下面要专人监护。

准备工安全操作规程

（8）上岗前，劳保用品穿戴齐全。本岗位临时调动性工作较频繁，要注意随动的工作安全环境。

（9）打扫楼梯时注意安全。

（10）上稻壳时所用钢丝绳要检查好，在吊运时注意其他天车吊物，放稻壳斗时要放平。稻壳要码放整齐。

（11）禁止串岗、睡岗、干与工作无关的事，在服从车间班组工作调动时，注意工作安全。

8.1.4 转炉常见工艺事故及处理

8.1.4.1 低温钢

从热平衡计算可知，氧气顶吹转炉炼钢过程有较多的富余热量，但在生产中往往由于操作不合理，判断失误，因而出现低温钢，其主要原因如下：

（1）吹炼过程中操作者不注意温度的合理控制，在到达终点时，火焰不清晰，判断不准确或所使用的铁水含磷、硫量高，在吹炼过程中多次进行倒炉倒渣、反复加石灰，致使熔池热量大量损失，钢水温度下降。

（2）新炉阶段炉温低，炉衬吸热多，到达终点时出钢温度虽然可以，但因出钢口小或等待出钢时间过长，钢水温度下降较多造成。老炉阶段熔池搅拌不良，使熔池温度、成分出现不均匀现象，而取样及热电偶测量的温度多在熔池上部，往往高于实际温度，其结果不具有代表性，致使判断失误。

（3）出钢时钢水温度合适，但若使用凉包或包内黏有冷钢，钢水温度下降噪声或出钢时铁合金加入过早，堆积在包底，钢水温度就会降低；出钢后包内镇静时间过长或由于设备故障不能及时进行浇注也会导致钢水温度降低。

（4）吹炼过程从火焰判断及测量钢水温度来看，似乎温度足够，但实际上熔池内尚有大型废钢未完全熔化，大量吸收熔池热量，致使熔池温度降低。

在生产中要避免产生低温钢，操作人员就要根据具体原因，采取相应处理方法及时处理：

（1）吹炼过程合理控制炉温，避免石灰结坨，石灰结坨时可从炉口火焰或炉膛响声发现，要及时处理，不能等到吹炼终点时再处理。

（2）吹炼过程加入重型废钢，过程温度控制应适当偏高些。吹炼末期特别是老炉阶段，喷枪位置要低些，一方面可以适当降低渣中氧化铁含量，另一方面还可以加强熔池搅拌，均匀熔池温度，要绝对避免高枪位吹炼。

（3）出钢口修补时不要口径过小，以免出钢时间长，降低钢水温度。吹炼过程尽量缩短补吹时间，终点判断合格后要及时组织出钢。

（4）吹炼过程若温度过低可采取调温措施。通常的办法是向炉内加硅铁、锰铁，甚至金属铝，并降低枪位，加速反应提高温度。若出钢后发现温度低，要慎重处理，必要时可组织回炉以减少损失，切不可勉强进行浇注。若钢水含碳量高，可采取适当补吹进行提温。

8.1.4.2　高温钢

高温钢的出现是由于吹炼过程中过程温度控制过高、冷却剂配比不合适等造成终点温度过高，而又未加以合理调整所致。

出钢前发现炉温过高，可适当加入炉料冷却熔池，并采用点吹使熔池温度降低，成分均匀，测温合格后即可出钢，小型转炉在出钢过程中可向包中加入适量的清洁小废钢或生铁块，若出钢温度高出不多时，也可适当延长镇静时间降低钢水温度。

吹炼过程中发现温度过高，要及时采取降温措施，可向炉内加入氧化铁皮或铁矿石，应分批加入注意用量。目前有的厂用追加多批石灰的办法降温。其目的在于既降温又去除硫、磷。用石灰降温虽可提高炉渣碱度，有利于硫、磷的脱除，但降温效果不如氧化铁皮，而且碱度过高。

8.1.4.3　喷枪黏钢

喷枪黏钢产生的原因如下：

（1）吹炼过程喷枪操作不合理，同时又未做到及时调整好枪位；或吹炼中所使用的喷嘴结构不合理。

（2）铁水装入量过大，枪位控制过低，炉渣化得不好，流动性差，金属喷溅厉害。

（3）吹炼过程白云石加入量及加入时间不妥，炉渣黏度增大，流动性差所致。

喷枪黏钢少时，一般在吹炼后期用渣子刷枪，要求炉温要高，碱度要低，萤石可适当多加一些，在保证炉渣化透情况下有较厚渣层，枪位稍低些，这样喷枪黏钢很容易处理。

喷枪黏钢严重时，停吹后操作人员用大锤击打，将喷枪黏的钢、渣打下来，若实在打不下来，只好更换喷枪。

8.1.4.4 化学成分不合格

A 碳、锰不合格

碳不合格、配锰不准的原因有：

（1）铁水锰含量有波动，对终点余锰估计不准。

（2）锰铁成分有变化，或者数量计算不准。

（3）铁水装入量不准或波动较大。

（4）出钢时下渣过多，钢包内钢水有大翻，因而合金元素的吸收率有变化，没有及时调整合金加入量。

（5）有时由于设备运转不灵，合金未全部加入钢包内，又未发现。

（6）人工判断有误，如炼钢工经验不足，出现误判。

根据各种情况在操作中采取相应的措施，是可以避免碳、锰含量不合格而号外钢的。如出现这种情况，可根据出现原因加以分析，采取相应措施改判钢种或回炉处理。

B 磷不合格

磷不合格的原因有：

（1）出钢口过大，出钢过程下渣过多，或出钢时合金加的不当；终渣碱度低，出钢温度高，出钢后钢水在包内镇静及浇注延续时间比较长；包内不清洁，黏渣太多；化验分析误差，造成判断失误；所取钢种钢样不具有代表性、判断失误均可能使磷不合格。

（2）终点控制在第一次拉碳时磷已合格，但由于碳含量高，或其他原因进行补吹，补吹时控制不当，使熔池温度升高，氧化铁还原，或由于碱度低都可能造成回磷，同时又误认为磷已合格，未分析终点磷含量，致使磷不合格。

磷不合格的处理方法如下：

（1）认真修补好出钢口，采用出钢挡渣技术，尽量减少出钢时带渣现象；控制合适炉渣碱度及终点温度；出钢后投加石灰稠化炉渣。

（2）第一次拉碳后，若碳高需补吹则要根据温度、碱度等酌情补加石灰、调整好枪位，提高熔渣氧化性，坚持分析终点磷，尽量减少钢水在包内停留时间。

C 硫不合格

硫不合格的原因有：

（1）吹炼操作不正常被迫采取后吹，此时钢水中碳含量已很低，其含氧量本来就很高，再经过后吹，使渣中氧化亚铁总含量提高，从而使渣中硫向钢水中扩散造成回硫；吹炼后期渣子化得不好，渣子黏稠，炉渣产生返干现象，流动性差，未能起到脱硫作用；炉衬及包内耐火材料受到炉渣侵蚀，使炉渣碱度降低。

（2）合金中含硫量高，或由于终点碳含量低，采用碳粉或生铁块增碳，致使钢水增硫。或由于吹炼中所使用的铁水、石灰、铁矿石等原材料含硫量突然增加，炉前操作人员不知道，又未能采取相应措施。也可能是吹炼过程炉渣数量太小，而且炉温较低导致硫高。

硫不合格的处理方法：吹炼过程注意化好渣，保证炉渣流动性要好，碱度要高，渣量相应大些，炉温适当高些。同时注意观察了解所用原料含硫量的变化，采用出钢挡渣技术，严禁出钢下渣。

8.1.4.5　回炉钢

回炉钢产生的原因如下：

（1）吹炼过程由于操作人员操作不当，使终点钢水温度，成分不均匀而造成回炉。

（2）由于浇注设备出现故障不能及时浇注钢使包内钢水温度迅速下降。

回炉钢的处理方法如下：

（1）钢水全部回炉时可兑入混铁炉或分两次处理。根据回炉钢水温度、成分，适当配加一定数量硅铁，并加入一定数量石灰，枪位控制要合理，保证化好渣、防止烧抢事故。

（2）加入合金时应该注意元素吸收率变化的影响。

8.1.5　转炉常见设备事故处理

8.1.5.1　转炉单元危险、有害因素分析

转炉单元包括高温铁水（1300～1400℃）的运输和容器置换（从铁水灌进入混铁炉，由混铁炉倒出经处理后兑入转炉）、铁水的预处理（高温化学反应）及转炉冶炼（高温状态下的剧烈的化学反应）等。在反应过程中，会放出大量的热。同时，高温气体、强烈辐射、煤气及大量烟尘等的存在，导致了炼钢生产环境非常恶劣。设计过程中需考虑到生产过程的人身安全，保证设备在高温环境下正常运转，并且要控制和处理污染源以保护环境。为此必须采取各种预防措施，防止烟气爆炸、钢渣烫伤人。

在炼钢过程中所供应的电、水、压缩空气、煤气、氧气、氮、氩、蒸汽等各种介质中，煤气属于有毒气体，氮、氩为窒息性气体，空气和氧气为助燃气体，这些介质都在高温下工作，所以蕴藏着各种事故可能，有些事故是不可估计和接受的，如爆炸、设备毁坏、人员伤亡等。因此，设计、施工、生产都应遵循各种规范、标准工作，在设计中尽可能全面地考虑危险因素并设计相应的保护、防范措施，在施工与生产时还应严格执行各种规程和安全要求，任何疏忽都会酿成大祸。

8.1.5.2　铁水储存、KR 法铁水预处理

鱼雷罐从高炉将铁水（1300℃左右）运至倒灌站；当转炉需要时，再倒入铁水包。在铁水置换容器过程中，产生烟尘主要是片状石墨，呈飞灰状，通过集气罩收集处理。对部分铁水预处理是为了降低铁水中的硫，预处理过程也会产生大量的烟尘，由除尘系统处理。铁水进入转炉后，即开始炼钢过程，同时还要加入部分废钢。在铁水进入转炉及废钢入炉时都要按规程进行，否则会有引起钢水喷溅事故。如废钢中混有易爆物，还会产生爆炸事故。

KR 法铁水预脱硫工艺中会产生大量烟尘，要做好烟尘处理，在处理站设置烟尘罩，做好除尘工作。

脱硫剂使用碳粉和镁粉，镁粉系易燃物品，因此，镁粉的储存要注意安全，防潮、通风保持干燥，注意不能有明火并远离火源，输送介质要选择惰性气体（氮或氩）。为节省费用、降低生产成本，用氮作为输送介质即可。如对镁粉的储存、运输不按规定操作将引起火灾或爆炸，造成人员伤亡和影响生产。

8.1.5.3 炼钢过程是高温氧化过程

从高炉来的铁水含有各种杂质、硫、磷等，同时碳含量高；炼钢过程降低了杂质含量，并提高钢水温度（1650～1700℃）。当铁水进入转炉后，同时加入渣料，然后插入氧枪喷出纯氧，氧在喷枪的出口速度超过声速。在高温条件下，氧与铁水发生剧烈反应，并产生大量高温气体，气体中含有高浓度的氧化铁粉尘，所以冶炼过程是一种剧烈的高温化学反应。转炉废气回收后进入煤气柜，但是因为气体中带有大量的烟尘，废气不能利用，如果放散，将严重污染环境，损害人体健康，对农作物有害，所以对转炉放出气体要进行除尘处理。经除尘后，煤气可以回收作为再生资源，此外，高温气体经烟罩冷却水吸收物理热产生蒸汽也是再生资源可以利用。所以，炼钢过程包括冶炼过程本体，同时还派生煤气回收和废热锅炉，为其服务的项目为除尘系统，仪表、自动控制系统，检化验系统，供电、供水、供氧、供氮、供氩系统，压缩空气系统等。

8.1.5.4 炉渣、钢渣的利用

炉渣、钢渣经处理外运，大部分返回作原料，剩余部分可作为水泥原料或者用作铺设公路的基础。

8.1.5.5 危险、有害因素及控制措施

表8－1～表8－5分别为爆炸性事故分析、钢水外喷事故分析、漏钢烫伤烧伤事故分析、烟尘污染分析以及其他事故分析。

表8－1 爆炸事故分析

触发事件	形成事故原因	控制措施
铁水、钢水与大量水接触	1. 转炉下有积水，钢水运行、铁水运行的路线有积水； 2. 转炉出钢时钢渣外溢； 3. 钢包、铁水包漏液； 4. 高热高温钢水、铁水与水接触发生爆炸	1. 转炉下不能有积水，要保持干燥； 2. 钢包、铁水包运行路线要固定，在路线上不能有积水并要求干燥
转炉装入废钢不符合安全规程	1. 废钢中混有密闭容器、潮湿废钢、易爆物品（雷管等）； 2. 废钢斗中有水	1. 废钢料场不能建在露天场地； 2. 废钢入炉前要检查，有违反安全规定的物品要拣出
镁粉输送气体中含有氧	镁粉系易燃物，在管道输送过程中，输送介质为惰性气体（氮），如果加压罐及喷吹罐中混有氧会发生爆炸	1. 系统设泄爆阀； 2. 控制氮气中含氧量
氧枪漏水、烟罩漏水	氧枪、烟罩冷却水进入转炉内的钢水中发生爆炸	冶炼开始要检查氧枪烟罩，发现漏水及时检修，更换氧枪

表8-2 钢水外喷事故分析

触发事件	形成事故原因	控制措施
吹炼过程转炉倒渣取样： 吹炼过程氧枪过高，渣中聚积大量 FeO	炉子倾转时，渣中 FeO 与钢中 C 发生反应生成 CO、CO_2，由于反应激烈，钢水喷出炉外	防止吊吹，炉子倾倒时人员避开
铁水注入转炉： 铁水注入太快，炉内留渣太多	转炉出钢时，炉子留下渣太多，渣中 FeO 高，铁水进入炉中，C 与渣中 FeO 反应激烈，铁水从炉口中喷出	1. 转炉出钢时，转炉内留少量渣或不留渣； 2. 注铁水时，工人要避开

表8-3 漏钢烫伤烧伤事故分析

触发事件	形成事故原因	控制措施
炉衬太薄，炉或局部损坏	1. 由于包衬耐火材料受侵蚀、衬厚度不够或局部侵蚀严重，以至于钢水、铁水漏出； 2. 浇注系统耐火材料炸裂，引起漏钢	1. 钢包、铁水包使用前要检查内衬完整情况，有问题要更换； 2. 浇注系统耐火材料要始终保持干燥，潮湿的坚决不用

表8-4 烟尘污染分析

触发事件	形成事故原因	控制措施
1. 转炉冶炼时，氧枪喷吹氧与钢水作用生成 CO、CO_2、FeO 等，FeO 是红色烟尘，发生量很大； 2. 转炉炼钢造渣加散料，其中混有大量粉尘	1. 转炉钢水与氧气反应生成大量的 FeO 烟尘； 2. 造渣加散装料过程中大量粉尘飞扬，污染环境	设置除尘系统，并维护好使其正常运转
铁水中含有大量的 C，以石墨状态存在，在生产过程中散出	铁水中含 C 量高，在铁水倾注过程中，大量 C 以石墨形式飞出，污染环境	设置除尘系统

表8-5 其他事故分析

事故	触发事件	形成事故原因	控制措施
水污染	冷却水设备、钢渣接触	设备中油污、钢中 FeO、渣中有害元素进入冷却水中，使水污染有毒	对污染的水进行处理后重复使用，水不得外排
人员坠落	违反安全规程，高出地面平台没有栏杆或有空洞	1. 违反规程，不遵守安全规程，平台无栏杆，高空作业不系安全带； 2. 平台空洞无盖或未设置标志； 3. 设备固件悬挂不牢固，选材不合格	1. 执行安全规程，高处平台设牢固栏杆，栏杆高度大于 1.1m，空洞处设置标志； 2. 高空悬挂要规范，选材按标准，设计要考虑高温条件的恶劣环境
高空坠物伤人	工具（扳手、锤子）、检修更换件从高空落下	检修工具及更换件，工作完成后未放入工具箱，更换件未取走，吊车行走时工具、更换件掉下砸人	高空作业、检查设备应设标志，禁止下面有人，工作完毕工具、更换件收集归位
人员烫伤	吹炼过程中转炉倾倒，铁水注入转炉，钢水、钢渣喷出	转炉倾倒，铁水注入均会引起钢渣反应，产生大量气体，而将钢水、铁水喷出，工作人员在炉口附近被烫伤	转炉倾倒时要缓慢，操作人员应避开炉口附近，转炉兑铁水时，人员要避开炉口

事故出现常常是由违反操作规程、安全规程或自控、监测设施失效或检查不严造成的。因此，建设过程中应严格执行各项操作规程和安全规程以及相应的国家规定的各项规章制度。生产过程中更要严格执行各项操作和安全规程，稍有不慎，将会酿成大错，工作中要细心，切勿粗心大意。

8.1.6 炼钢工序易发事故与应急措施

8.1.6.1 氧枪事故

(1) 氧枪黏钢渣。可能出现的事故或造成的危害有:

1) 氧枪下滑,氧枪横移小车、胶管堕落伤人。

2) 脚下有积渣摔倒。

3) 钢锨等工具立放,倒下伤人。

4) 使用氧气胶管烧黏钢,氧气回火烧人。

预防或处理措施有:

1) 提(降)氧枪时,氧枪横移小车、胶管下严禁站人。

2) 及时清理平台积渣。

3) 钢锨等工具平放。

4) 烧氧管与胶带连接处用铁丝拧紧,防止漏氧;同时手握胶带;不要握在烧氧管与胶带连接处。

5) 处理氧枪,站在平台北侧时,插上北侧护栏。

(2) 冶炼过程中氧枪提不动或下滑。氧枪提不动或下滑可能导致化枪、大量水进入炉内发生爆炸。

预防或处理措施:

1) 氧枪因故提不起,首先通知调度安排有关人员处理;其次在主控室关闭氧气、氧枪冷却水电动阀(或到阀门站手动关闭氧气、冷却水截止阀)。

2) 发现氧枪下滑,迅速按氧枪急停按钮,若急停按钮不起作用,氧枪堕落炉内,首先关闭氧气、氧枪冷却水,其次通知有关人员处理。

3) 若化枪、大量水进入炉内,严禁动炉,待炉内水分蒸发完后,才可缓慢动炉、处理。

(3) 冶炼过程中,氧枪喷头化或烟道漏水,造成大量水进入炉内。可能出现的事故或造成的危害:

1) 可能引起钢水中氢含量增加,影响钢质量。

2) 严重时,引起转炉内爆炸。

预防或处理措施:

密切注意冶炼过程中炉口火焰的异常变化、氧枪进出冷却水流量差变化,发现化枪,立即提枪更换。

(4) 冶炼过程氧枪回火。可能出现的事故或造成的危害:引起火灾、氧气管内爆炸。

预防或处理措施:

1) 首先,在主控室内关闭氧气电动阀(或到氧气阀门站手动关闭氧气截止阀)。

2) 其次,手动关闭氧气总管截止阀,若事故仍蔓延,应通知调度室关闭氧气总阀门。

8.1.6.2 炉口处事故

(1) 炉口积钢、渣严重,转炉倾动时碰烟道、烟罩。其可能出现的事故或造成的危害有：

1）影响副枪测量，可能损坏副枪枪体。

2）损坏活动烟罩、烟道。

预防或处理措施包括：

1）及时清理炉口内、外积钢，避免黏钢严重；

2）不得强行摇炉，处理干净后，才可动炉。

（2）炉口漏水或炉身上有积水。其可能出现的事故或造成的危害有：

1）炉口或炉身上积渣潮湿，出钢或倒渣时，潮湿积渣进入渣斗、灌引起放炮，钢、渣溅起伤人。

2）炉坑内存有积水，出钢或倒渣时，钢、渣溅出后引起放炮，钢、渣溅起伤人。

预防或处理措施包括：

1）动炉前，确认炉口、炉身上是否有积渣，若有，及时清除后再动炉。

2）倒渣时要缓慢，渣车跟进要及时，避免炉渣溅出，同时关闭炉前挡火门及倒渣侧，防溅窗。

3）停炉补炉后装铁前，可向炉坑内放部分石灰，适当减少炉坑内积水。

8.1.6.3　出钢过程中事故

（1）出钢过程，炉口大块积渣掉下，落入钢包车里面。其可能出现的事故或造成的危害有：碰坏钢包滑动水口。

预防或处理措施包括：

1）出钢前，确认炉口积渣有无松动现象，若有，及时将积渣清除后再出钢。

2）若积渣进入钢包车里面，立即停止动车，将转炉摇起，观察积渣是否碰到滑动水口，若能碰到，必须进行处理后，才可继续出钢。

（2）出钢过程中，转炉摇不动。其可能出现的事故或造成的危害有：

1）出钢口大量下渣进入钢包，造成废品。

2）炉渣外溢，烧坏钢包车、电缆、吹氩管线。

预防或处理措施包括：

1）迅速将钢包车开离出钢位。

2）通知有关人员处理。

（3）出钢过程中，合金料槽不动作或下垂。其可能出现的事故或造成的危害有：

1）不能加合金。

2）钢包车将合金料槽碰掉。

预防或处理措施包括：

1）迅速将转炉摇起，处理完毕后再出钢。

2）先不动料槽，待钢包车开出后，再处理料槽。

（4）出钢过程中，钢包车不动作。其可能出现的事故或造成的危害有：钢水泼到钢包外面，烧坏钢包车、电缆、吹氩管线。

预防或处理措施为迅速将转炉摇起，停止出钢，待故障处理完毕后再出钢。

8.1.6.4 其他事故

（1）烟道积灰、黏渣，氧枪黏钢、渣，副枪孔积渣。其可能出现的事故或造成的危害有：

1）钢、渣堕落伤人。

2）终点时大块烟道积灰掉入炉内可引起出钢大翻，烧坏钢包车电缆与管线。

预防或处理措施包括：

1）冶炼或出钢过程中，关闭挡火门。

2）套出钢口前，先用氮气吹扫烟道，并将氧枪、副枪孔的黏钢、渣处理干净。

3）补炉前用氮气吹扫烟道，并将氧枪移除。

4）出钢前，发现大块烟道积灰掉入炉内，应倒炉倒渣后再出钢。

（2）转炉喷补过程中，气体压力波动，特别是压力过高。其可能出现的事故或造成的危害有：

1）输料胶管爆裂、伤人。

2）喷补罐爆裂、伤人。

预防或处理措施包括：

1）喷补完毕，及时打开喷补罐泄压阀。

2）定期更换输料胶管。

（3）副枪枪体冷却水胶管裂，漏水到炉内。其可能出现的事故或造成的危害是漏水到炉内，发生爆炸。

预防或处理措施为：

若大量水进入炉内，严禁动炉，待炉内水分蒸发完全后，才可缓慢动炉、处理。

（4）吹炼过程中出现喷溅。其可能出现的事故或造成的危害有：

1）喷溅出的渣子引发倾动侧漏油着火。

2）炉前炉后3m范围内烫伤人员。

预防或处理措施包括：

1）喷溅操作过程中精心合理操作，减少喷溅发生。

2）喷溅发生后，检查倾动端油的情况。若起火，及时扑灭。

3）吹炼过程中，炉前铸铁板区域及炉后挡火门加棒孔处正对3m范围内，不得停留或通过。

（5）入炉废钢潮湿、有积水、有密闭容器。其可能出现的事故或造成的危害是兑铁水时，炉内发生爆炸。

预防或处理措施包括：

1）先装废钢（包括补炉第一炉）。装完废钢后，向后摇炉并停留1min左右，使水分尽量蒸发。

2）装入水时，指挥人员站在右侧挡火门旁，一旦发生意外，指挥人员迅速向右侧挡火门后躲；摇炉人员迅速躲到厂房柱子后，确保人身安全。

3）装铁水时，其他无关人员严禁站在转炉周围。

4）主控工待转炉摇正后，再将主控室前的防爆门落下。

5）雨雪天加强对废钢的检查。

（6）装废钢时，因轻薄料过多不好装而出现天车挂钩脱钩。其可能出现的事故或造成的危害有：

1）废钢斗或废钢碰坏烟罩、烟道。

2）废钢斗失控，危及人身和设备安全。

预防或处理措施包括：

1）地面天车指挥人员与摇炉人员、天车工紧密配合，避免出现天车挂钩脱钩。

2）一旦出现天车脱钩，应采取措施，将脱钩重新挂上；若挂不上，应将转炉、废钢斗同时缓慢下落，挂上脱钩后再装废钢。

8.2　应知训练

8－1　低温钢如何处理？

8－2　高温钢如何处理？

8－3　喷枪黏钢的原因是什么？

8－4　硫不合格的处理方法有哪些？

8－5　回炉钢产生的原因是什么？

8－6　出钢过程事故预防及处理措施是什么？

情境9　转炉环境保护

9.1　知识准备

9.1.1　转炉烟气处理

9.1.1.1　转炉烟气来源及成分

转炉炼钢产污环节主要有备料系统、一次烟气和二次烟气。

转炉吹炼过程中的主要反应是碳氧反应，转炉炉气主要是来自于铁水中碳的氧化。碳的氧化物主要是CO，也有少量的CO_2，CO_2主要是在CO析出后又有一小部分与炉内的氧继续发生反应而生成的。产生炉气的主要化学反应是：

$$C + \frac{1}{2}O_2 = CO$$

$$C + O_2 = CO_2$$

$$2CO + O_2 = 2CO_2$$

除此之外，加入炉内石灰的生烧部分在高温下分解：

$$CaCO_3 = CaO + CO_2$$

炉料及炉衬中的水分在高温下分解：

$$2H_2O = 2H_2 + O_2$$

吹入炉内的氧气中含有少量氮气，以及部分未进行反应的氧气，也会同炉气一起逸出炉口。所以炉气的主要成分是CO、CO_2、O_2、N_2、H_2等。根据处理的方式不同（燃烧法和未燃法）吸入的空气量不同，则烟气成分也不一样。炉气量的大小主要同吹氧强度有关，吹氧强度越大，产气量越多。另外，在一个吹炼期内，产气量在吹炼初、终期最小，在吹炼中期最大。

在吹炼过程中，铁水高温下蒸发，气流剧烈搅拌，CO气泡的爆裂以及喷溅等原因造成的大量炉尘，其质量浓度可达$11 \sim 18g/m^3$，烟尘的主要成分是氧化亚铁和氧化铁。

转炉烟气的特点是温度高、气量多、含尘量大，气体具有毒性和爆炸性，任其放散会污染环境。

9.1.1.2　转炉烟气治理技术

按对炉气的处理方法可分为燃烧法、未燃法等。

（1）燃烧法。炉气从炉口进入烟罩时，令其与足够的空气混合，使可燃成分燃烧形成高温废气经过冷却、净化后，通过风机抽引并放散到大气中。

（2）未燃法。炉气排出炉口进入烟罩时，通过某种方法，使空气尽量少的进入炉气，因此，炉气中可燃成分CO只有少量燃烧。经过冷却、净化后，通过风机抽入回收系统中存起来，加以利用。

未燃法与燃烧法相比，未燃法烟气未燃烧，其体积小，温度低，烟尘的颗粒粗大，易于净化，烟气可回收利用，投资少。

按所用除尘器的不同又可分为干法、半干法、湿法净化等。

（1）全干法处理。在净化过程中烟气完全不与水相遇的系统，称为全干法净化系统。该法是利用高压静电除尘器来净化转炉煤气中的尘。从烟气中回收的铁可作为烧结厂的原料使用。

（2）湿法处理。烟气进入第一级净化设备就与水相遇的系统，称为全湿法除尘系统。双文氏管净化即为全湿法除尘系统。在整个净化系统中，都是采用喷水方式来达到烟气降温和净化的目的。除尘效率高，但耗水量大，还需要处理大量污水和泥浆。

（3）干湿结合法。烟气进入次级净化设备与水相遇的系统，称为干湿结合法净化系统。此法除尘效率稍差些，污水处理量较少，对环境有一定污染。

9.1.2　炼钢水处理

未燃法和燃烧法这两种不同的炉气处理方法，给除尘废水带来不同影响。含尘烟气一般均采用两级文丘里洗涤器进行除尘和降温。使用过后，通过脱水器排出，即为转炉除尘废水。

解决转炉除尘废水的关键技术，一是悬浮物的去除，二是水质稳定问题，三是污泥的脱水与回收。

9.1.2.1　悬浮物的去除

除尘废水的处理可采用混凝技术或磁处理方法。磁处理虽有一定效果，但因除尘水不同时间段的含尘量差异大，处理效果差异较大。混凝处理要选择好适宜的絮凝剂，使处理效果较好且稳定。混凝处理工艺：先经过粗颗粒分离设备（如水力旋流器等），利用重力分离原理去除大颗粒的悬浮杂质；将大颗粒（粒径大于 60μm）的悬浮颗粒去掉，以减轻沉淀池的负荷；该水在进入沉淀池前投加絮凝剂，或先通过磁凝聚器经磁化后进入沉淀池。清水直接进入回水池，浊水打入板框压滤机，板框压滤后出水都回到回水池，回水池中水悬浮物可降至 50mg/L 以下，再投加阻垢分散剂，效果非常显著，可以保证正常的循环利用。由于转炉除尘废水中悬浮物的主要成分是铁皮，故采用磁凝聚器处理含铁磁质微粒十分有效，氧化铁微粒在流经磁场时产生磁感应，离开时具有剩磁，微粒在沉淀池中互相碰撞吸引凝成较大的絮体从而加速沉淀，并能改善污泥的脱水性能。图 9－1 为污泥处理流程。

9.1.2.2　水质稳定问题

转炉烟气除尘水经絮凝沉淀处理后悬浮物可达较低水平，但在炼钢过程中必须投入大量石灰作为造渣剂，大量粉末状氧化钙随烟气一道进入除尘系统，因此，除尘废水中 CaO 粉末较多，CaO 溶于水生成 $Ca(OH)_2$，污水 pH 升高且 Ca^{2+} 含量相当多，它与溶入水中的 CO_2 反应，致使除尘废水的暂时硬度较高易结垢，水质失去稳定。采用沉淀池后投入阻垢分散剂（或称水质稳定剂）的方法，在螯合、分散的作用下防止设备管道结垢。投加碳酸钠（Na_2CO_3）也是一种可行的水质稳定方法。Na_2CO_3 和石灰反应，形成 $CaCO_3$ 沉淀：$CaO + H_2O \rightarrow Ca(OH)_2$，$Na_2CO_3 + Ca(OH)_2 \rightarrow CaCO_3\downarrow + 2NaOH$。而生成的 NaOH 与水

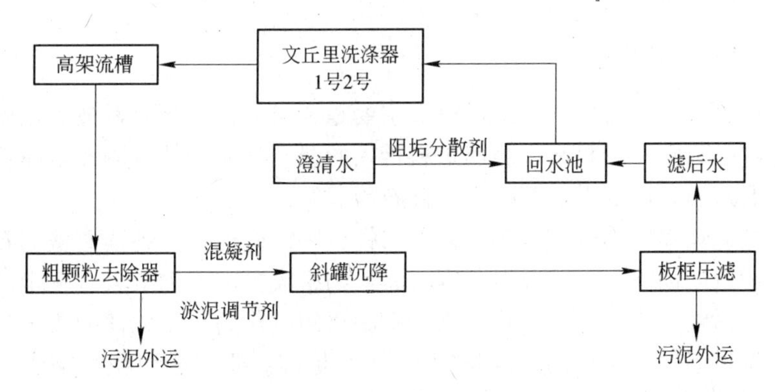

图 9-1 污泥处理流程

中 CO_2 作用又生成 Na_2CO_3，从而在循环反应的过程中，使 Na_2CO_3 得到再生，在运行中由于排污和渗漏所致，仅补充一定量的 Na_2CO_3 保持平衡即可。该法在国内一些厂的应用中有很好效果。

利用高炉煤气洗涤水与转炉除尘废水混合处理，也是保持水质稳定的一种有效方法。由于高炉煤气洗涤水含有大量的 HCO_3^-，而转炉除尘废水含有较多的 OH^-，两者结合，发生如下反应：$Ca(OH)_2 + Ca(HCO_3)_2 \rightarrow 2CaCO_3 \downarrow + 2H_2O$，生成的碳酸钙正好在沉淀池中除去，这是以废治废、综合利用的典型实例。在运转过程中如果 OH^- 与 HCO_3^- 量不平衡，可适当在沉淀池后加些阻垢剂做保证。

总之，水质稳定的方法是根据生产工艺和水质条件，因地制宜地处理，选取最有效、最经济的方法。

9.1.2.3 污泥的脱水与回收

转炉除尘废水，经混凝沉淀后可实现循环使用，但沉积在池底的污泥必须予以恰当处理。转炉除尘废水污泥含铁达 70%，有很高的利用价值。处理此种污泥与处理高炉煤气洗涤水的瓦斯泥一样，国内一般采用真空过滤脱水的方法，脱水性能比较差，脱水后的泥饼很难被直接利用，制成球团可直接用于炼钢。污染处理与利用途径如图 9-2 所示。

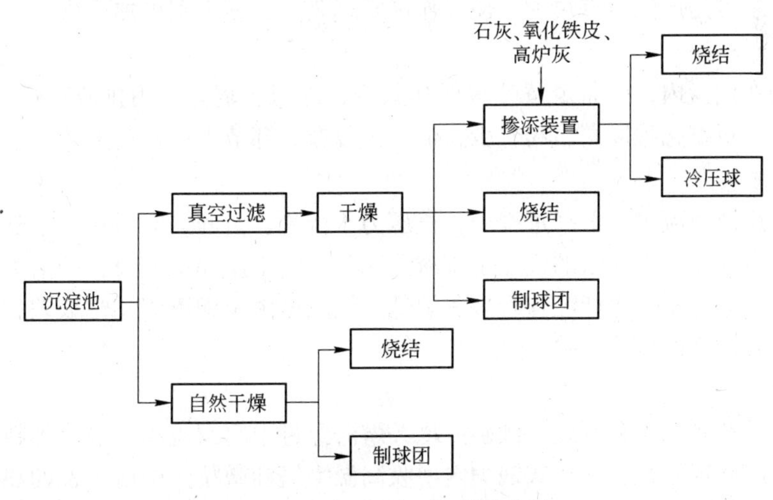

图 9-2 污泥处理与利用途径

9.1.3　钢渣的处理与利用

钢渣就是炼钢过程中排出的熔渣。钢渣主要是金属炉料中各元素被氧化后生成的氧化物、被侵蚀的炉衬料和补炉材料、金属炉料带入的杂质和为调整钢渣性质而特意加入的造渣材料。如：石灰石、白云石、铁矿石、硅石等。

钢渣的主要矿物组成是硅酸三钙、硅酸二钙、钙镁橄榄石、钙镁蔷薇辉石、铁酸二钙等的氧化物所形成的固溶体、游离石灰等。其矿物组成决定了钢渣具有一定的胶凝性，主要源于其中一些活性胶凝矿物的水化。钢渣中游离的氧化钙、氧化镁的质量分数较高，因而稳定性差。全世界每年排放的钢渣量约 1 ~ 1.5 亿吨。我国国内积存钢渣已有 1 亿吨以上，且每年仍以数百万吨的排渣量递增，我国钢渣的利用率很低，约为 10%。若不处理不综合利用，钢渣会占用越来越多的土地、污染环境、造成资源的浪费，影响钢铁工业的可持续发展。因此有必要对钢渣进行减量化、资源化和高价值综合利用。

9.1.3.1　钢渣处理方法

炼钢设备、工艺布置、造渣制度、钢渣物化性能的多样性及利用上的多种途径，决定了钢渣处理工艺的多样化。

A　弃渣法

钢渣放入渣罐后直接运至渣场抛弃，我国钢铁厂过去的排渣方法以此种工艺为多，国内外的渣山多是由此形成的。此法工艺简单，但占用土地、污染环境、不利于钢渣加工及合理利用，有时还会因渣罐调配不及时而影响炼钢。

B　焖渣法

在红热渣上均匀适量洒水，促使其粉化。此法适用于高碱度钢渣，粉渣利用价值较低。

C　热泼法

在渣高温可碎时，以水喷渣而使渣破裂成块。用此法处理钢渣时炉渣冷却速度比自然冷却快 30 ~ 50 倍。该法的优点是处理速度快、金属回收率高、处理渣的能力强、便于机械化生产。其缺点是产生蒸汽量大、使操作区雾气腾腾，冬天则更加严重。

D　盘泼水冷法

将液渣倒在浅盘内，间断定量喷水促其急冷、碎裂、翻盘，用排渣车运至水池降温。此法布局紧凑、机械化程度高、粉尘少，但工艺复杂、环节多、投资大。

E　水淬法

高温液态钢渣在流出、下降过程中，被压力水分割、击碎，同时进行了热交换，使熔渣在水幕中进行粒化。水淬法的优点是排渣迅速、有利于发挥炼钢设备的潜力、减轻了人工清渣的繁重体力劳动、生产经营管理费用低，缺点是由于钢渣流动性较差，水淬时产生大量蒸汽，还有潜在的爆炸危险。

F　风淬法

渣罐接渣后运到风淬装置处，倾翻渣罐，熔渣经过中间罐流出，被一种特殊喷嘴喷出的空气吹散，破碎成微粒，在罩式锅炉内回收高温空气和微粒渣中所散发的热量并捕集渣粒。这种方法完全不用水冷却处理，而且粒化渣全部进入罩式锅炉内，改善了处理炉渣时高温、粉尘的操作环境并能以蒸汽形式回收熔渣含热量的41%。

9.1.3.2 钢渣的综合利用

A 回收废钢

钢渣一般含7%~10%废钢，通过破碎、磁选、筛分工艺可回收其中90%的废钢。

B 作钢铁冶炼熔剂

（1）钢渣可用作烧结剂。钢渣中含有40%~50%的氧化钙，把钢渣加工到粒度小于10mm钢渣粉，可作烧结矿助熔剂可部分替代石灰。烧结矿中适量配入钢渣后，不仅可以回收钢渣中的残钢、氧化铁、氧化钙、氧化镁、氧化锰等有益成分，而且可改善烧结矿的质量，使转鼓指数和烧结率提高，风化率降低，产量增加。水淬钢渣疏松、粒度均匀、料层透气性好，还有利于烧结造球和提高烧结速度，并可降低生产成本。一般烧结矿中加入钢渣的量为3%~5%。目前国内很多钢厂都在烧结中使用钢渣。

（2）钢渣可用作高炉熔剂。钢渣中含有10%~30%的Fe，40%~60%的CaO，2%左右的Mn，若把钢渣加工成粒度为10~40mm的粒渣，可用作炼铁熔剂，不仅可以回收钢渣中大量的金属Fe，而且可以把CaO、MgO等作为助熔剂，从而减少了烧结矿和石灰石的用量。也可使高炉的脱硫能力提高。钢渣中的Ca、Mg等均以氧化物形式存在，不需要经过碳酸盐的分解过程，因而还可以节省大量热能。同时，渣中含有较多的锰和氧化锰，能使高炉的流动性和稳定性变好，提高透气性。

C 作农用肥料和酸性土壤改良剂

钢渣含Ca、Mg、Si、P等多种元素，当钢渣中的P_2O_5超过4%时，可以磨细作为低磷肥使用。生产实践表明，钢渣磷肥可以用于酸性土壤与缺磷碱性土壤，也适于水田与旱地耕作，能改良土壤，提高农作物产量，具有很好的增产效果。

D 生产钢渣水泥

钢渣中含有与硅酸盐水泥熟料相似的硅酸二钙（C_2S）和硅酸三钙（C_3S），高碱度转炉钢渣中两者含量在50%以上，中、低碱度的钢渣中主要为硅酸二钙（C_2S）。高碱度钢渣有很好的水硬性，把它与一定量的高炉水渣、煅烧石膏、水泥熟料及少量激发剂配合球磨，即可生产钢渣矿渣水泥。

以钢渣为主要成分，加入一定量的其他掺和料和适量石膏，经磨细而制成的水硬性胶凝材料，称为钢渣水泥。生产钢渣水泥的掺和料可为矿渣、沸石、粉煤灰等。为了提高水泥的强度，有时还可加入质量不超过20%的硅酸盐水泥熟料。根据加入掺和料的种类，钢渣水泥可分为钢渣矿渣水泥、钢渣浮石水泥和钢渣粉煤灰水泥等。钢渣水泥具有水化热低、后期强度高、抗腐蚀、耐磨等特点，是理想的大坝水泥和道路水泥。

E 生产钢渣微粉

钢渣是水泥的良好替代品，钢渣粉可等量代替10%~40%的水泥，可以降低混凝土的成本，这是钢渣综合利用的一条有效途径。将钢渣尾料磨细成表面积为400~550m^2/kg的微粉，其游离CaO将容易在水化过程中释放$Ca(OH)_2$，从而使水泥体积安定性得到改善，并且可以提高水泥的强度。

F 生产钢渣砌块和地面砖

钢渣可以当胶凝材料或骨料，用于生产钢渣砖、地面砖、路缘石、护坡砖等产品。钢渣经过磨细并加入添加剂，可降低 CaO 的不安定性，适合作建筑材料。

G　作筑路与回填工程材料

钢渣碎石具有密度大、强度高、表面粗糙、稳定性好、耐磨与耐久性好、与沥青结合牢固等特点，是良好的筑路回填材料，因而广泛用于铁路、公路、工程回填、修筑堤坝、填海造地等工程中。由于钢渣具有活性，能板结成大块，特别适于沼泽、海滩筑路造地。钢渣作公路碎石，用量大并具有良好的渗水与排水性能，其用于沥青混凝土路面，耐磨防滑。钢渣用作铁路道渣，还具有导电性小、不会干扰铁路系统的电讯工作等优点。国内外已有相当广泛的应用实践。

H　制备微晶玻璃

钢渣的基本化学成分是硅酸盐成分，其成分一般都在微晶玻璃形成的范围内，能满足制备微晶玻璃化学成分的要求。利用钢渣制备性能优良的微晶玻璃对于提高钢渣的利用效率，减轻环境污染有重要的意义。利用钢渣制造富 CaO 的微晶玻璃具有比普通玻璃高 2 倍的耐磨性及较好的耐腐蚀性。

9.1.4　炼钢过程噪声控制

炼钢生产主要噪声来源于炉头压缩空气喷头、空压机、鼓风机、燃料燃烧、天车、加料机、锻锤循环泵、气泵、电炉等。电炉噪声功率级一般都在 110 ~ 126dB(A)，氧气转炉车间主要噪声源产生的噪声功率级在 105 ~ 117dB(A)，属于低、中频噪声。

冶炼炉噪声高，并且高温，难以用一般方法治理，通常采取为工作人员建立隔声控制室的方法来避免冶炼噪声危害。控制室墙壁通常由砖砌成，房顶采用钢筋混凝土板、矿棉板、水泥做成的隔声隔热层，室内顶棚与墙壁需装矿棉或玻璃棉等吸声材料，进一步降低噪声。门采用多层结构，窗户做成双层隔声窗。室内换气采用空调器。

而接近冶炼炉的工人应带耳塞或耳罩等个人防护用品。

9.2　应知训练

9-1　转炉炉气中主要成分是什么？

9-2　炉气的处理方法有哪些？

9-3　简述污泥处理过程。

9-4　钢渣主要组成有哪些？

9-5　钢渣处理方法是什么？

9-6　钢渣回收的意义是什么？

参 考 文 献

[1] 刘根来．炼钢原理与工艺［M］．北京：冶金工业出版社，2004.
[2] 郑沛然．炼钢学［M］．北京：冶金工业出版社，1996.
[3] 陈家祥．钢铁冶金学（炼钢部分）［M］．北京：冶金工业出版社，1995.
[4] 朱苗勇．现代冶金学：钢铁冶金卷［M］．北京：冶金工业出版社，2005.
[5] 冯捷．转炉炼钢生产［M］．北京：冶金工业出版社，2005.
[6] 冯捷．转炉炼钢实训［M］．北京：冶金工业出版社，2004.
[7] 戴云阁．现代转炉炼钢［M］．北京：冶金工业出版社，1998.
[8] 高泽平．炼钢工艺学［M］．北京：冶金工业出版社，2006.
[9] 李建朝．转炉炼钢生产［M］．北京：化学工业出版社，2011.
[10] 周秋松．转炉炼钢工［M］．北京：冶金工业出版社，2012.
[11] 张岩，张红文．氧气转炉炼钢工艺与设备［M］．北京：冶金工业出版社，2010.
[12] 李荣，史学红．转炉炼钢操作与控制［M］．北京：冶金工业出版社，2012.
[13] 郑金星．炼钢工艺及设备［M］．北京：冶金工业出版社，2011.
[14] 雷亚．炼钢学［M］北京：冶金工业出版社，2010.
[15] 王令福．炼钢厂设计原理［M］．北京：冶金工业出版社，2008.